関数解析入門
線型作用素のスペクトル

荷見 守助・長　宗雄・瀬戸 道生
共 著

内田老鶴圃

本書の全部あるいは一部を断わりなく転載または
複写(コピー)することは，著作権および出版権の
侵害となる場合がありますのでご注意下さい.

はしがき

　本書はバナッハ空間およびヒルベルト空間上の線型作用素の基礎知識を作用素のスペクトルを標語としてまとめたもので，学部上級から大学院初年級向けの教科書であるが自習書としても十分役立とよう丁寧な説明を心がけた．

　本書は一般の有界線型作用素の基礎知識を解説する第 1 部，ヒルベルト空間上の有界および非有界な自己共役作用素に焦点を絞った第 2 部，抽象的なバナッハ環の立場から主に有界な線型作用素を扱う第 3 部から構成されている．これらをさらに詳しく述べれば次の通りである．

　まず第 1 部は五章から成る．第 1 章は本書全体への準備で，本書を読むために必要と思われる関数解析の基礎事項を記号の説明をかねて解説する．第 2 章からが本論で，ここではバナッハ空間上の線型作用素についての基礎概念として，連続性，有界性，作用素の双対と各種の収束などを説明する．ヒルベルト空間上の作用素については作用素の共役の概念を導入しその基本性質を述べる．さらに，共役作用に着目して作用素を分類し，自己共役または対称，正規，ユニタリーの概念を導入する．特に，自己共役作用素には大小の概念が定義され，シュワルツの不等式や有界単調列の収束といった，実数の世界でおなじみの性質が再現される．第 3 章では本書の主役である作用素のスペクトルが登場する．バナッハ空間 X 上の作用素 T のスペクトルとは T が定数倍の成分を含むかどうかというテストによる成分分析表である．複素数 λ が T の固有値ならば T はもちろん λ 倍の成分を持つが，λ が固有値でなくても T が λ 倍の成分を含むことはあり得る．これは $\lambda I - T$ が有界な逆作用素を持つかどうかで判

定される．逆作用素を持つような λ の全体が T のレゾルベント集合 $\rho(T)$ で，その補集合が T のスペクトル $\sigma(T)$ である．この章ではスペクトルの基本性質とスペクトルの分類を述べた後，$\sigma(T)$ が空でないコンパクト集合であることやスペクトル半径 $r(T)$ に関するブーリン・ゲルファント公式を示す．ヒルベルト空間については特に正規作用素について $r(T) = \|T\|$ が成り立つこと，自己共役作用素についてはスペクトルが実数であることなどを説明する．第 4 章の主題はコンパクト作用素である．ここでは関数解析学の初期の典型的理論として名高いコンパクト作用素のリース・シャウダー理論を解説する．第 5 章は作用素を関数に代入して新しい作用素を作り出す関数法 (functional calculus) の基本を解説する．一般の有界作用素 T についてはそのレゾルベントが正則関数であることを利用するリース・ゲルファント・ダンフォードの理論が基本であるが，ヒルベルト空間上の自己共役作用素のような「対角化可能」な作用素については正則性は必要がなく，スペクトル $\sigma(T)$ 上の連続関数に T を代入する連続関数法が成立する．これは第 2 部の自己共役作用素のスペクトル分解理論で役に立つ．

第 2 部の三章はヒルベルト空間上の自己共役作用素に的を絞ってやや詳しく解説する．第 6 章の目的は有界な自己共役作用素のスペクトル分解定理とその応用である．これについては掛け算作用素型と直交射影を値とする測度を用いるスペクトル測度型の二つを述べる．この前者は作用素をある関数の掛け算として表そうということで，感覚的でわかりやすいが，リースの表現定理を仲介とする積分 (測度) の話が避けられないので，初学者には我慢が必要かもしれない．それで第 6 章の初めと付録でリースの表現定理の微積分的な解説を試みた．第 7 章はヒルベルト空間上の非有界線型作用素への入門でグラフを利用する定義，特に閉作用素，共役作用素，対称作用素，自己共役作用素などが主な概念である．非有界な作用素の解析には有界な作用素への転換が有力な手法であるが，これについては一般の閉作用素を有界な自己共役作用素に転換するフォン・ノイマンの定理を証明する．非有界な自己共役作用素についてはこれをユニタリー作用素と一対一に対応させるケーリー変換を説明する．第 8 章では非有界な自己共役作用素のスペクトル分解定理を述べる．ここでは，無限次元ヒルベルト空間 H を可算個の閉部分空間 M_n に直交分解したとき，各 M_n 上で

指定された有界自己共役作用素に等しい H 上の自己共役作用素が一意に存在するというリース・ロルチの補題を基本原理として議論を進める.

第 3 部の三章ではバナッハ環の入門的な解説と作用素への応用を述べる. バナッハ環は原則として単位元を持つものとする. 第 9 章では, バナッハ環の定義と基本性質を述べた後, バナッハ環の元のスペクトルとレゾルベントを定義し, 作用素に対して成り立つ諸性質を抽象的に再現する. 特に, スペクトルが空でないコンパクト集合であることとスペクトル半径に関するブーリン・ゲルファント公式を証明する. 第 10 章では可換なバナッハ環のゲルファント変換の理論を解説する. その基本は零でないすべての元が可逆であるような複素バナッハ環 (非可換でもよい) は複素数体と同型であるというマズール・ゲルファントの定理で, これから可換バナッハ環のゲルファント変換が構成される. 第 11 章はヒルベルト空間上の有界線型作用素の環をモデルとしたバナッハ環として C^* 環を説明する. 特に可換な C^* 環はコンパクト空間上の連続関数全体の環に等長同型であるというゲルファント・ナイマルクの定理とその正規作用素のスペクトル分解への応用を述べる.

なお, 付録として一次元集合の上のリースの表現定理の簡単な解説とベクトル値正則関数の定義と基本性質を述べた. また, 参考文献について極めて主観的なメモを追加した. なお, 各章には少数の演習問題をつけた. 内容は様々で普通の練習問題, 本文の説明の補充, 発展的な話題, 等々を無秩序に並べてある. 巻末には演習問題への略解またはヒントを置いたが, あまり当てにしないで欲しい. 本文・問題とも比較的進んだ話題には * をつけたので, 必要に応じて利用して欲しい.

本書は著者の一人荷見による『関数解析入門—バナッハ空間とヒルベルト空間』 (以下「入門」と略す) の続編の形をとっているが, 「入門」の知識がなくても不便がないよう必要に合わせて説明の程度を加減した. 証明の細部までは要らないことが多いので, 不都合はあまりないと思われるが, 詳しい解説については「入門」または手近の参考書で補っていただきたい. この本が関数解析の地道な勉強に取り組む学生諸君の一助になれば幸いである.

最後に本書の成り立ちについて簡単に触れる. 「入門」の巻末には「続いてはバナッハ空間およびヒルベルト空間上の線型作用素の固有値理論を一応身につ

けた後，将来の方向に合わせて勉強の方向を選んでゆくというのが標準的であろう」とあるように，当時線型作用素のスペクトルを主題とする続編に期待していたことは事実である．しかし，実際にはその機運にはなかなか恵まれなかった．最近になって，何かの雑談が契機で，一応のプログラムを立ててこの本の原型を作る荷見と瀬戸の共同作業が始まった．2014年の秋の頃である．作業は断続的ではあるが順調に進み原稿の枚数は捗(はかど)ったが当初の目論見よりはかなり難解なものになってしまった．昨年の夏にこれも偶然の話の成り行きでやさしい「ミニコース」を作ってみることになり，共通の友人の長に相談したところ幸いにも学生に読ませている講義録があるということで，学生の顔が見える教科書が急にまとまることになった．

　本書は三名の著者が持ち寄った資料を取捨選択して構成したものである．執筆の分担を基礎となる資料との対応でいえば，第1部は長，第2部は瀬戸，第3部は荷見ということで最初の下書きが作られたが，三名による各段階の検討推敲を経て最終的には荷見が全体をまとめる形でこの作業は終了した．

　本書の出版にあたっては内田老鶴圃社長内田学氏に終始お世話になった．また同社編集部の笠井千代樹氏には原稿を細部に亘り綿密に検討していただいた．特に記して厚くお礼を申し上げる次第である．

　　　平成30年7月

著　　者

目　　次

はしがき　　　　　　　　　　　　　　　　　　　　　　　　　　　　　　　　i

第 1 部　有界線型作用素　　　　　　　　　　　　　　　　　　　　　　1

第 1 章　バナッハ空間とヒルベルト空間　　　　　　　　　　　　　　　2

1.1. 基本の概念 2

1.2. 双対空間 12

1.3. ヒルベルト空間 17

　　　演習問題 18

第 2 章　線型作用素　　　　　　　　　　　　　　　　　　　　　　　　19

2.1. 基本性質 19

2.2. ヒルベルト空間上の線型作用素 23

　　　演習問題 29

第 3 章　線型作用素のスペクトル　　　　　　　　　　　　　　　　　　31

3.1. スペクトルの定義 31

3.2. スペクトルの基本性質 34

3.3. ヒルベルト空間上の作用素 40

　　　演習問題 45

第 4 章　コンパクト作用素　　　　　　　　　　　　　　　　　　　　　47

4.1. コンパクト作用素の基礎性質 47

4.2. リース・シャウダーの理論 54

　　　演習問題 63

第 5 章　線型作用素の関数　　64

5.1. 基本の考え方 64

5.2. ヒルベルト空間上の関数法 71

演習問題 76

第 2 部　ヒルベルト空間上の自己共役作用素　　77

第 6 章　有界作用素のスペクトル分解定理　　78

6.1. スペクトル分解定理への準備 78

6.2. 掛け算作用素型のスペクトル分解 82

6.3. スペクトル測度によるスペクトル分解定理 92

6.4. ユニタリー作用素のスペクトル分解 100

6.5. コンパクトな自己共役作用素 106

演習問題 112

第 7 章　非有界自己共役作用素　　113

7.1. 非有界作用素の基礎概念 113

7.2. スペクトルとレゾルベント 119

7.3. 対称作用素と自己共役作用素 122

7.4. フォン・ノイマンの着想 126

7.5. ケーリー変換 129

演習問題 134

第 8 章　非有界自己共役作用素のスペクトル分解　　135

8.1. 自己共役作用素のリース・ロルチ表現 135

8.2. スペクトル分解定理 141

8.3. スペクトル分解の応用 148

演習問題 156

第 3 部　バナッハ環による解析　　157

第 9 章　バナッハ環の基礎　　158

9.1. 定義と例 158

9.2. 基本性質 163

9.3. スペクトル 166

演習問題 171

目　次　　　vii

第 10 章　可換バナッハ環のゲルファント変換　172

10.1.　可換バナッハ環の指標 172

10.2.　極大イデアル 175

10.3.　ゲルファント変換 178

10.4.　ゲルファント変換とスペクトル 181

　　　　演習問題 185

第 11 章　C^* 環　187

11.1.　対合を持つノルム環 187

11.2.　基本性質 189

11.3.　正規元の関数法とスペクトル写像定理 196

11.4.　正規作用素のスペクトル分解 198

　　　　演習問題 203

付　録　205

A.1.　リースの表現定理 205

A.2.　ベクトル値正則関数 209

略解とヒント　212

文献案内　223

参考文献一覧　226

記号索引　229

事項索引　231

.

第 1 部

有界線型作用素

第 1 章

バナッハ空間とヒルベルト空間

本書はバナッハ空間とヒルベルト空間上の線型作用素について，その基本
事項をなるべく丁寧に解説することを目標とする．基礎となる空間につい
てはある程度の知識を持っていることを想定しているが，初めての学習で
も困らないように必要最小限を説明したい.

1.1. 基本の概念

1.1.1. ベクトル空間　ベクトル空間の定義から話を始めよう.

定義 1.1　$\mathbb{K}$ を可換な体とする．空でない集合 X が $\mathbb{K}$ 上のベクトル空間であ
るとは次の性質を持つことをいう：

(V_1)　X の元の任意の順序対 x, y に対し，その和と呼ばれる X の元が一
意に決まり $x + y$ で表される．また，任意の $x \in X$ と任意の $\alpha \in \mathbb{K}$ に対し,
スカラー倍と呼ばれる X の元が一意に決まり αx で表される.

(V_2)　すべての $x, y, z \in X$ および $\alpha, \beta \in \mathbb{K}$ に対して次を満たす：

$$(x + y) + z = x + (y + z) \qquad \text{(和の結合法則)}$$
$$x + y = y + x \qquad \text{(和の交換法則)}$$
$$\alpha(x + y) = \alpha x + \alpha y, \quad (\alpha + \beta)x = \alpha x + \beta x \qquad \text{(分配法則)}$$

(V_3)　すべての $x \in X$ に対し $x + 0 = x$ を満たす $0 \in X$ が存在する.

(V_4)　すべての $x \in X$ に対し $x + x' = 0$ を満たす $x' \in X$ が存在する.

(V_5)　すべての $x \in X$ に対し $1x = x$ が成り立つ.

1.1 基本の概念　　　3

条件 (V₃) の性質を持つ元 0 は唯一つで X の零元と呼ぶ．また，条件 (V₄) を満たす x' は x によって唯一つ決まる．これを $-x$ と表す．また，任意の $x, y \in X$ に対して $x + z = y$ を満たす z は X の元として唯一つ決まり，$z = y + (-x)$ で表される．この右辺を $y - x$ とも書く．

ベクトル空間 X の元をベクトル，係数体 $\mathbb{K}$ の元をスカラーと呼ぶ．物理学では具体的な意味づけをするが，数学ではただの呼び名であることが多い．ベクトル空間は集合 X とその上の 2 種類の演算の組であるが，普通は演算を省略して $\mathbb{K}$ 上のベクトル空間 X などという．本書で扱うベクトル空間は $\mathbb{K}$ が実数体 $\mathbb{R}$ であるか複素数体 $\mathbb{C}$ である．どちらでもよいときは $\mathbb{K}$ と書く．

1.1.2. 内積，ノルム，距離　　ベクトル空間 X は計算規則を持った集合で，こういうものを一般に代数的な対象という．これに遠近や角度といった幾何学的な性質を持たせるために，数学では X の中を測る物指を用意する．それが標記の内積・ノルム・距離といった概念である．定義を並べてみよう．

定義 1.2　X を $\mathbb{K}$ 上のベクトル空間とする．X の元のすべての順序対 x, y に数 $(x \,|\, y) \in \mathbb{K}$ を割当てる対応が次の性質を持つとき X 上の内積と呼ぶ：

(I₁)　$(x \,|\, x) \geq 0 \ (x \in X); \ (x \,|\, x) = 0 \iff x = 0.$

(I₂)　$(x \,|\, y) = \overline{(y \,|\, x)} \ (x, y \in X).$ ただし $\bar{\alpha}$ は α の共役複素数である．

(I₃)　$(\alpha x \,|\, y) = \alpha(x \,|\, y) \ (x, y \in X, \ \alpha \in \mathbb{K}).$

(I₄)　$(x + y \,|\, z) = (x \,|\, z) + (y \,|\, z) \ (x, y, z \in X).$

内積の定義されたベクトル空間 X を**内積空間**といい，$(x \,|\, y)$ を x と y の内積という．定義からわかるように，内積は第 1 変数について線型である．条件 (I₂) により，第 2 変数については共役線型になる．もちろん，$\mathbb{K} = \mathbb{R}$ のときは，条件 (I₂) は $(x \,|\, y) = (y \,|\, x)$ と同じである．

定義 1.3　X を $\mathbb{K}$ 上のベクトル空間とする．X のすべての元 x に実数 $\|x\|$ を割当てる対応が次の性質を持つとき X 上のノルムと呼ぶ：

(N₁)　$\|x\| \geq 0 \ (x \in X); \ \|x\| = 0 \iff x = 0.$

(N₂)　$\|\alpha x\| = |\alpha| \|x\| \ (x \in X, \ \alpha \in \mathbb{K}).$

(N₃)　$\|x + y\| \leq \|x\| + \|y\| \ (x, y \in X).$

ノルムを持つベクトル空間 X を**ノルム空間**という．$x \in X$ に対する $\|x\|$ を x の**ノルム**という．

定義 1.4 X を空でない集合とする．X の元のすべての順序対 x, y に実数 $d(x,y)$ を割当てる対応が次の性質を持つとき，これを X 上の距離と呼ぶ．

(M_1) $d(x,y) \geq 0 \ (x,y \in X)$; $d(x,y) = 0 \iff x = y$.

(M_2) $d(x,y) = d(y,x) \ (x,y \in X)$.

(M_3) $d(x,y) \leq d(x,z) + d(z,y) \ (x,y,z \in X)$.

距離が定義された集合 X (詳しくは，(X,d)) を**距離空間**と呼ぶ．上で定義したノルム空間 X は $d(x,y) = \|x-y\|$ によって距離空間となる．なお，ノルム空間については [**B3**, 第 2 章]，距離空間については [**B2**, 第 7 章] などを見よ．

1.1.3. 内積空間の基本性質 X を内積空間とし，すべての $x \in X$ に対して $\|x\| = \sqrt{(x \,|\, x)}$ とおく．条件 (I_1) の前半により $(x \,|\, x) \geq 0$ であるから，$\|x\|$ は非負の実数である．これが X のノルムであることを示そう．そのため，次の簡単な等式から始める．もちろん，$\mathbb{K} = \mathbb{C}$ の場合を考えれば十分である．

$$(1.1) \qquad \|x + y\|^2 = \|x\|^2 + 2\operatorname{Re}(x \,|\, y) + \|y\|^2 \qquad (x, y \in X).$$

等式の検証 内積になおして計算すればよい．すなわち，途中で (I_2) を使って，

$$
\begin{aligned}
\|x + y\|^2 = (x + y \,|\, x + y) &= \|x\|^2 + (x \,|\, y) + (y \,|\, x) + \|y\|^2 \\
&= \|x\|^2 + 2\operatorname{Re}(x \,|\, y) + \|y\|^2. \qquad \square
\end{aligned}
$$

定理 1.5 (シュワルツの不等式) 任意の $x, y \in X$ に対して次が成り立つ：

$$|(x \,|\, y)| \leq \|x\|\|y\|.$$

証明 (1.1) において x を $te^{i\theta}x \ (t, \theta \in \mathbb{R})$ に代えれば，

$$t^2\|x\|^2 + 2t\operatorname{Re}\{e^{i\theta}(x \,|\, y)\} + \|y\|^2 = \|te^{i\theta}x + y\|^2 \geq 0.$$

ここで $\theta = -\arg(x \,|\, y)$ とおけば，$\operatorname{Re}\{e^{i\theta}(x \,|\, y)\} = |(x \,|\, y)|$ となるから，

$$t^2\|x\|^2 + 2t|(x \,|\, y)| + \|y\|^2 \geq 0 \qquad (t \in \mathbb{R}).$$

よって，t の 2 次式の判別式は負または 0 となり $|(x \,|\, y)|^2 \leq \|x\|^2\|y\|^2$ を得る．両辺の平方根を取れば求める不等式となる． $\square$

定理 1.6 $x \mapsto \|x\|$ は X 上のノルムである. 故に X はノルム空間である.

証明 三角不等式 (N_3) だけを証明する. $x, y \in X$ とすると, (1.1) により

$$
\begin{aligned}
\|x + y\|^2 &= \|x\|^2 + 2\operatorname{Re}(x \mid y) + \|y\|^2 \\
&\leq \|x\|^2 + 2|(x \mid y)| + \|y\|^2 \\
&\leq \|x\|^2 + 2\|x\|\|y\| + \|y\|^2 = (\|x\| + \|y\|)^2.
\end{aligned}
$$

$\|\cdot\|$ は非負であるから, これから求める不等式が得られる. $\qquad\square$

定理 1.7 X をノルム空間とする. $x, y \in X$ に対し $d(x, y) = \|x - y\|$ とおくと, $d(\cdot, \cdot)$ は X 上の距離である.

証明 距離の性質 (M_1), (M_2), (M_3) は (N_1), (N_2), (N_3) より従う. $\qquad\square$

1.1.4. ノルム空間の構成 与えられたノルム空間から新たなノルム空間を作り出す基本的な方法を三つあげておく.

部分空間 ノルム空間 X の空でない部分集合 Y が X の演算についてベクトル空間であるとき, このベクトル空間 Y の各元に X の元としてのノルムを与えれば Y はノルム空間となる. これを X の**部分空間**という. もしさらに Y が X の閉集合ならば, Y を X の**閉部分空間**であるという.

商空間 Y をノルム空間 X の部分空間とし, X 上の二元関係 $x \sim y \pmod{Y}$ を $x - y \in Y$ によって定義する. これは同値関係である. すなわち, 簡単に $x \sim y$ と書けば,

(E_1) すべての $x \in X$ に対して $x \sim x$, $\qquad\qquad$ (反射律)

(E_2) $x \sim y$ ならば $y \sim x$, $\qquad\qquad\qquad$ (対称律)

(E_3) $x \sim y$ かつ $y \sim z$ ならば $x \sim z$, $\qquad\quad$ (推移律)

が成り立つ. 次に, 任意の $x \in X$ に対し, x の同値類 $C(x)$ を

$$
C(x) = \{ y \mid y \in X, \, y \sim x \} = \{ x + y \mid y \in Y \}
$$

で定義し, Y による剰余類と呼ぶ. 剰余類の全体をベクトル空間 X の Y による商空間と呼び X/Y と書く. これは

$$
C(x) + C(y) = C(x + y), \quad \alpha C(x) = C(\alpha x)
$$

を加法とスカラー倍としてベクトル空間をなす. これは代数学の標準的な計算で示される. さらに, Y が閉ならば $\|C(x)\| = \inf\{\,\|x+y\| \mid y \in Y\,\}$ は X/Y のノルムを定義する. $C(x)$ の定義式を見れば, $C(x) = x + Y$ と書けることがわかる. この記法もよく使われる.

直和　ベクトル空間 X がベクトル空間 M_1 と M_2 の**直和**であるとは,

(a)　M_1, M_2 は X の部分空間である.

(b)　X の各元 x が $x = x_1 + x_2$ $(x_1 \in M_1, x_2 \in M_2)$ と一意に表される,

の 2 条件を満たすことをいう. これを記号では $X = M_1 \oplus M_2$ と表す. これは部分空間の個数が増えても同様である.

X_1, X_2 がベクトル空間のとき, その直積 $X = X_1 \times X_2$ は演算

$$(x_1, x_2) + (y_1, y_2) = (x_1 + y_1, x_2 + y_2), \quad \alpha(x_1, x_2) = (\alpha x_1, \alpha x_2)$$

によってベクトル空間となる. 今,

$$M_1 = \{\,(x_1, 0) \mid x_1 \in X_1\,\}, \quad M_2 = \{\,(0, x_2) \mid x_2 \in X_2\,\}$$

とおけば, これらは X の部分空間で $X = M_1 \oplus M_2$ となる. M_1, M_2 は $(x_1, 0) \mapsto x_1$, $(0, x_2) \mapsto x_2$ によってそれぞれ X_1, X_2 と一対一に対応するから, X を X_1 と X_2 の直和と呼んで, $X = X_1 \oplus X_2$ とも書く. さらに, X_1 と X_2 がノルム空間ならば, それぞれのノルムを $\|\cdot\|_1$, $\|\cdot\|_2$ とするとき, $1 \leq p \leq \infty$ を選んで X のノルムを

$$\|(x_1, x_2)\|_p = \begin{cases} \left(\|x_1\|_1^p + \|x_2\|_2^p\right)^{1/p} & (1 \leq p < \infty), \\ \max\{\|x_1\|_1, \|x_2\|_2\} & (p = \infty) \end{cases}$$

で定義することができる. これをノルム空間 X_1 と X_2 の直和と呼んで, $X_1 \oplus_p X_2$ と書く. p の選び方はいろいろあるが, 位相としては同等である.

1.1.5. 収束列とコーシー列, 完備性　(X, d) を距離空間とする. 距離空間の特徴は距離という遠近を測る物指を持っていることである. すなわち, $x, y \in X$ に対し, $d(x, y)$ により 2 点 x, y の遠近が判断される. 数学ではこの遠近関係をもたらすある種の構造を位相と呼ぶ. 例えば, X がノルム空間のときは定理 1.7 によって定まる距離 $\|x - y\|$ による位相をノルム位相と呼ぶ. これだけ

ではあいまいであるが，精密な話は他に譲り（例えば，[**B2**, 第 7 章]），ここで
は一番単純な点列の収束について説明する．

　さて，X 内の点列 $\{x_n\}$ と点 x について，番号 n が増えるとき x_n と x の
距離 $d(x_n, x)$ がいくらでも小さくなるならば，x_n は x に収束するといい，

$$x_n \to x \qquad (n \to \infty)$$

と書く．x を点列 $\{x_n\}$ の極限と呼ぶ．極限はもしあれば唯一つである．

　収束列と並んで大切な概念がコーシー列である．X の点列 $\{x_n\}$ が**コーシー**
列であるとは相互の距離 $d(x_m, x_n)$ が番号が増えるとともにいくらでも小さく
なることをいう．$\varepsilon - \delta$ 式でいえば，任意の正数 ε に対し番号 N が存在して

$$d(x_m, x_n) < \varepsilon \qquad (\forall m, n \geq N)$$

を満たすことをいう．任意の収束列は必ずコーシー列である．しかし，逆は成
り立つとは限らない．すべてのコーシー列が収束するような距離空間を**完備**で
あるという．特に，X がノルム空間ならば，距離 $d(x, y) = \|x - y\|$ に関して
完備であるとき，X は完備であるという．さらに，完備であるノルム空間 X
を**バナッハ空間**という．内積空間については，X が内積から定義されたノルム
について完備ならば X は**ヒルベルト空間**であるという．

例 1.8　X を実数の集合 $\mathbb{R}$ とし，その上の距離 $d(x, y)$ を x と y の差の絶対値 $|x - y|$
とすれば，$X = (X, d)$ は完備な距離空間である．

例 1.9　X を有理数の集合 $\mathbb{Q}$ とし，その上の距離 $d(x, y)$ を x と y の差の絶対値
$|x - y|$ とすれば，$X = (X, d)$ は距離空間であるが，完備ではない．例えば，無理数
$\sqrt{2}$ を極限とする有理数列を $\{x_n\}$ とすれば，これは X の中のコーシー列であるが，極
限の $\sqrt{2}$ は有理数ではないから X の中では収束列ではない．

　1.1.6. 完備化　上の例にあげた実数集合 $\mathbb{R}$ と有理数集合 $\mathbb{Q}$ を比べてみよ
う．演算の構造に主な関心がある代数学にとっては四則演算で閉じている最小
の範囲である有理数体 $\mathbb{Q}$ は最も重要な対象の一つである．しかし，極限操作を
主な手段とする解析学にとって $\mathbb{Q}$ は扱いやすい対象ではない．それで，微積分
学ではまず最初に $\mathbb{Q}$ に無理数を追加して極限操作で閉じた体系にするのが，実
数論の解析学的な側面であるといえる．

実際，実数論の方法を応用すれば，すべての距離空間 X は適当に極限点を追加することによって完備な空間 $\widehat{X}$ に転換できる．具体的には次の通り：

定理 1.10 $X = (X, d)$ を距離空間とする．このとき，X を含む完備な距離空間 $\widehat{X} = (\widehat{X}, \widehat{d})$ で次の性質を持つものがある．

(a) X は $\widehat{X}$ の部分空間である．すなわち，$\widehat{d}$ は X 上では d と一致する．

(b) X は $\widehat{X}$ で稠密である．すなわち，$\widehat{X}$ の各点は X の点列の極限である．

また，$\widehat{X}_1, \widehat{X}_2$ が上の 2 条件を満たす完備な距離空間ならば，$\widehat{X}_1$ から $\widehat{X}_2$ への全単射 ϕ で次の性質を持つものがある：

$$(1.2) \qquad \begin{aligned} \phi(x) &= x \qquad (x \in X), \\ \widehat{d}_1(x, y) &= \widehat{d}_2(\phi(x), \phi(y)) \qquad (x, y \in \widehat{X}_1). \end{aligned}$$

任意の距離空間 X に対し，X を稠密な部分空間として含む完備な距離空間 $\widehat{X}$ を X の完備化という．もし X 自体が完備ならば $\widehat{X}$ は X に一致する．もし X が完備でなければ，X の完備化は (1.2) の意味で互いに等長同型である．さらに，等長同型なものを同一視すれば，X の完備化は一意である．

定理 1.10 の証明は [**B3**, §5] にあるから繰り返さない．その代わり，X がノルム空間や内積空間であるときは，$\widehat{X}$ も自然に同様な空間になることを示そう．

定理 1.11 X がノルム空間ならば，$\widehat{X}$ も同様であり，X は $\widehat{X}$ のノルム空間としての部分空間である．内積空間のときも同様である．

証明 $x, y \in \widehat{X}$ に対し和 $x + y$ が一意に決まることを示そう．そのため，x, y に収束する X の点列を $\{x_n\}$, $\{y_n\}$ とする．このとき，$\|x_m - x_n\| = \widehat{d}(x_m, x_n) \le \widehat{d}(x_m, x) + \widehat{d}(x, x_n) \to 0$ であるから，$\{x_n\}$ は X のコーシー列である．$\{y_n\}$ も同様であるから，$z_n = x_n + y_n$ とおけば，$\{z_n\}$ もコーシー列である．$\widehat{X}$ は完備であるから，$z_n \to z$ を満たす $z \in \widehat{X}$ が存在する．我々は $x + y = z$ と定義する．この z は唯一通りに決まる．これを示すために，$x'_n \to x, y'_n \to y$ を満たす X のコーシー列 $\{x'_n\}$, $\{y'_n\}$ を任意に取る．まず，$\|x_n - x'_n\| = d(x_n, x'_n) \le \widehat{d}(x_n, x) + \widehat{d}(x, x'_n) \to 0$ がわかる．$\|y_n - y'_n\| \to 0$ も同様である．よって，$z'_n = x'_n + y'_n$ とおくとき，$\|z_n - z'_n\| \to 0$ を得る．これから，$\widehat{d}(z, z'_n) \le \widehat{d}(z, z_n) + \widehat{d}(z_n, z'_n) = \widehat{d}(z, z_n) + \|z_n - z'_n\| \to 0$ となって，z の一意性が得られた．他の性質の検証は読者に残す． $\qquad\square$

1.1.7. 内積空間の幾何学 X を内積空間とする. まず, X は $\|x\| = \sqrt{(x \mid x)}$ とおくことによりノルム空間になった. ノルム $\|x\|$ をベクトル x の長さと考えよう. 二つのベクトル $x, y \in X$ は $(x \mid y) = 0$ のとき**直交**するということにする. この性質があれば, 公式 (1.1) (4 頁) はピタゴラスの定理の直交関係式

$$\|x + y\|^2 = \|x\|^2 + \|y\|^2$$

となる. 一般には次の中線定理が成り立つ.

定理 1.12 (中線定理) 任意の $x, y \in X$ に対して

$$(1.3) \qquad \|x + y\|^2 + \|x - y\|^2 = 2(\|x\|^2 + \|y\|^2).$$

証明 等式 (1.1) と y を $-y$ で置き換えたものを足してみればわかる. □

実は, この中線定理は内積から導かれるノルムの特性である. これを示す前に, 内積空間の内積 $(x \mid y)$ はそれに付随するノルム $\|x\| = \sqrt{(x \mid x)}$ のみの等式として表せることに注意する. これを**極化恒等式**と呼ぶ.

定理 1.13 (極化恒等式) 任意の $x, y \in X$ に対して次が成り立つ:

$$(1.4) \qquad (x \mid y) = \frac{1}{4}\{\|x + y\|^2 - \|x - y\|^2 + i(\|x + iy\|^2 - \|x - iy\|^2)\}.$$

証明 公式 (1.1) により

$$\|x + y\|^2 - \|x - y\|^2 = 2\operatorname{Re}(x \mid y) - 2\operatorname{Re}(x \mid -y) = 4\operatorname{Re}(x \mid y),$$
$$\|x + iy\|^2 - \|x - iy\|^2 = 2\operatorname{Re}(x \mid iy) - 2\operatorname{Re}(x \mid -iy) = 4\operatorname{Im}(x \mid y)$$

を得るから, 明らかであろう. □

定理 1.14 ノルム空間 X のすべての元 x, y に対して中線定理 (1.3) が成り立つならば, $\|x\| = \sqrt{(x \mid x)}$ を満たす X 上の内積 $(\cdot \mid \cdot)$ が存在する.

証明の概略 証明は意外に手間がかかるので筋道だけを述べる. ノルム $\|\cdot\|$ は中線定理を満たすと仮定する. もしこのノルムが内積 $(\!(\cdot, \cdot)\!)$ から引き起こされているならば, 極化恒等式 (1.4) が成り立つはずである. よって,

$$(1.5) \qquad (\!(x, y)\!) = \frac{1}{4}\{\|x + y\|^2 - \|x - y\|^2 + i(\|x + iy\|^2 - \|x - iy\|^2)\}$$

とおいて, これが内積の性質 (I_1)–(I_4) を持つことを示せばよい.

(a) 加法性 (I_4) の証明は [**B3**, 28 頁] を参照されたい.

(b) (I_3) は (I_4) とノルムの連続性による. まず, $((0, y)) = 0$ は定義から明らかであろう. 次に, $0 = ((x - x, y)) = ((x, y)) + ((-x, y))$ から, $((-x, y)) = -((x, y))$ がわかる. また, $((ix, y)) = i((x, y))$ も定義に従って計算すればわかる. よって, $\alpha > 0$ に対して $((\alpha x, y)) = \alpha((x, y))$ を示せばよい.

(c) まず, $((2x, y)) = 2((x, y))$ は (I_4) を使って

$$((2x, y)) = ((x + x, y)) = ((x, y)) + ((x, y)) = 2((x, y))$$

を得る. 以下帰納法で $((nx, y)) = n((x, y))$ $(n = 3, 4, \dots)$ がわかる. これを変形すれば, $((n^{-1}x, y)) = n^{-1}((x, y))$ $(n = 1, 2, \dots)$ もわかる. さらに, x を mx $(m = 2, 3, \dots)$ で置き換えれば, すべての正の有理数 r に対して $((rx, y)) = r((x, y))$ がわかる.

(d) 最後に α を非負の実数とする. このときは, 正の有理数列 $\{r_n\}$ で α に収束するものがある. (1.5) を見れば, $((r_n x, y)) \to ((\alpha x, y))$ がわかる. 故に,

$$((\alpha x, y)) = \lim_{n \to \infty} ((r_n x, y)) = \lim_{n \to \infty} r_n((x, y)) = \alpha((x, y)). \qquad \square$$

1.1.8. 基本的な例　バナッハ空間とヒルベルト空間については以下の説明に必要なものに限ってその定義を述べておく.

例 1.15　数直線の閉区間 $[0, 1]$ 上で定義された複素数値連続関数の全体を $C([0, 1])$ と書く. これは関数の和とスカラー倍を演算としてベクトル空間をなす. すなわち, $f, g \in C([0, 1])$, $\alpha \in \mathbb{C}$ に対して $f + g$ と αf を

$$(f + g)(t) = f(t) + g(t), \quad (\alpha f)(t) = \alpha f(t) \qquad (t \in [0, 1])$$

で定義する. さらに, $f \in C([0, 1])$ に対して

$$\|f\| = \sup\{\,|f(t)| \mid t \in [0, 1]\,\}$$

と定義する. これを f の**一様ノルム**または**上限ノルム**と呼ぶ. $C([0, 1])$ はこの代数演算とノルムによりバナッハ空間になる. 区間 $[0, 1]$ をコンパクト・ハウスドルフ空間 S に代えた $C(S)$ もバナッハ空間の代表的な例である. これは S 上の複素数値連続関数の全体に関数の和とスカラー倍を代数演算とし,

$$\|f\| = \sup\{\,|f(s)| \mid s \in S\,\} \qquad (f \in C(S))$$

をノルムとするバナッハ空間である. これを $C(S)$ の**一様ノルム**と呼ぶ. 一様ノルムを $\|\cdot\|_S$ または $\|\cdot\|_\infty$ とも書く. なお, 関数の値を実数に限った場合を $C_{\mathbb{R}}([0,1])$ または $C_{\mathbb{R}}(S)$ と書く. これらは $C([0,1])$ または $C(S)$ の部分空間であるが, スカラーは当然実数に限られる. 詳しくは [**B3**, 第 8 章] などを見よ.

例 1.16 前の例で考えた連続関数のベクトル空間 $C([0,1])$ においてノルムを変えてみる. そのため, p を $1 \le p < \infty$ を満たす定数として

$$(1.6) \qquad \|f\|_p = \left(\int_0^1 |f(t)|^p \, dt \right)^{1/p}$$

と定義する. このとき次が成り立つ:

(a) $f \mapsto \|f\|_p$ は $C([0,1])$ 上のノルムである. これを L^p ノルムと呼ぶ.

(b) L^p ノルムに関しては $C([0,1])$ は完備ではない. $C([0,1])$ の L^p ノルムに関する完備化 (§1.1.6 参照) を $L^p([0,1])$ または $L^p([0,1], dt)$ と書く.

(c) 特に, $p = 2$ のとき, ノルム $\|f\|_2$ は内積

$$(1.7) \qquad (f \mid g) = \int_0^1 f(t) \overline{g(t)} \, dt$$

から定義されたノルムと一致する. 従って, $L^2([0,1])$ はヒルベルト空間である.

(d) 以上で定義したバナッハ空間 L^p の元は $C([0,1])$ の元の他に抽象的に追加された元が沢山あるが, 可測関数の概念を使えば $[0,1]$ 上の関数と見なして議論することができる. (1.6) の積分もすべての $L^p([0,1])$ の元に意味を持たせることができる. さらに, $p = \infty$ に対応する**本質的有界**関数の空間 $L^\infty([0,1])$ も可測関数を経由して定義される (詳しくは [**B3**, 第 6 章] など参照).

例 1.17 複素数列を元とする空間を数列空間と呼ぶ. $1 \le p \le \infty$ を任意に固定し複素数列 $x = (\alpha_1, \alpha_2, \dots)$ で

$$\|x\|_p = \begin{cases} \left\{ \sum_{n=1}^{\infty} |\alpha_n|^p \right\}^{1/p} & (1 \le p < \infty), \\ \sup\{ |\alpha_n| \mid n \in \mathbb{N} \} & (p = \infty) \end{cases}$$

が有限なものの全体を $\ell^p(\mathbb{N})$ と書く. $\ell^p(\mathbb{N})$ は可算個の座標を持つベクトルとしての和とスカラー倍に関してベクトル空間をなし, 上の $\|x\|_p$ をノルムとしてバナッハ空間をなす. 特に, $p = 2$ の場合はヒルベルト空間となる.

我々は e_n により第 n 座標が 1 で残りが全部 0 であるもの，すなわち

$$e_n = (\underbrace{0, \ldots, 0, 1}_{n}, 0, \ldots)$$

と定義し，$\{e_n\}_{n \in \mathbb{N}}$ を**標準基底**と呼ぶ．

上で述べたのは片側無限列の空間であるが，これに対して両側無限数列の空間を考えることができる．これは数列の添数としてすべての整数を取るもので，$x = (\ldots, \alpha_{-2}, \alpha_{-1}, \alpha_0, \alpha_1, \alpha_2, \ldots)$ の形式のものである．この場合はノルムを

$$\|x\|_p = \begin{cases} \left\{ \sum_{n=-\infty}^{\infty} |\alpha_n|^p \right\}^{1/p} & (1 \le p < \infty), \\ \sup\{|\alpha_n| \mid n \in \mathbb{Z}\} & (p = \infty) \end{cases}$$

に変えて，空間 $\ell^p(\mathbb{Z})$ が定義される．ここで述べた数列空間の元を $\mathbb{N}$ または $\mathbb{Z}$ 上の関数と見なすこともできる．この場合には x の第 n 座標を（α_n の代わりに）$x(n)$ と表す．類推は容易であるので詳しくは述べない．

1.2. 双対空間

1.2.1. 線型汎関数　X をノルム空間とする．ノルム空間を解析する有用な手段が線型汎関数である．これは X からスカラーの体 $\mathbb{K}$ へのベクトル演算を保存する写像のことで，具体的には任意の $x, y \in X$, $\alpha \in \mathbb{K}$ に対して

$$f(x + y) = f(x) + f(y), \quad f(\alpha x) = \alpha f(x)$$

を満たす写像 f である．これについて次が成り立つ：

定理 1.18　ノルム空間 X 上の線型汎関数 f について次は同値である：

(a) 次を満たす有限な $K \ge 0$ が存在する：

$$(1.8) \qquad |f(x)| \le K\|x\| \qquad (x \in X).$$

(b) f は連続である．

(c) f は原点で連続である．

証明は一般の作用素に関する定理 2.1 (20 頁) と同じである．X 上の線型汎関数 f がこの条件を満たすとき，(1.8) を満たす K には最小値がある．これ

を f のノルムと呼び $\|f\|$ で表す．実際，これは次で定義される：

$$\|f\| = \sup_{x \neq 0} \frac{|f(x)|}{\|x\|} = \sup_{\|x\|=1} |f(x)|.$$

このような f を**有界**であるという．X 上の有界な線型汎関数の全体を X' と記す．X' の元については X 上の関数としての和とスカラー倍，すなわち

$$(f+g)(x) = f(x) + g(x),$$
$$(\alpha f)(x) = \alpha \cdot f(x),$$

を演算と考える．これについては次が成り立つ．

定理 1.19 X' は上で定義した和 $f+g$，スカラー倍 αf およびノルム $\|f\|$ についてバナッハ空間をなす（[**B3**, §13]）．

このバナッハ空間 X' を X の**双対空間**または**共役空間**と呼ぶ．恒等的に 0 となる汎関数（これを 0 と表す）はもちろん連続な汎関数でこれは X' の零元である．X が自明（すなわち，零元のみ）のときは X' も零元のみであるが，X が自明でないとき X' はどうなるか．これは次の課題である．

1.2.2. ハーン・バナッハの定理 自明でないノルム空間 X の双対空間を調べよう．その鍵がハーン・バナッハの定理である．

定理 1.20 (ハーン・バナッハ) Y をノルム空間 X の任意の部分空間とすれば，Y 上の任意の有界線型汎関数 f に対し，X 上の線型汎関数 F で

$$F(x) = f(x) \qquad (x \in Y),$$
$$\|F\| = \|f\|$$

を満たすものが存在する（[**B3**, 定理 4.3]）．

系 1 任意の零でない $x_0 \in X$ に対し $f \in X'$ で，$f(x_0) = \|x_0\|$ かつ $\|f\| = 1$ を満たすものが存在する．従って，任意の相異なる $x, y \in X$ に対し $f(x) \neq f(y)$ を満たす $f \in X'$ が存在する．

系 2 任意の $x \in X$ に対し次の等式が成り立つ：

$$\|x\| = \sup_{f \subset X', f \neq 0} \frac{|f(x)|}{\|f\|} = \sup_{f \in X', \|f\|=1} |f(x)|.$$

詳しい説明は [**B3**, 第 4 章] にあるから，ここでは述べない．

1.2.3. 双対の概念　X をノルム空間とし，X' を X の双対空間とする．こ
れまでは X' の元 f を $x \in X$ の関数と考えて $f(x)$ と表したが，f の方を変
数と見るのが自然な場合もある．それで，x, f のどちらが変数でも困らないよ
うに，$f(x)$ の代わりに $\langle x, f \rangle$ とも書く．また，X 上の線型汎関数を一般に x'
と書く．二変数の関数 $(x, x') \mapsto \langle x, x' \rangle$ は直積 $X \times X'$ 上の双一次形式で，こ
れを X と X' との**内積**と呼ぶ．ノルムについては $|f(x)| \le \|f\|\|x\|$ であった
から，内積の形式にすれば次が成り立つ：

$$|\langle x, x' \rangle| \le \|x\|\|x'\| \qquad (x \in X, \, x' \in X').$$

定理 1.21　X と X' との内積 $\langle x, x' \rangle$ は次の意味で非退化である：

(a)　すべての $x \in X$ に対して $\langle x, x' \rangle = 0$ ならば，$x' = 0$.

(b)　すべての $x' \in X'$ に対して $\langle x, x' \rangle = 0$ ならば，$x = 0$.

証明　(a) は汎関数 0 の定義そのものである．また，$x \ne 0$ ならば前定理の系 1
から $\langle x, x' \rangle \ne 0$ を満たす $x' \in X'$ が存在するから (b) が成り立つ．　　□

　§1.1.8 で述べた例についてその双対空間を与えておく．

例 1.22　連続関数の空間 $C([0,1])$ の双対空間 $C([0,1])'$ は区間 $[0,1]$ 上の複
素数値のボレル測度全体の空間 $M([0,1])$ に等しい．これはリースの表現定理
(または，リース・マルコフ・角谷の表現定理) の内容である ([**B3**, 第 8 章])．
この場合，ボレル測度はすべて正則であるから，正則性の条件はいらない (演
習問題 1.7 参照)．なお，付録 (205頁) にリースの表現定理の解説を載せた．

例 1.23　$1 < p < \infty$ のとき，p の共役指数 q を $p^{-1} + q^{-1} = 1$ で定義する．
$p = 1$ のときは $q = \infty$ とする．このとき，$1 \le p < \infty$ かつ $p \ne 2$ ならばバ
ナッハ空間 $L^p([0,1])$ の双対空間は $L^q([0,1])$ と等長同型である．詳しい説明
は [**B3**, 第 6, 7 章] などを見よ．また，$L^2([0,1])$ はヒルベルト空間であって区
別して取り扱うのが普通である．

例 1.24　数列空間 $\ell^p(\mathbb{N})$ $(1 \le p < \infty)$ の双対空間は $\ell^q(\mathbb{N})$ と等長同型であ
る ([**B3**, 第 3 章] などを見よ)．この場合も $\ell^2(\mathbb{N})$ はヒルベルト空間でユーク
リッド空間の内積の考え方がそのまま受継がれている．$\ell^p(\mathbb{Z})$ についても同様
である．

1.2 双対空間 15

1.2.4. 部分空間と商空間の双対空間　X をノルム空間，X' をその双対空間
とする．X の部分集合 M の X' の中の直交補空間 $M^\perp$ とはすべての $x \in M$
に対して $\langle x, x' \rangle = 0$ を満たす $x' \in X'$ 全体の集合と定義する．$M^\perp$ は X' の
閉部分空間である．このとき，次が成り立つ：

定理 1.25　(a)　X の部分空間 Y の双対空間は $X'/Y^\perp$ と同一視される．

(b)　Y が X の閉部分空間ならば，商空間 X/Y の双対空間は Y の直交補
空間 $Y^\perp$ と同一視される．

証明　(a)　ハーン・バナッハの定理により任意の $y' \in Y'$ はノルムを増やさず
に X まで拡張できる．従って，$x' \in X'$ の Y への制限 $\pi: x' \mapsto x'|_Y$ は X'
から Y' への全射で，任意の $y' \in Y'$ に対し次を満たす：

$$\|y'\| = \inf\{ \|x'\| \mid x' \in X',\ \pi(x') = y' \}.$$

今，写像 π の核 $\mathcal{N}(\pi) = \{ x' \in X' \mid \pi(x') = 0 \}$ は $Y^\perp$ に等しいから，ベク
トル空間として Y' は $X'/Y^\perp$ と同一視できる．さらに，$y' \in Y'$ に対して
$\pi(x_0') = y'\ (x_0' \in X')$ として上式は

$$\|y'\| = \inf\{ \|x_0' + z'\| \mid z' \in Y^\perp \} = \|x_0' + Y^\perp\|$$

と変形される．この最終辺は商空間 $X'/Y^\perp$ のノルムであるから，Y' はノル
ム空間として $X'/Y^\perp$ と同一視できる．

(b)　$\pi: x \mapsto x + Y$ を商写像 $X \to X/Y$ とすると，任意の $z' \in (X/Y)'$ に
対し，合成写像 $x' = z' \circ \pi$ は連続であるから，X' の元を与える．x' は Y 上
で零であるから，$Y^\perp$ に属する．逆に，$x' \in Y^\perp$ を仮定すると，x' は各剰余類
$x + Y = \{ x + y \mid y \in Y \}$ 上で一定であるから，$\langle x + Y, z' \rangle = \langle x, x' \rangle$ として
X/Y 上の線型汎関数 z' が定義される．この場合，$x'|_Y = 0$ であるから

$$\|x'\| = \sup_{x \notin Y} \frac{|\langle x, x' \rangle|}{\|x\|} = \sup_{x \notin Y} \sup_{y \in Y} \frac{|\langle x + y, x' \rangle|}{\|x + y\|} = \sup_{x \notin Y} \frac{|\langle x + Y, z' \rangle|}{\|x + Y\|} = \|z'\|.$$

故に，対応 $x' \mapsto z'$ は $Y^\perp$ から $(X/Y)'$ への等長同型である．　　□

1.2.5. 二重双対空間　ノルム空間 X の双対空間 X' のノルム空間としての
双対空間 $(X')'$ を X の**二重双対空間**と呼び X'' と記す．この場合，X' の元

x' は関数ではなく変数と見なされる. さらに, X'' の元 x'' の X' への (線型汎関数としての) 作用を $\langle x'', x' \rangle$ $(x' \in X')$ と表すと, 次が成り立つ:

$$\|x''\| = \sup\{\,|\langle x'', x' \rangle|\,|\,x' \in X',\ \|x'\| \le 1\,\}.$$

特に, X の各元 x に対し X'' の元 $\widehat{x}$ を $\langle \widehat{x}, x' \rangle = \langle x, x' \rangle$ で定義すれば,

$$\|\widehat{x}\| = \sup\{\,|\langle x, x' \rangle|\,|\,x' \in X',\ \|x'\| \le 1\,\} = \|x\|$$

が成り立つ. X から X'' への写像 $J_X : x \mapsto \widehat{x}$ を X の X'' への**標準対応**という. 写像 J_X の値域を $\widehat{X}$ と記す. 特に, $\widehat{X} = X''$ のとき X は**反射的**であるという. 有用な空間には反射的であるものが多い.

1.2.6. 弱位相 * ノルム空間 X とその双対空間 X' の位相としてはノルムによるものを考えてきた. ノルムはとても便利な概念であるが, 進んだ議論では不便なことも起こってくる. ノルム位相が不便な大きな理由は無限次元の場合コンパクト性を利用する論法が使いにくいことである. 実際, 閉単位球がコンパクトであるようなノルム空間は有限次元になってしまうからである. そのため, ノルム位相より弱い収束の概念がいろいろ考えられている. その一つが標題の弱位相である. これを考えるため, ノルム空間とその双対よりも多少一般的な議論をしておく. $\mathbb{C}$ 上のベクトル空間 X と Y の直積 $X \times Y$ 上の双一次形式 $\langle x, y \rangle$ が非退化であるとは次の二条件を満たすことをいう:

(D$_1$) 任意の零でない $x \in X$ に対して $\langle x, y \rangle \ne 0$ を満たす $y \in Y$ が存在する.

(D$_2$) 任意の零でない $y \in Y$ に対して $\langle x, y \rangle \ne 0$ を満たす $x \in X$ が存在する.

非退化な双一次形式が定義されたベクトル空間 X, Y の組を**双対系**と呼ぶ.

定理 1.26 X, Y を双対系とする. このとき, すべての $y \in Y$ に対して, X 上の関数 $f_y : x \mapsto \langle x, y \rangle$ が連続になる X の位相の中で最も弱いものが存在する. この位相に関する X の原点の基本近傍系で次の形の集合全体からなるものが存在する:

$$U(y_1, \ldots, y_m; \varepsilon) = \{\,x \in X \mid |\langle x, y_1 \rangle| < \varepsilon, \ldots, |\langle x, y_m \rangle| < \varepsilon\,\}.$$

ただし, $y_1, \ldots, y_m$ は Y の有限集合, ε は正数の全体を動くものとする.

この定理で決まる位相を双対 X, Y による X 上の**弱位相**と呼び $\sigma(X, Y)$ と表す. また, X と Y を交換して Y 上の弱位相 $\sigma(Y, X)$ が定義される. 特に, ノルム空間 X とその双対空間 X' およびその内積 $\langle \cdot, \cdot \rangle$ からなる双対系から定義される弱位相 $\sigma(X, X')$ を X の**弱位相**と呼び, $\sigma(X', X)$ を X' の**汎弱位相**と呼ぶ. このように定義

1.3 ヒルベルト空間　　　　17

される X' の汎弱位相 $\sigma(X', X)$ の長所はコンパクト性の議論ができることで，これを端的に示す結果が次のバナッハ・アラオグルの定理 (証明は §10.4.4 参照) である.

定理 1.27 (バナッハ・アラオグル) ノルム空間 X の双対空間 X' の任意の閉球は汎弱位相 $\sigma(X', X)$ に関してコンパクトである.

この定理は第 3 部のバナッハ環の理論で本質的な役割を演じる.

1.3. ヒルベルト空間

H をヒルベルト空間とし，その内積を $(\cdot \,|\, \cdot)$ と書く．従って，H はノルム $\|x\| = \sqrt{(x \,|\, x)}$ に関して完備である．以下この節では $\mathbb{K} = \mathbb{C}$ とする.

1.3.1. 直交分解 H の任意の部分集合 M に対し，M の**直交補空間** $M^\perp$ を

$$M^\perp = \{\, y \in H \mid (y \,|\, x) = 0 \,\, (\forall \, x \in M)\,\}$$

で定義する．このとき，$M^\perp$ は H の閉部分空間である．特に，M が H の閉部分空間ならば，H は M と $M^\perp$ の直和に分解される．これから次がわかる:

定理 1.28 (直交射影の存在) M が H の閉部分空間ならば，任意の $x \in H$ に対して $x - y \in M^\perp$ を満たす $y \in M$ が一意に存在する ([**B3**, 定理 5.5]).

この定理で決まる対応 $x \mapsto y$ を H から M への**直交射影** (または，射影作用素) と呼び P_M と表す．この定理の重要な応用が次の F. リースの定理である:

定理 1.29 (F. リース) H 上の任意の有界線型汎関数 f に対し，$f(x) = (x \,|\, x_f)$ $(x \in H)$ を満たす $x_f \in H$ が一意に存在する．このとき，$\|f\| = \|x_f\|$ も成り立つ．x_f を f のリース表現と呼ぶ ([**B3**, 定理 5.7]).

ヒルベルト空間はノルム空間の特別な場合であるから，H 上の有界な線型汎関数の全体は H の双対空間 H' を形成する．これについて次がわかる:

定理 1.30 ヒルベルト空間 H 上の有界線型汎関数 f をそのリース表現 x_f に割り当てる写像 $J_H \colon f \mapsto x_f$ は H' から H への共役線型等長同型である.

証明 共役線型であることは $(x \,|\, x_{\alpha f}) = \alpha f(x) = \alpha(x \,|\, x_f) = (x \,|\, \bar{\alpha} x_f)$ から $x_{\alpha f} = \bar{\alpha} x_f$ が成り立つことでわかる. □

演習問題

1.1 $\mathbb{C}$ において $d(x,y) = \dfrac{|x-y|}{1+|x-y|}$ とおけば，$d(x,y)$ は $\mathbb{C}$ での距離となること を示せ．**ヒント：** $f(t) = t(1+t)^{-1}$ $(t > 0)$ は単調増加関数である．

1.2 $\mathbb{C}^n$ の元 $x = (\alpha_1, \ldots, \alpha_n)$ に対して $\|x\|_\infty = \max\{|\alpha_1|, \ldots, |\alpha_n|\}$ とおくとき，$\|x\|_\infty$ は $\mathbb{C}^n$ でのノルムとなることを示せ．

1.3 ヘルダーの不等式を次の手順で証明せよ：

(1) $\mathbb{R}$ 上の実数値 2 回微分可能関数 $f(t)$ が $f''(t) \geq 0$ を満たすとき f は凸関数で あることを示せ．ここで f が凸であるとは $0 \leq \lambda \leq 1$ に対して

$$f(\lambda s + (1-\lambda)t) \leq \lambda f(s) + (1-\lambda)f(t) \quad (s, t \in \mathbb{R})$$

を満たすことをいう．以下の 3 問では $p, q > 1$ かつ $p^{-1} + q^{-1} = 1$ とする．

(2) まず，$e^{s/p + t/q} \leq e^s/p + e^t/q$ が成り立つことを示せ．

(3) $a > 0, b > 0$ ならば，$ab \leq a^p/p + b^q/q$ を示せ．

(4) 正の数 a_i, b_i $(i = 1, \ldots, n)$ に対して次が成り立つことを示せ：

$$\sum_{i=1}^n a_i b_i \leq \left(\sum_{i=1}^n a_i^p\right)^{1/p} \left(\sum_{i=1}^n b_i^q\right)^{1/q}.$$

これを**ヘルダーの不等式**と呼ぶ．

1.4 $\mathbb{C}^n$ において $x = (\alpha_1, \ldots, \alpha_n) \in \mathbb{C}^n$ に対して，$1 < p < \infty$ として

$$\|x\|_p = (|\alpha_1|^p + \cdots + |\alpha_n|^p)^{1/p}$$

とおくと，これは $\mathbb{C}^n$ でのノルムとなることを示せ．なお，このノルムの三角不等式 $\|x+y\|_p \leq \|x\|_p + \|y\|_p$ を**ミンコフスキーの不等式**と呼ぶ．

1.5 問題 1.2 と問題 1.4 のノルムに関して次を示せ：

$$\lim_{p\to\infty} \|x\|_p = \|x\|_\infty.$$

1.6 H を可分な (無限次元) ヒルベルト空間とし，$\{e_n\}_{n\in\mathbb{N}}$ を H の正規直交基底と する．このとき，$x \in H$ に対して数列 $(\xi_n)_{n\in\mathbb{N}}$ を $x = \sum_{n=1}^\infty \xi_n e_n$ で対応させれば，H は $\ell^2(\mathbb{N})$ に等長同型であることを示せ．また，正規直交基底を $\{e_n\}_{n\in\mathbb{Z}}$ の形に書け ば，H は $\ell^2(\mathbb{Z})$ に等長同型であることを示せ．

1.7* 距離空間 X 上の有限なボレル測度 μ (付録 §A.1.2 参照) は正則であること，す なわちすべてのボレル集合 $A \subseteq X$ に対して次が成り立つことを示せ：

$$\mu(A) = \sup\{\mu(F) \mid A \supset F \text{ は閉集合}\} = \inf\{\mu(G) \mid A \subset G \text{ は開集合}\}.$$

第 2 章

線型作用素

この章ではバナッハ空間とヒルベルト空間上の有界線型作用素の基本を簡単に述べる. §2.1 では有界と連続の同等性, 作用素の双対, 作用素の収束について, §2.2 ではヒルベルト空間に特有な作用素, すなわち, 自己共役作用素, 正規作用素およびユニタリー作用素について説明する.

2.1. 基本性質

ノルム空間上の有界線型作用素について述べる.

2.1.1. 有界作用素 X と Y をノルム空間とする. まず, ベクトル空間 X から Y への写像 T がすべての $x, y \in X$ とすべてのスカラー $\alpha, \beta \in \mathbb{K}$ に対して

$$(2.1) \qquad T(\alpha x + \beta y) = \alpha T x + \beta T y$$

を満たすとき T を**線型作用素**と呼ぶ. 本書で扱う作用素はすべて線型であるから, 略して作用素とも呼ぶ. X のすべての元 x を Y の零元 0 に写す作用素を**零作用素**と呼んで 0 と書く. 作用素の 0 は記号としては数の 0 と同じである. X と Y はノルム空間であるから連続の概念が定義できる. すなわち, $T: X \to Y$ が $x \in X$ で**連続**であるとは, $x_n \to x$ を満たす任意の X の点列 $\{x_n\}$ に対して $T x_n \to T x$ が成り立つことをいう. もしすべての点 $x \in X$ で連続ならば T は X で連続であるという. さらに, すべての $x \in X$ に対して

$$(2.2) \qquad \|T x\| \leq K \|x\|$$

を満たす (有限な) 定数 $K \geq 0$ があるならば, T は**有界**であるという.

19

定理 2.1　線型作用素 $T: X \to Y$ について次は同値である：

(a)　T は連続である.

(b)　T は $(X$ の$)$ 原点で連続である.

(c)　T は有界である.

証明　(a) $\implies$ (b)　これは自明である.

(b) $\implies$ (c)　背理法により，(2.2) を満たす正数 K は存在しないと仮定する. このときは，すべての $n = 1, 2, \ldots$ に対して X の単位ベクトル x_n で $\|Tx_n\| \geq n$ を満たすものが存在する. 今，$y_n = n^{-1/2}x_n$ とおくと，$\|y_n\| = n^{-1/2}$ であるから，点列 y_n は 0 に収束する. ところが，$\|Ty_n\| \geq n^{1/2}$ $(n \geq 1)$ であるから，Ty_n は 0 に収束しない. これは原点での連続性に反する.

(c) $\implies$ (a)　T は有界であるとする. 従って，(2.2) を満たす有限な定数 K が存在する. このとき，任意の $x, x_n \in X$ に対して $x_n \to x$ ならば

$$\|Tx_n - Tx\| = \|T(x_n - x)\| \leq K\|x_n - x\| \to 0 \qquad (n \to \infty)$$

であるから，T は x で連続である. $\qquad\qquad\square$

定理 2.2　線型作用素 $T: X \to Y$ が有界ならば，(2.2) を満たす最小の K は

$$(2.3) \qquad \|T\| = \sup_{x \neq 0} \frac{\|Tx\|}{\|x\|} = \sup_{\|x\|=1} \|Tx\| = \sup_{\|x\| \leq 1} \|Tx\|$$

で与えられる. もし T が有界でなければ，$\|T\| = \infty$ である.

定理 2.3　$\|T\| = \sup\{\,|\langle Tx, y'\rangle| \mid x \in X,\ y' \in Y';\ \|x\| = \|y'\| = 1\,\}$.

一方，下からの有界性も考えられる. すなわち，すべての $x \in X$ に対して

$$\|Tx\| \geq c\|x\|$$

を満たす正数 c が存在するとき，T は**下に有界**であるという. この条件が成立しないとき T は**下に非有界**であるという. これは閉作用素の理論で役に立つ.

以下では作用素 $T: X \to Y$ の**定義域**，**値域**および**核**をそれぞれ $\mathcal{D}(T)$, $\mathcal{R}(T)$ および $\mathcal{N}(T)$ で表す. 有界な作用素 T については定義域は X 全体であるから $\mathcal{D}(T) = X$ である. また，値域 $\mathcal{R}(T)$ と核 $\mathcal{N}(T)$ は次で定義される：

$$\mathcal{R}(T) = \{\,Tx \mid x \in \mathcal{D}(T)\,\} = T(\mathcal{D}(T)), \quad \mathcal{N}(T) = \{\,x \in \mathcal{D}(T) \mid Tx = 0\,\}.$$

2.1 基本性質   21

2.1.2. 線型作用素の空間 ノルム空間 X からノルム空間 Y への有界線型作用素の全体を $\mathscr{B}(X,Y)$ と書く．特に $Y = X$ のときは単に $\mathscr{B}(X)$ と表す．さて，任意の $A, B \in \mathscr{B}(X,Y)$ に対し和 $A + B$ とスカラー倍 αA を

$$(A + B)x = Ax + Bx \qquad (x \in X),$$
$$(\alpha A)x = \alpha A(x) \qquad (x \in X,\, \alpha \in \mathbb{K})$$

により定義すれば，$\mathscr{B}(X,Y)$ はベクトル空間になり，さらに (2.3) による $\|A\|$ はこのベクトル空間上のノルムを定義する．さらに，Z もノルム空間とすると，$A \in \mathscr{B}(X,Y)$, $C \in \mathscr{B}(Y,Z)$ に対し積 $CA \in \mathscr{B}(X,Z)$ が写像の合成

$$(CA)x = C(Ax) \qquad (x \in X)$$

として定義される．実際，$CA\colon X \to Z$ は線型で，次が成り立つ：

$$\|CA\| \leq \|C\|\|A\|.$$

特に，$\mathscr{B}(X)$ は X からそれ自身への有界な線型作用素の全体で，作用素の和，スカラー倍およびノルムに関してノルム空間になるが，さらに作用素の積も意味があり，代数学で習う多元環の構造を持っている．この場合は，すべてのベクトル $x \in X$ をそれ自身に写す写像，すなわち**恒等作用素**が積に関する単位元の役割を果している．恒等作用素の記号は I または I_X である．

定理 2.4 バナッハ空間 X に対する $\mathscr{B}(X)$ については次が成り立つ．

(a) $\mathscr{B}(X)$ はバナッハ空間である．

(b) $\mathscr{B}(X)$ の積は次を満たす．ただし，$A, B, C \in \mathscr{B}(X)$, $\alpha \in \mathbb{K}$ とする．

  (b1) $(AB)C = A(BC)$,

  (b2) $A(B + C) = AB + AC$,

  (b3) $(A + B)C = AC + BC$,

  (b4) $\alpha(AB) = (\alpha A)B = A(\alpha B)$.

(c) $\mathscr{B}(X)$ のノルムは次を満たす：$\|AB\| \leq \|A\|\|B\|$ （ノルムの乗法性）．

(d) 恒等作用素 $I = I_X$ は次を満たす：

  (d1) $AI = IA = A$ （乗法の単位元），

  (d2) $\|I\| = 1$.

この定理で述べた $\mathscr{B}(X)$ の性質の中で (a), (b), (c) を満たすとき**バナッハ環**と呼ぶ．この意味で $\mathscr{B}(X)$ は単位元を持つバナッハ環である．

2.1.3. 双対作用素　線型作用素 $T: X \to Y$ の双対 T' を定義しよう．

補題 2.5　X, Y をノルム空間とし，$T \in \mathscr{B}(X, Y)$ とする．$y' \in Y'$ に対し

$$f(x) = \langle Tx, y' \rangle \qquad (x \in X)$$

とおく．このとき，$f \in X'$ かつ $\|f\| \le \|T\| \|y'\|$．

証明　T と内積は線型であるから f も同様である．ノルム不等式は次のように計算すればわかる：

$$|f(x)| = |\langle Tx, y' \rangle| \le \|Tx\| \|y'\| \le \|T\| \|x\| \|y'\|. \qquad \square$$

作用素 $T': Y' \to X'$ を $T'y' = f$ と定義し T の**双対作用素**と呼ぶ．従って，

$$\langle Tx, y' \rangle = \langle x, T'y' \rangle \qquad (x \in X,\ y' \in Y').$$

定理 2.6　$T \in \mathscr{B}(X, Y)$ ならば $T' \in \mathscr{B}(Y', X')$ かつ $\|T\| = \|T'\|$．

証明　補題 2.5 より $\|T'\| \le \|T\| < \infty$ を得るから，$T' \in \mathscr{B}(Y', X')$ がわかる．残りは逆の不等式 $\|T\| \le \|T'\|$ である．そのため，T' の双対作用素 $T'' = (T')' \in \mathscr{B}(X'', Y'')$ を考える．今，X を X'' の部分空間と見なせば，$x \in X,\ y' \in Y'$ に対し $\langle Tx, y' \rangle = \langle x, T'y' \rangle = \langle T''x, y' \rangle$ が成り立つから，T'' は X 上では T に一致する．従って，$\|T\| \le \|T''\|$ を得る．一方，前半の議論を T' と T'' に当てはめれば，$\|T''\| \le \|T'\|$ となって $\|T\| \le \|T'\|$．　$\square$

2.1.4. 作用素の収束　X をバナッハ空間とするとき，作用素の列 $T_n \in \mathscr{B}(X)$ $(n = 1, 2, \ldots)$ と $T \in \mathscr{B}(X)$ について，$\|T_n - T\| \to 0\ (n \to \infty)$ が成り立つとき T_n は T に**ノルム収束**または**一様収束**するといい，$T = \lim_{n \to \infty} T_n$ と書く．これはバナッハ環 $\mathscr{B}(X)$ の標準位相である．これ以外の主な位相は

(a)　すべての $x \in X$ に対し $\|T_n x - Tx\| \to 0\ (n \to \infty)$ を満たすとき，T_n は T に**強収束**するという．記号は s-$\lim_{n \to \infty} T_n = T$．

(b)　すべての $x \in X$ と $x' \in X'$ に対し $\langle T_n x, x' \rangle \to \langle Tx, x' \rangle\ (n \to \infty)$ を満たすとき，T_n は T に**弱収束**するという．記号は w-$\lim_{n \to \infty} T_n = T$．

2.2. ヒルベルト空間上の線型作用素

ヒルベルト空間はノルム空間の特別の場合であるから，ノルム空間について成り立つことはヒルベルト空間についても成り立つ．ヒルベルト空間の特徴は，リースの表現定理により H の双対空間 H' を H と共役線型写像 J_H によって同一視することにより H 上の作用素 T とその双対 T' を同じ H 上に共存させることである．以下，本節では**複素数体**上のヒルベルト空間を扱う．

2.2.1. 極化恒等式 まず，定理 1.13 で述べた極化恒等式と類似の公式が一般の作用素に対して成り立つことに注意する．

$$(2.4) \quad (Tx \,|\, y) = \frac{1}{4}\{(T(x+y) \,|\, x+y) - (T(x-y) \,|\, x-y)$$
$$+ i((T(x+iy) \,|\, x+iy) - (T(x-iy) \,|\, x-iy))\}.$$

2.2.2. 共役作用素 $T \in \mathscr{B}(H)$ とする．$y \in H$ を任意に固定して

$$f_y(x) = (Tx \,|\, y) \qquad (x \in H)$$

と定義すると，f_y は H 上の線型汎関数であって，

$$|f_y(x)| = |(Tx \,|\, y)| \leq \|Tx\|\|y\| \leq \|T\|\|x\|\|y\|$$

が成り立つ．これから $\|f_y\| \leq \|T\|\|y\| < \infty$ を得るから，f_y は H 上で有界である．従って，F. リースの定理 (定理 1.29) により

$$f_y(x) = (x \,|\, x_y) \qquad (x \in H)$$

を満たす $x_y \in H$ が一意に存在する．ここで，$T^* : H \to H$ を

$$T^* y = x_y \qquad (y \in H)$$

で定義すれば次が成り立つ：

$$(Tx \,|\, y) = (x \,|\, T^* y) \qquad (x, y \in H).$$

T^* を T の**共役**と呼ぶ．ヒルベルト空間 H はその双対空間 H' が H 自身と F. リースの定理で共役同型で結びつけられているので，共役作用素も H' 上ではなくて H 上の作用素と見るユークリッド空間の習慣が引き継がれている．

定理 2.7 共役を取る変換 $T \mapsto T^*$ は $\mathscr{B}(H)$ 上の**対合**である.すなわち,任意の $T \in \mathscr{B}(H)$ に対して $T^* \in \mathscr{B}(H)$ であって,次が成り立つ:

(a) $T^{**} = T$.

(b) $(S + T)^* = S^* + T^*$, $(\alpha T)^* = \bar{\alpha} T^*$.

(c) $(ST)^* = T^* S^*$.

(d) $\|T^*\| = \|T\|$.

(e) $\|T^* T\| = \|T\|^2$ $(C^*$ 等式$)$.

証明 まず,$T \in \mathscr{B}(H)$ に対して $T^* \in \mathscr{B}(H)$ を示す.$x, y, z \in H$ に対して

$$(x \mid T^*(\alpha y + \beta z)) = (Tx \mid \alpha y + \beta z) = \bar{\alpha}(Tx \mid y) + \bar{\beta}(Tx \mid z)$$
$$= (x \mid \alpha T^* y) + (x \mid \beta T^* z) = (x \mid \alpha T^* y + \beta T^* z).$$

$x \in H$ は任意であるから,T^* は線型である.また,$\|T^* y\| = \|x_y\| \leq \|T\| \|y\|$ が成り立つから,$\|T^*\| \leq \|T\| < \infty$. 故に,$T^* \in \mathscr{B}(H)$.

(a) $(Tx \mid y) = (x \mid T^* y) = \overline{(T^* y \mid x)} = \overline{(y \mid T^{**} x)} = (T^{**} x \mid y)$ がすべての $x, y \in H$ に対して成り立つ.従って,$T^{**} = T$.

(d) 上で $\|T^*\| \leq \|T\|$ を示した.一方,$T^{**} = T$ より,$\|T\| = \|T^{**}\| \leq \|T^*\|$ を得る.故に,$\|T^*\| = \|T\|$.

(e) ノルムの乗法性 (定理 2.4) と (d) により $\|T^* T\| \leq \|T^*\| \|T\| = \|T\|^2$ を得る.一方,任意の $x \in H$ に対して $\|Tx\|^2 = (Tx \mid Tx) = (T^* Tx \mid x) \leq \|T^* T\| \|x\|^2$ より $\|T\|^2 \leq \|T^* T\|$ が成り立つ.故に,$\|T^* T\| = \|T\|^2$.

(b) と (c) は定義に従って計算すればわかるから省略する. $\square$

2.2.3. 共役作用による分類 ヒルベルト空間上の作用素の特徴は作用素 A とその共役 A^* が空間 H 上に共存することである.そのため,A と A^* の関連の度合によって非常に特色のある作用素が現れる.代表的なものをあげる.

自己共役作用素 $A \in \mathscr{B}(H)$ が $A^* = A$ を満たすとき**自己共役**であるという.特に,H が 1 次元ならば,その上の線型作用素 A はスカラー倍である.すなわち,$Ax = \alpha_A \times x$ を満たす複素数 α_A が存在する.この場合,$A^* x = \overline{\alpha_A} \times x$ となるから,作用素の共役は共役複素数を取る演算になる.従って,この場合の自己共役作用素とは実数による掛け算作用素である.このように,一般の作

用素を扱う場合にも自己共役作用素は作用素の集合の中では複素数の中での実数に似た立場にあると思えばわかりやすい．特殊な自己共役作用素の例としてスペクトル分解で基本的な役割を演じるのが定理 1.28 で述べた直交射影である．この特徴を述べておく．

定理 2.8 $P \in \mathscr{B}(H)$ が直交射影であるための必要十分条件は $P^2 = P$ かつ $P^* = P$ が成り立つことである．

証明 P を閉部分空間 M への直交射影とすれば，任意の $x \in H$ に対して $Px \in M$ かつ $x - Px \perp M$ で特徴付けられる．特に $x \in M$ ならば $Px = x$ がこの特徴を持つ．従って，任意の $x \in H$ に対して $Px \in M$ より $P^2 x = P(Px) = Px$ を得るから $P^2 = P$．また，任意の $x, y \in H$ に対して $x - Px \perp Py$ および $y - Py \perp Px$ より $(Px \,|\, y) = (x \,|\, Py)$ がわかるから $P^* = P$ を得る．逆に，$P^2 = P$ と $P^* = P$ を仮定する．このときは，$M = PH, N = (I - P)H$ とおけば，$M = N^\perp$ かつ $N = M^\perp$ がわかる．これから M は閉部分空間であり，任意の $x \in H$ に対して $Px \in M$ と $x - Px = (I - P)x \perp M$ を得るから P は M への直交射影である．　　　□

注意 2.9 一般のベクトル空間では $P^2 = P$ を満たす作用素を射影作用素と呼ぶ．ヒルベルト空間の場合は条件 $P^* = P$ も満たすものを特に直交射影と呼んでいる．しかし，本書で考える射影作用素 P は例外なしに $P^* = P$ も条件とするので，直交を省略して射影作用素またはもっと簡略にして射影と呼ぶこともある．

正規作用素 $AA^* = A^* A$ を満たすとき，**正規**であるという．これらは対角化可能な作用素としてヒルベルト空間の作用素論では特に重要である．

ユニタリー作用素 $UU^* = U^* U = I$ を満たす $U \in \mathscr{B}(H)$ を**ユニタリー**と呼ぶ．これは正規作用素の特別な場合であるが，ユークリッド空間の座標軸の回転を表すユニタリー行列の一般化で，ヒルベルト空間でも同様な役割を演じる．

2.2.4. 自己共役作用素 上でヒルベルト空間上の自己共役作用素は実数に擬えられるといった．実際次の特徴づけができる．

定理 2.10 $A \in \mathscr{B}(H)$ が自己共役であるためには $(Ax \,|\, x)$ がすべての $x \in H$ に対して実数であることが必要十分である．

証明 A が自己共役ならば $A^* = A$ であるから次を得る:
$$(Ax \,|\, x) = (x \,|\, A^*x) = (x \,|\, Ax) = \overline{(Ax \,|\, x)}.$$
よって，$(Ax \,|\, x)$ は実数である．逆に，$(Ax \,|\, x)$ が実数であると仮定する．このときは極化恒等式 (定理 1.13) の証明と同様で，任意の $x, y \in H$ に対し，
$$(A(x+y) \,|\, x+y) - (A(x-y) \,|\, x-y) = 2\{(Ax \,|\, y) + (Ay \,|\, x)\},$$
$$(A(x+iy) \,|\, x+iy) - (A(x-iy) \,|\, x-iy) = -2i\{(Ax \,|\, y) - (Ay \,|\, x)\}.$$
従って，$(Ax \,|\, y) + (Ay \,|\, x) \in \mathbb{R}$ かつ $(Ax \,|\, y) - (Ay \,|\, x) \in i\mathbb{R}$ となるから，
$$(Ax \,|\, y) = \overline{(Ay \,|\, x)} = (x \,|\, Ay)$$
を得る．故に，A は自己共役である． $\square$

定理 2.11 自己共役作用素 $A \in \mathscr{B}(H)$ に対して
$$\|A\| = \sup_{\|x\|=1} |(Ax \,|\, x)|.$$

証明 $\alpha = \sup_{\|x\|=1} |(Ax \,|\, x)|$ とおく．まず，$\|x\| = 1$ かつ $Ax \neq 0$ ならば，$y = Ax/\|Ax\|$ とおくと，$(Ax \,|\, y) \in \mathbb{R}$ であるから，極化恒等式 (2.4) により
$$\begin{aligned}
\|Ax\| = (Ax \,|\, y) &= \frac{1}{4}\{(A(x+y) \,|\, x+y) - (A(x-y) \,|\, x-y)\} \\
&\leq \frac{\alpha}{4}\big(\|x+y\|^2 + \|x-y\|^2\big) \qquad (\text{中線等式により}) \\
&= \frac{\alpha}{4}\big(2\|x\|^2 + 2\|y\|^2\big) = \alpha.
\end{aligned}$$
また，$Ax = 0$ のとき $\|Ax\| \leq \alpha$ は自明であるから，一般に $\|A\| \leq \alpha$ が成り立つ．一方，$\|A\| \geq \alpha$ は明らかである．よって，$\|A\| = \alpha$ が示された． $\square$

定理 2.10 の事実を利用して H 上の自己共役作用素の全体に順序をつけることができる．すなわち，自己共役作用素 $A, B \in \mathscr{B}(H)$ に対して
$$(Ax \,|\, x) \leq (Bx \,|\, x) \qquad (x \in H)$$
が成り立つとき，$A \leq B$ または $B \geq A$ と定義する．特に，$A \geq 0$ (0 は零作用素) のとき，A を**正**または**正値**であるという．正の作用素については次のコーシー・シュワルツの不等式が著しい．

2.2 ヒルベルト空間上の線型作用素

補題 2.12 正作用素 A に対して次が成り立つ：

$$|(Ax \,|\, y)|^2 \leq (Ax \,|\, x)(Ay \,|\, y) \qquad (x, y \in H).$$

証明 シュワルツの不等式の証明と同様である．実際，$\langle x, y \rangle_A = (Ax \,|\, y)$ と定めれば，$\langle \cdot, \cdot \rangle_A$ はシュワルツの不等式の証明に必要な内積の性質をすべて満たす．よって，シュワルツの不等式により，

$$|(Ax \,|\, y)|^2 = |\langle x, y \rangle_A|^2 \leq \langle x, x \rangle_A \langle y, y \rangle_A = (Ax \,|\, x)(Ay \,|\, y). \qquad \square$$

定理 2.13 自己共役作用素の任意の有界で単調増加または単調減少する列 $\{A_n\}$ は自己共役作用素に作用素の強位相で収束する．

証明 $0 \leq A_1 \leq A_2 \leq \cdots \leq I$ の場合を証明すれば十分である．このときは定理 2.11 により次が成り立つ：

$$\|A_n\| = \sup_{\|x\|=1} (A_n x \,|\, x) \leq \sup_{\|x\|=1} (x \,|\, x) = 1.$$

任意の $x \in H$ に対し，$\{(A_n x \,|\, x)\}_{n \geq 1}$ は単調増加で $\|x\|^2$ を越えないから収束する．よって，$m < n$ のとき $A_{mn} = A_n - A_m$ とおけば，補題 2.12 により

$$\|A_{mn} x\|^4 = (A_{mn} x \,|\, A_{mn} x)^2 \leq (A_{mn} x \,|\, x)(A_{mn}^2 x \,|\, A_{mn} x)$$

を得る．定義から $0 \leq A_{mn} \leq I$ であるから，$\|A_{mn}\| \leq 1$ となり，

$$(2.5) \qquad \|A_n x - A_m x\|^4 \leq [(A_n x \,|\, x) - (A_m x \,|\, x)] \cdot \|x\|^2.$$

右辺は $m, n \to \infty$ のとき 0 に収束するから，点列 $\{A_n x\}$ はコーシー列である．H は完備であるから，この点列は極限を持つ．それを Ax とおく．このとき，$(Ax \,|\, x) = \lim_{n \to \infty} (A_n x \,|\, x)$ より $(Ax \,|\, x)$ は実数である．従って，定理 2.10 により A は自己共役である．さらに，(2.5) において $m \to \infty$ としてから $n \to \infty$ とすれば，作用素列 $\{A_n\}$ が A に強収束することがわかる． $\square$

2.2.5. 正規作用素
正規作用素について注意すべきは次である．

定理 2.14 $T \in \mathscr{B}(H)$ が正規であるためには次を満たすことが必要十分である：

$$\|Tx\| = \|T^*x\| \qquad (x \in H).$$

証明 T が正規ならば，定義により $TT^* = T^*T$ であるから，

$$\|Tx\|^2 = (T^*Tx \,|\, x) = (TT^*x \,|\, x) = \|T^*x\|^2$$

となり $\|Tx\| = \|T^*x\|$ $(x \in H)$ が成り立つ．逆に，この条件が成り立てば，上の式から $((T^*T - TT^*)x \,|\, x) = 0$ がすべての $x \in H$ に対して成り立つ．この左辺に極化恒等式 (2.4) を適用すれば，$((T^*T - TT^*)x \,|\, y) = 0$ がすべての $x, y \in H$ に対して成り立つ．よって，$y = (T^*T - TT^*)x$ とおけば $T^*T - TT^* = 0$ となって正規作用素の定義条件が導かれる． $\square$

2.2.6. 双線型汎関数 最後に H 上の線型作用素の存在について有効なリースの補題を説明する．

定義 2.15 H 上の二変数関数 $\phi\colon H \times H \to \mathbb{C}$ で第一変数について線型，第二変数について共役線型，すなわち

$$\phi(x_1 + x_2, y) = \phi(x_1, y) + \phi(x_2, y), \quad \phi(x, y_1 + y_2) = \phi(x, y_1) + \phi(x, y_2),$$
$$\phi(\alpha x, y) = \alpha \phi(x, y), \quad \phi(x, \alpha y) = \bar{\alpha} \phi(x, y)$$

を満たすものを**双線型汎関数**という．このような汎関数 ϕ に対し

$$|\phi(x, y)| \leq K \|x\| \|y\| \qquad (x, y \in H)$$

を満たす非負の定数 K が存在するとき，ϕ は有界であるという．

任意の $T \in \mathscr{B}(H)$ に対して $\phi(x, y) = (Tx \,|\, y)$ $(x, y \in H)$ とおけば，ϕ がこの性質を持つことは内積の性質を使って簡単に検証できる．例えば，有界性は $|\phi(x, y)| \leq \|T\| \|x\| \|y\|$ からわかる．さらにこの逆もまた正しい．これを保証するのが次のリースの定理である．

定理 2.16 (F. リース) もし ϕ が H 上の有界な双線型汎関数ならば，すべての $x, y \in H$ に対し $\phi(x, y) = (Tx \,|\, y)$ を満たす $T \in \mathscr{B}(H)$ が唯一つ存在する．

証明 $x \in H$ を固定して $\psi(y) = \overline{\phi(x, y)}$ とおくと，$\phi(x, y)$ は y について共役線型であるから ψ は線型である．また，$|\psi(y)| = |\phi(x, y)| \leq K \|x\| \|y\|$ であるから，$\|\psi\| \leq K \|x\|$ が成り立つ．リースの定理 (定理 1.29) により $\psi(y) = (y \,|\, z)$ $(y \in H)$ を満たす $z \in H$ が存在する．この場合，z は x によって一意に決ま

り $\|z\| \leq K\|x\|$ を満たすから,$Tx = z$ によって作用素 T を一意に定義することができる.すなわち,

$$(Tx \,|\, y) = (z \,|\, y) = \overline{\psi(y)} = \phi(x, y).$$

このときは,ϕ の性質より

$$(T(x_1 + x_2) \,|\, y) = \phi(x_1 + x_2, y) = \phi(x_1, y) + \phi(x_2, y)$$
$$= (Tx_1 \,|\, y) + (Tx_2 \,|\, y) = (Tx_1 + Tx_2 \,|\, y),$$
$$(T(\alpha x) \,|\, y) = \phi(\alpha x, y) = \alpha \phi(x, y) = \alpha(Tx \,|\, y) = (\alpha Tx \,|\, y)$$

を得るから $T(x_1 + x_2) = Tx_1 + Tx_2$ および $T(\alpha x) = \alpha Tx$ がわかる.また $\|z\| \leq K\|x\|$ から $\|Tx\| \leq K\|x\|$ を得るから T は有界である. □

演習問題

2.1 X をノルム空間とし,固定した $y \in X$ と $y' \in X'$ に対し写像 $T\colon X \to X$ を $Tx = \langle x, y' \rangle y \ (x \in X)$ で定義する.このとき,

(1) T は X 上の線型作用素で,$\|T\| = \|y\|\|y'\|$ を満たすことを示せ.

(2) T の双対作用素 T' を決定せよ.

2.2 数列空間 $X = \ell^1(\mathbb{N})$ 上の**移動作用素** S を

$$Sx = (0, \alpha_1, \alpha_2, \dots) \qquad (\forall x = (\alpha_1, \alpha_2, \dots) \in \ell^1(\mathbb{N}))$$

によって定義する.このとき,

(1) S は X 上の線型作用素であることを示せ.

(2) S の値域,核,ノルムを求めよ.

(3) S の双対作用素 S' を求めよ.S' は**後方移動作用素**と呼ばれている.

2.3 $m \in \ell^\infty(\mathbb{Z})$ を固定し,$x \in \ell^1(\mathbb{Z})$ に対し

$$(Tx)(n) = m(n)x(n+1) \quad (n \in \mathbb{Z})$$

と定義するとき,$T \in \mathscr{B}(\ell^1(\mathbb{Z}))$ を示せ.さらに T の双対 $T' \in \mathscr{B}(\ell^\infty(\mathbb{Z}))$ を求めよ.

2.4 バナッハ空間 X 上の線型作用素について,$A_n \to A$ および $B_n \to B$ がともに強収束ならば,$A_n B_n \to AB$ は強収束であることを示せ.

2.5 ヒルベルト空間上の直交射影 P, Q について次は同値であることを示せ:

(a) P と Q は直交する.すなわち,$PQ = QP = 0$.

(b) $P + Q$ は直交射影である.

2.6 ヒルベルト空間 H 上の直交射影 P, Q について次は同値であることを示せ：

(a) $PH \subseteq QH$,

(b) $P = PQ = QP$,

(c) $P \le Q$.

2.7 ヒルベルト空間 H 上の $T \in \mathscr{B}(H)$ に対し $\phi(x, y) = (Tx \,|\, y)$ とおく.

(1) ϕ は双線型汎関数であることを示せ.

(2) ϕ は有界であることを示せ. すなわち, $|\phi(x, y)| \le K\|x\|\|y\|$ $(x, y \in H)$ を満たす定数 K がある. このような K の最小値 (ϕ のノルム $\|\phi\|$) は $\|T\|$ である.

2.8 H 上の有界な双線型汎関数 $\phi(x, y)$ について次は同値であることを示せ：

(i) (エルミート) 対称である. すなわち, $\phi(y, x) = \overline{\phi(x, y)}$ を満たす.

(ii) $\phi(x, y) = (Tx \,|\, y)$ を満たす自己共役作用素 T が存在する.

2.9 $\{T_n\}$ をバナッハ空間 X 上の有界作用素の列とする.

(1) T_n が $T \in \mathscr{B}(X)$ に一様収束すれば, T_n は T に強収束することを示せ.

(2) T_n が T に強収束すれば, T_n は T に弱収束することを示せ.

2.10 数列 ℓ^2 空間 $\ell^2(\mathbb{N})$ (例 1.17 参照) 上の**移動作用素** S を

$$Sx = (0, \alpha_1, \alpha_2, \dots) \qquad (\forall\, x = (\alpha_1, \alpha_2, \dots) \in \ell^2(\mathbb{N}))$$

と定義するとき次を証明せよ.

(1) $T_n = S^n$ $(n = 1, 2, \dots)$ と定義すると, 弱極限 w-$\lim_{n \to \infty} T_n$ は存在するが, 強極限 s-$\lim_{n \to \infty} T_n$ は存在しない.

(2) $T_n = S^{*n}$ $(n = 1, 2, \dots)$ とおくと, 強極限 s-$\lim_{n \to \infty} T_n$ は存在するが一様極限 (またはノルム極限) $\lim_{n \to \infty} T_n$ は存在しない. なお, S^* は S の共役作用素で $\ell^2(\mathbb{N})$ 上の**後方移動作用素**と呼ばれる.

第 3 章

線型作用素のスペクトル

本章では有界作用素のスペクトルについて説明する．バナッハ空間 X 上の有界作用素 T のスペクトル $\sigma(T)$ は $\lambda I - T$ が有界な逆作用素を持たないような複素数 λ の全体である．X が有限次元ならばこれは固有値の全体であるが，無限次元になるとそれ以外の場合が起こって複雑になる．

§3.1 では作用素の可逆性についてやや詳しく述べた後で作用素のスペクトルとレゾルベントを定義する．§3.2 ではスペクトルの基本性質を考察し $\sigma(T)$ が空でない有界閉集合であることを示し，さらにスペクトルの大きさに関するブーリン・ゲルファントの公式，スペクトルの分類等について述べる．§3.3 ではヒルベルト空間の場合として正規作用素，自己共役作用素，ユニタリー作用素のスペクトルの特徴を述べる．

本書で用いるスペクトルは純粋の数学用語として前世紀初頭に現れたもので物理現象との本質的な関わりはかなり後年であることは興味深い．

3.1. スペクトルの定義

数学の言葉としてのスペクトルは積分方程式に関する研究の中でヒルベルトが初めて採用したものである．方程式を解くということは抽象的にはある種の作用素の逆を求める問題である．それで，作用素の可逆性から話を始めたい．

3.1.1. 線型作用素の可逆性　X をバナッハ空間とする．スカラーは特に断らない限り複素数とする．X 上の線型作用素は掛け算ができる．我々はこの演算の逆，つまり割り算について考えてみよう．そのため，掛け算の逆を定義する．

定義 3.1 $T \in \mathscr{B}(X)$ に対し，$S'T = I$ を満たす $S' \in \mathscr{B}(X)$ があれば，T は**左可逆**であるといい，S' を T の**左逆元**という．また，$TS'' = I$ を満たす $S'' \in \mathscr{B}(X)$ があるならば，T は**右可逆**であるといい，S'' を T の**右逆元**という．また，$ST = TS = I$ を満たす $S \in \mathscr{B}(X)$ があるならば，T は**可逆**であるといい S を T の**逆元**という．T の逆元を T^{-1} と書く．

もし $S'T = TS'' = I$ を満たす $S', S'' \in \mathscr{B}(X)$ があるならば，S' と S'' は一致し T^{-1} に等しい．しかし，片側の逆元しかないことも珍しくはない．

さて，バナッハ空間 X 上の $\mathscr{B}(X)$ における逆元計算の基本は次である．

定理 3.2 $T \in \mathscr{B}(X)$ は $\|T\| < 1$ を満たすとする．このとき，級数

$$(3.1) \qquad\qquad I + T + T^2 + \cdots + T^n + \cdots$$

はノルム収束し $I - T$ の逆元 $(I - T)^{-1}$ を与える．このノルムは次を満たす：

$$(3.2) \qquad\qquad \frac{1}{\|I - T\|} \leq \|(I - T)^{-1}\| \leq \frac{1}{1 - \|T\|}.$$

証明 $S_k = \sum_{i=0}^{k-1} T^i \ (k \geq 1)$ とおくと，任意の $1 \leq m < n$ に対し

$$\|S_n - S_m\| = \|T^m + T^{m+1} + \cdots + T^{n-1}\| \leq \|T\|^m + \cdots + \|T\|^{n-1}$$
$$\leq \|T\|^m (1 - \|T\|)^{-1} \to 0 \qquad (m \to \infty)$$

が成り立つから，$\{S_n\}$ はコーシー列である．$\mathscr{B}(X)$ は完備であるから，$\{S_n\}$ は収束する．その極限を T' と書く．このとき，

$$(I - T)S_n = S_n(I - T) = S_n - S_n T = I - T^n.$$

作用素の積は連続であるから，上式の各辺で $n \to \infty$ とすれば

$$(I - T)T' = T'(I - T) = I - \lim_{n \to \infty} T^n = I$$

を得る．最後の極限は $\|T\| < 1$ による．故に，$T' = (I - T)^{-1}$．ノルムの不等式 (3.2) の証明は読者の練習に残す． $\square$

(3.1) は等比級数 $(1 - a)^{-1} = 1 + a + a^2 + \cdots \ (|a| < 1)$ の作用素版で，単純であるだけに応用は非常に広い．これを T の**ノイマン級数**と呼ぶ．我々はバナッハ空間 X に対し $\mathscr{B}(X)$ の可逆な元の全体を $GL(X)$ と書く．

3.1 スペクトルの定義 33

定理 3.3 バナッハ空間 X に対し次が成り立つ：

(a) $GL(X)$ は作用素の積について群を作る.

(b) $GL(X)$ は $\mathscr{B}(X)$ の開部分集合である. 実際, $T \in GL(X)$ に対し $S \in \mathscr{B}(X)$ が $\|S - T\| < \|T^{-1}\|^{-1}$ ならば $S \in GL(X)$.

(c) $GL(X)$ の逆演算 $T \mapsto T^{-1}$ は連続である. すなわち, $T_n, T \in GL(X)$ かつ $T_n \to T$ ならば $T_n^{-1} \to T^{-1}$.

証明 (a) 群の定義に当てはめてみればわかるから, 読者の演習とする.

(b) 条件を満たす $T \in GL(X)$ と $S \in \mathscr{B}(X)$ に対しては,

$$\|I - T^{-1}S\| = \|T^{-1}(T - S)\| \leq \|T^{-1}\|\|T - S\| < 1$$

であるから, 定理 3.2 により $T^{-1}S = I - (I - T^{-1}S) \in GL(X)$ を得る. 従って, $S = T \cdot (T^{-1}S) \in GL(X)$ がわかる.

(c) まず, $T = I$ で連続であることを示そう. そのため, $T_n \to I$ とすると, 十分大きな番号に対して $\|T_n - I\| < 2^{-1}$ が成り立つ. このときは,

$$\|T_n^{-1}\| = \|I + (I - T_n) + (I - T_n)^2 + \cdots\| \leq 1 + \frac{1}{2} + \frac{1}{4} + \cdots = 2.$$

従って, 数列 $\{\|T_n^{-1}\|\}$ は有界であるから, $K = \sup_n \|T_n^{-1}\|$ とおけば,

$$\|I - T_n^{-1}\| = \|T_n^{-1}(T_n - I)\| \leq K\|T_n - I\| \to 0 \qquad (n \to \infty).$$

故に, $T_n^{-1} \to I$. 一般の場合は, $T_n T^{-1} \to TT^{-1} = I$ であるから, 前半により $TT_n^{-1} = (T_n T^{-1})^{-1} \to I$ が得られる. 故に, $T_n^{-1} \to T^{-1}$ がわかる. $\qquad\square$

3.1.2. スペクトルとレゾルベント 作用素のスペクトルは連立一次方程式の解法に関わりのある概念である. X をバナッハ空間とし, $T \in \mathscr{B}(X)$ を任意に固定する. λ を複素数に値を取る媒介変数として次の方程式を考える：

$$(3.3) \qquad \lambda x - Tx = b \qquad \text{または} \qquad (\lambda I - T)x = b.$$

与えられた右辺 $b \in X$ に対して $x \in X$ を求めるのが問題である. もし X が有限次元ならば本質的に連立一次方程式である. 線型代数で習うように, 左辺の行列 $\lambda I - T$ の行列式が 0 でなければ, 左から逆行列 $(\lambda I - T)^{-1}$ を掛ければ

$$(3.4) \qquad x = (\lambda I - T)^{-1}b$$

の形で解が一意に求められる．これは X が任意のバナッハ空間でも全く同じである．作用素 $\lambda I - T$ が定義 3.1 の意味で逆元 $(\lambda I - T)^{-1}$ を持つときは，任意の $b \in X$ に対して (3.4) により (3.3) の解が唯一つ決まる．問題は $\lambda I - T$ が可逆でないときである．

定義 3.4 (a) $\lambda I - T$ が $\mathscr{B}(X)$ で可逆であるような複素数 λ 全体の集合を $\rho(T)$ と書き，T の**レゾルベント集合**と呼ぶ．$\lambda \in \rho(T)$ のとき

$$R(\lambda; T) = (\lambda I - T)^{-1} \qquad (\lambda \in \rho(T))$$

と書いて T の**レゾルベント** (または，**レゾルベント作用素**) と呼ぶ．

(b) $\lambda I - T$ が $\mathscr{B}(X)$ で可逆でない複素数 λ の全体を $\sigma(T)$ と書き T の**スペクトル**と呼ぶ．

3.2. スペクトルの基本性質

3.2.1. レゾルベントの性質 $T \in \mathscr{B}(X)$ を任意に固定し，そのレゾルベント $R(\lambda; T)$ を調べよう．

補題 3.5 複素数 λ が $|\lambda| > \|T\|$ を満たせば，$\lambda I - T$ は可逆で

$$(3.5) \qquad \frac{1}{\|\lambda I - T\|} \leq \|(\lambda I - T)^{-1}\| \leq \frac{1}{|\lambda| - \|T\|}.$$

証明 $|\lambda| > \|T\|$ ならば $\|\lambda^{-1} T\| < 1$ となり，定理 3.2 により $I - \lambda^{-1} T$ は可逆であるから，その λ 倍も同様である．ノルム不等式は (3.2) からわかる． $\square$

補題 3.6 $T \in \mathscr{B}(X)$ のレゾルベント集合 $\rho(T)$ は開集合である．また，T のスペクトル $\sigma(T)$ は半径 $\|T\|$ の閉円板 $\{|\lambda| \leq \|T\|\}$ に含まれる閉集合である．

証明 $f(\lambda) = \lambda I - T$ とおけば，f は複素平面 $\mathbb{C}$ から $\mathscr{B}(X)$ の中への連続関数で，$\lambda \in \rho(T)$ は $f(\lambda) \in GL(X)$ と同等である．従って，$\rho(T)$ は f による $GL(X)$ の逆像であるが，定理 3.3 (b) により $GL(X)$ は開集合であるから，$\rho(T)$ も同様である．また，前の補題により $\rho(T)$ は $\{|\lambda| > \|T\|\}$ を含むから，$\sigma(T)$ は $\{|\lambda| \leq \|T\|\}$ に含まれる． $\square$

以上を準備として T のレゾルベントの基本性質を次の定理にまとめる．大切なのはレゾルベントの関数としての正則性，作用素としての可換性である．

3.2 スペクトルの基本性質

定理 3.7 (a) $T \in \mathcal{B}(X)$ のレゾルベント $R(\lambda; T)$ は $\rho(T)$ 上で連続である.

(b) 任意の $\lambda, \lambda_0 \in \rho(T)$ に対して次の**レゾルベント方程式**が成り立つ:

$$(3.6) \qquad R(\lambda; T) - R(\lambda_0; T) = (\lambda_0 - \lambda) R(\lambda; T) R(\lambda_0; T).$$

(c) $R(\lambda; T)$ は $\rho(T)$ 上で (ノルム位相で) 微分可能で次を満たす:

$$(3.7) \qquad \frac{d}{d\lambda} R(\lambda; T) = -R(\lambda; T)^2.$$

証明 (a) $R(\lambda; T)$ は $\mathbb{C}$ 上の連続関数 $\lambda \mapsto \lambda I - T$ と $GL(X)$ 上の連続関数 $S \mapsto S^{-1}$ の合成関数であるから連続である.

(b) $\lambda, \lambda_0 \in \rho(T)$ に対して

$$(\lambda I - T)(\lambda_0 I - T)\{(\lambda I - T)^{-1} - (\lambda_0 I - T)^{-1}\} = (\lambda_0 - \lambda) I.$$

この両辺に $(\lambda I - T)^{-1}(\lambda_0 I - T)^{-1}$ を掛けて

$$(\lambda I - T)^{-1} - (\lambda_0 I - T)^{-1} = (\lambda_0 - \lambda)(\lambda I - T)^{-1}(\lambda_0 I - T)^{-1}.$$

これが求めるものである.

(c) $\lambda, \lambda_0 \in \rho(T),\ \lambda \neq \lambda_0$ とすれば,レゾルベント方程式を利用して

$$\frac{1}{\lambda - \lambda_0}\{R(\lambda; T) - R(\lambda_0; T)\} = -R(\lambda; T) R(\lambda_0; T)$$
$$\to -R(\lambda_0; T)^2 \qquad (\lambda \to \lambda_0)$$

を得る. 最後の極限は $R(\lambda; T)$ の連続性による. $\qquad\square$

3.2.2. スペクトルの存在 任意の $T \in \mathcal{B}(X)$ のスペクトル $\sigma(T)$ は原点中心の半径 $\|T\|$ の円板に含まれる. ここではこれが空でないことを示そう.

定理 3.8 すべての $T \in \mathcal{B}(X)$ に対してスペクトル $\sigma(T)$ は空でない.

証明 補題 3.6 によりスペクトル $\sigma(T)$ は閉円板 $\{|z| \leq \|T\|\}$ に含まれる閉集合である. これが空でないことを背理法で示そう. 仮に $\sigma(T)$ が空であったとすれば $\rho(T) = \mathbb{C}$ であるから,定理 3.7 により $R(\zeta; T)$ は $\mathbb{C}$ 全体で微分可能な関数である. 今,f をバナッハ空間 $\mathcal{B}(X)$ 上の有界な線型汎関数とする. すなわち,$\mathcal{B}(X)$ の共役空間 $\mathcal{B}(X)'$ の元として,関数

$$F(\zeta) = f(R(\zeta; T)) = f((\zeta I - T)^{-1})$$

を考察する．前の補題により $R(\zeta;T)$ はノルム位相で微分可能であり，f は連続であるから $F(\zeta)$ は複素数値の正則関数である．さらに，定義域は $\mathbb{C}$ 全体であるから，F は整関数であるが，補題 3.5 により $|\zeta| > \|T\|$ のとき

$$\|(\zeta I - T)^{-1}\| \le \frac{1}{|\zeta| - \|T\|}$$

が成り立つから，$\zeta \to \infty$ のとき

$$|F(\zeta)| \le |f((\zeta I - T)^{-1})| \le \|f\|\|(\zeta I - T)^{-1}\| \le \frac{\|f\|}{|\zeta| - \|T\|} \to 0$$

を得る．よって，整関数のリウヴィルの定理により $F(\zeta)$ は恒等的に 0 に等しい．$f \in \mathscr{B}(X)'$ は任意であったから，$R(\zeta;T)$ も恒等的に 0 に等しいが，逆元は 0 ではあり得ないから矛盾である．故に，$\sigma(T)$ は空ではない． $\square$

3.2.3. スペクトル半径 $T \in \mathscr{B}(X)$ のスペクトルを測る物指を導入する．

定義 3.9 $T \in \mathscr{B}(X)$ の**スペクトル半径**を次で定義する：

$$r(T) = \max\{\, |\lambda| \mid \lambda \in \sigma(T)\,\}.$$

前節までの考察で $r(T) \le \|T\|$ がわかるが，さらに精密な計算ができる．

定理 3.10 (ブーリン・ゲルファント公式) $T \in \mathscr{B}(X)$ について次が成り立つ：

$$(3.8) \qquad r(T) = \lim_{n\to\infty} \|T^n\|^{1/n}.$$

証明 定理 3.8 により $\sigma(T)$ は空ではないことに注意する．まず，任意に $\lambda \in \sigma(T)$ を取ると，$n = 1, 2, \ldots$ に対し自明な等式

$$\lambda^n I - T^n = (\lambda I - T)(\lambda^{n-1} I + \lambda^{n-2} T + \cdots + \lambda T^{n-2} + T^{n-1})$$

より $\lambda^n \in \sigma(T^n)$ がわかるから，$|\lambda^n| \le \|T^n\|$ または $|\lambda| \le \|T^n\|^{1/n}$. 従って，

$$(3.9) \qquad r(T) \le \inf_n \|T^n\|^{1/n} \le \liminf_{n\to\infty} \|T^n\|^{1/n} \le \limsup_{n\to\infty} \|T^n\|^{1/n}.$$

逆の不等式を示そう．そのために，レゾルベント作用素 $R(\lambda;T)$ の正則性を利用する．正数 r を $r(T)$ より大きく任意に取る．$R(\lambda;T)$ は $|\lambda| > r(T)$ 上で正則であるから，$r' > r$ として次が成り立つ：

$$\frac{1}{2\pi i} \int_{|\lambda|=r} \lambda^n R(\lambda;T)\, d\lambda = \frac{1}{2\pi i} \int_{|\lambda|=r'} \lambda^n R(\lambda;T)\, d\lambda.$$

$r' > \|T\|$ とすれば，$|\lambda| = r'$ に対して $R(\lambda; T)$ は

$$R(\lambda; T) = (\lambda I - T)^{-1} = \lambda^{-1}(I - \lambda^{-1}T)^{-1} = \sum_{k=0}^{\infty} \lambda^{-k-1}T^k$$

のようにノルム収束するノイマン級数に展開できる．従って，右辺の積分は項別に計算できる．さらに，コーシーの公式を利用すれば

$$\text{右辺} = \frac{1}{2\pi i}\int_{|\lambda|=r'}\lambda^n\sum_{k=0}^{\infty}\frac{1}{\lambda^{k+1}}T^k\,d\lambda = \sum_{k=0}^{\infty}\frac{1}{2\pi i}\int_{|\lambda|=r'}\frac{\lambda^n}{\lambda^{k+1}}T^k\,d\lambda = T^n$$

が得られる．$\|R(\lambda; T)\|$ は円周 $|\lambda| = r$ 上で連続であるから有界である．今，$\|R(\lambda; T)\| \le C_r$ を満たすように正数 C_r を取れば，

$$\|T^n\| = \left\|\frac{1}{2\pi i}\int_{|\lambda|=r}\lambda^n R(\lambda; T)\,d\lambda\right\| \le \frac{1}{2\pi}\int_{|\lambda|=r}r^n\|R(\lambda; T)\|\,|d\lambda| \le C_r r^{n+1}$$

を得る．従って，次が成り立つ：

$$\limsup_{n\to\infty}\|T^n\|^{1/n} \le \lim_{n\to\infty}(C_r r^{n+1})^{1/n} = r$$

r は $r(T)$ より大きければ任意であったから，$\limsup_{n\to\infty}\|T^n\|^{1/n} \le r(T)$．故に (3.9) の不等号は全部等号となる．$\qquad\square$

注意 3.11 定理 3.10 の上の証明では $\sigma(T) \ne \emptyset$ を前提としたが，等式 (3.8) の証明の中で $\sigma(T) \ne \emptyset$ を示すこともできる．これについては定理 9.20 の証明を参照せよ．

3.2.4. スペクトルの分類 $\lambda \in \sigma(T)$ とは $\lambda I - T$ が $\mathscr{B}(X)$ の中で可逆でないことである．一方，開写像定理によれば，$\lambda I - T$ が有界な逆を持つためにはこれが X から X への全単射であることが必要十分である．これから $\sigma(T)$ を次のように分類できる：

(a) $\lambda I - T$ が単射でない場合．このとき，$\lambda I - T$ には一価な逆写像がない．このような λ の全体を T の**点スペクトル**と呼ぶ．記号は $\sigma_p(T)$ である．

(b) $\lambda I - T$ は単射の場合．このとき，$\lambda I - T$ は全射ではない．すなわち，$\Re(\lambda I - T) \ne X$．ここで場合を二つに分ける．まず，$\Re(\lambda I - T)$ が X で稠密のとき，λ は T の**連続スペクトル**に属するという．記号は $\lambda \in \sigma_c(T)$．次に，$\Re(\lambda I - T)$ が X で稠密ではないとき，λ は T の**剰余スペクトル** (または，**圧縮スペクトル**) に属するという．記号では $\lambda \in \sigma_r(T)$ と書く．

定理 3.12 作用素 $T \in \mathscr{B}(X)$ について次が成り立つ：

(a) スペクトル $\sigma_p(T)$, $\sigma_c(T)$, $\sigma_r(T)$ は互いに素で $\sigma(T)$ の分割である．

(b) $\lambda \in \sigma_p(T) \cup \sigma_c(T)$ ならば，$(\lambda I - T)x_n \to 0$ を満たす X の単位ベクトルの列 $\{x_n\}$ が存在する．

(c) $\lambda \in \sigma_r(T)$ ならば $\lambda \in \sigma_p(T')$ が成り立つ．ただし，ヒルベルト空間の場合は $\bar{\lambda} \in \sigma_p(T^*)$ が成り立つ．

証明 命題 (b) で $\lambda \in \sigma_c(T)$ の場合だけを証明する．背理法により条件を満たすベクトル列がないとすれば，$\|(\lambda I - T)x\| \geq c\|x\|$ $(x \in X)$ を満たす正数 c が存在する．今，任意に $y \in X$ を取れば，$\mathscr{R}(\lambda I - T)$ は X で稠密であるから，$(\lambda I - T)x_n \to y$ $(n \to \infty)$ を満たす点列 $\{x_n\} \in X$ が存在する．このときは，$\|x_n - x_m\| \leq c^{-1}\|(\lambda I - T)x_n - (\lambda I - T)x_m\| \to 0$ $(n, m \to \infty)$ よりこの点列はコーシー列で極限を持つ．それを z とすれば $y = (\lambda I - T)z \in \mathscr{R}(\lambda I - T)$. y は任意であったから，$\mathscr{R}(\lambda I - T) = X$ となって矛盾である． $\square$

点スペクトル $\sigma_p(T)$ の各点 λ を T の**固有値**と呼び，$Tx = \lambda x$ を満たすベクトル $x \neq 0$ を λ に対する**固有ベクトル**と呼ぶ．さらに，単位ベクトルの列 $\{x_n\}$ で $\|(\lambda I - T)x_n\| \to 0$ $(n \to \infty)$ を満たすものが存在するとき，$\lambda \in \mathbb{C}$ を T の**近似固有値**と呼ぶ．T の近似固有値の全体を T の**近似点スペクトル**と呼び，$\sigma_{ap}(T)$ と書く．近似固有値は扱いやすい概念である．以下でその特徴を探ってみよう．

補題 3.13 作用素 $T \in \mathscr{B}(X)$ に対して $\sigma_{ap}(T) \subseteq \sigma(T)$.

証明 $\lambda \in \sigma_{ap}(T)$ ならば，単位ベクトルの列 x_n が存在して $\|(\lambda I - T)x_n\| \to 0$ を満たす．今，$y_n = (\lambda I - T)x_n$ とおけば，$y_n \to 0$ であるが x_n は 0 に収束しないから，$(\lambda I - T)^{-1}$ は存在したとしても連続にはならない．よって，λ は T のレゾルベント集合には入らない．故に，$\lambda \in \sigma(T)$. $\square$

補題 3.14 $T \in \mathscr{B}(X)$ とすれば，任意の $\mu \in \rho(T)$ に対し次が成り立つ：

$$\|R(\mu; T)\| \geq d(\mu, \partial\sigma(T))^{-1}.$$

ここで $d(\mu, \partial\sigma(T))$ は μ と $\sigma(T)$ の境界 $\partial\sigma(T)$ の距離である．

3.2 スペクトルの基本性質 39

証明 複素数 τ は $|\tau| < \|R(\mu;T)\|^{-1}$ を満たすとすると，$\|\tau R(\mu;T)\| < 1$ より $(\mu+\tau)I - T = (\mu I - T)(I + \tau R(\mu;T))$ は可逆であるから，μ を中心とする半径 $\|R(\mu;T)\|^{-1}$ の開円板は $\rho(T)$ に含まれる．これを式に書けばよい． □

これらの考察から近似点スペクトルの特徴を示すことができる.

定理 3.15 任意の $T \in \mathscr{B}(X)$ の近似点スペクトル $\sigma_{ap}(T)$ は次を満たす：

(a) $\lambda \in \sigma_{ap}(T)$ ならば $\lambda I - T$ は下に非有界である（§2.1.1）．逆も正しい.

(b) $\sigma_{ap}(T)$ は空でない閉集合で $\sigma(T)$ の境界 $\partial\sigma(T)$ を含む.

証明 (a) もし $\lambda \in \sigma_{ap}(T)$ ならば．$\|(\lambda I - T)x\| \geq c\|x\|$ $(x \in X)$ を満たす $c > 0$ は存在しない．すなわち，$\lambda I - T$ は下に非有界である．逆に，$\lambda I - T$ が下に非有界ならば，すべての $n = 1, 2, \ldots$ に対して $\|(\lambda I - T)x_n\| \leq n^{-1}$ を満たす単位ベクトル x_n が存在する．よって，$\lambda \in \sigma_{ap}(T)$ がわかる.

(b) $\sigma(T)$ は空でない有界閉集合であるから境界点を含む．その一つを任意に取って λ_0 とする．この λ_0 に収束する $\rho(T)$ の中の点列を μ_n とすると，補題 3.14 により $\|R(\mu_n;T)\| \geq |\mu_n - \lambda_0|^{-1} \to \infty$ がわかる．従って，単位ベクトル $x_n \in X$ で $\|R(\mu_n;T)x_n\| \to \infty$ を満たすものが存在する．そこで，

$$y_n = R(\mu_n;T)x_n, \quad z_n = y_n/\|y_n\| \qquad (n = 1, 2, \ldots)$$

とおけば，$\|z_n\| = 1$ かつ $\|(\mu_n I - T)z_n\| = \|x_n\|/\|y_n\| \to 0$ がわかる．よって，以下の計算から $\lambda_0 \in \sigma_{ap}(T)$ が従う：

$$\|(\lambda_0 I - T)z_n\| = \|(\lambda_0 - \mu_n)z_n + (\mu_n I - T)z_n\|$$
$$\leq |\lambda_0 - \mu_n| + \|(\mu_n I - T)z_n\| \to 0.$$

$\sigma_{ap}(T)$ が閉集合であることは (a) から簡単にわかる．実際，もし $\mu \notin \sigma_{ap}(T)$ ならば，$\mu I - T$ は下に有界であるから，$\|(\mu I - T)x\| \geq c\|x\|$ $(x \in X)$ を満たす $c > 0$ が存在する．今，$|\mu' - \mu| < c/2$ とすれば

$$\|(\mu' I - T)x\| \geq \|(\mu I - T)x\| - \|(\mu - \mu')x\| \geq \frac{c}{2}\|x\|$$

となり，少しずらしてもやはり下に有界になるからである． □

例 3.16 $X = C([0,1])$ は区間 $[0,1]$ 上の複素数値連続関数 f 全体の作るベクトル空間に一様ノルム $\|f\|$ をつけたバナッハ空間とする（例 1.15 参照）．

$\phi \in C([0,1])$ を任意に取って固定し，X 上の作用素 T を $Tf = \phi f$ $(f \in X)$ で定義する．T が線型であることは明らかである．T のノルムは次の通り：

$$\|T\| = \sup_{\|f\|=1} \|Tf\| = \sup_{\|f\|=1} \|\phi f\| = \sup_{0 \le t \le 1} |\phi(t)| = \|\phi\|.$$

ϕ の値域 $\phi([0,1])$ はコンパクトであり，$\lambda \in \mathbb{C} \setminus \phi([0,1])$ ならば，$(\lambda - \phi(t))^{-1}$ は連続で，これによる掛け算作用素が $\lambda I - T$ の逆を与える．よって，$\sigma(T) = \phi([0,1])$ が成り立つ．スペクトルをさらに詳しく調べる．まず，$\lambda \in \phi([0,1])$ とすると，$\lambda = \phi(t_0)$ を満たす $t_0 \in [0,1]$ が存在する．このときは，

$$\overline{(\lambda I - T)X} \subseteq \{ f \in X \mid f(t_0) = 0 \} \subsetneq X$$

であるから，$\mathcal{R}(\lambda I - T)$ は X で稠密に成り得ない．よって，$\lambda \notin \sigma_c(T)$ を得る．$\lambda \in \sigma(T)$ は任意であったから，$\sigma_c(T) = \emptyset$.

次に，$\lambda \in \sigma_p(T)$ とすれば，$Tf = \lambda f$ を満たす $f \in X \setminus \{0\}$ が存在する．このとき，f の台の上で $\phi(t) - \lambda \equiv 0$ が成り立つが，f は連続であるから，ある区間 $[a,b]$ $(a < b)$ の上で $\phi(t) = \lambda$ を満たす．従って，$\phi^{-1}(\{\lambda\})$ が長さのある区間を含むような λ の全体を $P(\phi)$ と表せば，$\sigma_p(T) = P(\phi)$ を得る．$\sigma_c(T)$ は空であったから，$\sigma_r(T) = \phi([0,1]) \setminus P(\phi)$.

3.3. ヒルベルト空間上の作用素

ヒルベルト空間上の作用素のスペクトルを考えよう．

3.3.1. 正規作用素　まず，正規作用素の場合から始める．

定理 3.17　正規作用素 $T \in \mathscr{B}(H)$ に対し次が成り立つ：

(a)　$\sigma(T) = \sigma_{ap}(T)$.

(b)　$\sigma_r(T) = \emptyset$.

証明　補題 3.13 と定理 3.12 (a), (b) により

$$\sigma_{ap}(T) \subseteq \sigma(T) = \sigma_p(T) \cup \sigma_c(T) \cup \sigma_r(T) \subseteq \sigma_{ap}(T) \cup \sigma_r(T)$$

が成り立つ．従って，(b) を示せば十分である．背理法により $\lambda \in \sigma_r(T)$ を仮定すると，定理 3.12 (c) により $\bar{\lambda} \in \sigma_p(T^*)$. 従って，$(\bar{\lambda} I - T^*)x_0 = 0$ を満

たす零でないベクトル $x_0 \in H$ が存在する. ところが, $\lambda I - T$ も正規作用素であるから, 定理 2.14 により次を得る:

$$\|(\lambda I - T)x_0\| = \|(\lambda I - T)^* x_0\| = \|(\bar{\lambda} I - T^*)x_0\| = 0.$$

よって, $(\lambda I - T)x_0 = 0$ となり, $\lambda I - T$ が単射であることに反する. □

定理 3.18 すべての正規作用素 $T \in \mathscr{B}(H)$ について次が成り立つ:

$$r(T) = \|T\|.$$

証明 すべての自然数 n について $\|T^n\| = \|T\|^n$ を帰納法で示す. まず正規作用素の定義 $T^*T = TT^*$ よりすべてのベクトル x に対して $\|T^*x\| = \|Tx\|$ が成り立つ (定理 2.14). この等式で x を $T^n x$ とすれば $\|T^*T^n x\| = \|T^{n+1}x\|$ を得ることに注意する. さて, $\|T^n\| = \|T\|^n$ について,

(1) $n = 1$ のときは明らかに成立する.

(2) $k \le n$ に対して $\|T^k\| = \|T\|^k$ が成り立つと仮定する. このときは, シュワルツの不等式と上の注意より

$$\begin{aligned}
\|T^n x\|^2 = (T^n x \,|\, T^n x) &= (T^*T^n x \,|\, T^{n-1} x) \\
&\le \|T^*T^n x\| \cdot \|T^{n-1} x\| = \|T^{n+1} x\| \cdot \|T^{n-1} x\|
\end{aligned}$$

を得るから, $\|x\| = 1$ について上限を取れば, 帰納法の仮定に注意して

$$\|T\|^{2n} = \|T^n\|^2 \le \|T^{n+1}\| \cdot \|T^{n-1}\| = \|T^{n+1}\| \cdot \|T\|^{n-1}.$$

故に, $\|T\|^{n+1} \le \|T^{n+1}\|$ となり $n+1$ でも成立する.

この結果, すべての $n \in \mathbb{N}$ に対して $\|T^n\| = \|T\|^n$ が成り立つ. よって, ブーリン・ゲルファント公式 (3.8) が適用できて, 求める公式が得られる. □

注意 3.19 上の証明をよく見れば $\|T^*x\| \le \|Tx\|$ $(x \in H)$ が成り立てば十分であることがわかる. これは公式 $r(T) = \|T\|$ が**準正規作用素** (hyponormal) についても正しいことを示している.

注意 3.20 定理 3.18 にはヒルベルト空間の元を表に出さないバナッハ環的な証明もある. これについては, 定理 11.9 とその証明を見られたい.

3.3.2. 自己共役作用素　　次に，自己共役作用素のスペクトルを説明する．

定理 3.21　自己共役な $A \in \mathscr{B}(H)$ に対し $\sigma(A) \subset \mathbb{R}$ が成り立つ．

証明　自己共役作用素は正規作用素であるから，定理 3.17 により，$\sigma(A) = \sigma_{ap}(A)$ が成り立つ．従って，任意の $\lambda \in \sigma(A)$ に対し，単位ベクトルの列 $\{x_n\} \subset H$ で $(\lambda I - A)x_n \to 0$ $(n \to \infty)$ を満たすものが取れる．x_n は単位ベクトルであるから，$\lambda = (Ax_n \,|\, x_n) + ((\lambda I - A)x_n \,|\, x_n)$ と変形すれば，

$$\lambda = \lim_{n \to \infty} (Ax_n \,|\, x_n) = \lim_{n \to \infty} (x_n \,|\, Ax_n) = \lim_{n \to \infty} \overline{(Ax_n \,|\, x_n)} = \bar{\lambda}. \qquad \square$$

補題 3.22　$A \in \mathscr{B}(H)$ が正ならば $\|A\| \in \sigma(A)$．

証明　A は正であるから，定理 2.11 から，

$$(Ax_n \,|\, x_n) \to \|A\| \qquad (n \to \infty)$$

を満たす単位ベクトルの列 $\{x_n\} \subset H$ が存在する．このとき，

$$\begin{aligned}
\big\|\,\|A\|x_n - Ax_n\,\big\|^2 &= \|A\|^2 - 2\|A\|(Ax_n \,|\, x_n) + \|Ax_n\|^2 \\
&\leq \|A\|^2 - 2\|A\|(Ax_n \,|\, x_n) + \|A\|^2 \\
&\to 0 \qquad (n \to \infty).
\end{aligned}$$

すなわち $\|A\| \in \sigma_{ap}(A)$ であるから，補題 3.13 により，$\|A\| \in \sigma(A)$．　$\square$

定理 3.23　自己共役な A に対し

$$m_A = \inf_{\|x\|=1} (Ax \,|\, x), \quad M_A = \sup_{\|x\|=1} (Ax \,|\, x)$$

とおけば，m_A と M_A はそれぞれ A のスペクトルの最小値と最大値である．

証明　$m = m_A$ と $M = M_A$ の定義から次が成り立つ：

$$0 \leq \sup_{\|x\|=1} ((A - mI)x \,|\, x) = \|A - mI\| = M - m.$$

従って，補題 3.22 より $M - m \in \sigma(A - mI)$ がわかる．これから，$M \in \sigma(A)$．次に，$C = MI - A$ とおくと，$C \geq 0$ かつ

$$\|C\| = \sup_{\|x\|=1} ((MI - A)x \,|\, x) = M - \inf_{\|x\|=1} (Ax \,|\, x) = M - m$$

であるから，補題 3.22 により $M - m \in \sigma(MI - A)$．よって，$m \in \sigma(A)$．　$\square$

系 1 自己共役な $A \in \mathcal{B}(H)$ に対して $\dfrac{(Ax \mid x)}{(x \mid x)}$ を A の**レイリー商**と呼ぶ. A のレイリー商の上限と下限はそれぞれ $\sigma(A)$ の最大値と最小値である.

系 2 自己共役な A が正 (非負) であるためには $\sigma(A) \subset [0, \infty)$ であることが必要十分である.

証明 これは $A \geq 0$ が $m_A \geq 0$ と同等であることから明らかである. $\qquad \square$

3.3.3. ユニタリー作用素 ユニタリー作用素は §2.2.3 で定義したが, 改めて述べると, $U \in \mathcal{B}(H)$ が次を満たすとき**ユニタリー作用素**と呼ぶ:

$$U^*U = UU^* = I.$$

定理 3.24 $U \in \mathcal{B}(H)$ がユニタリーであるための必要十分条件は U が全射でかつ等長 (すべての x に対して $\|Ux\| = \|x\|$) となることである.

定理 3.25 ユニタリー作用素 $U \in \mathcal{B}(H)$ のスペクトル $\sigma(\mathbb{T})$ は単位円周 $\mathbb{T}$ に含まれる. ただし $\mathbb{T} - \{ z \in \mathbb{C} \mid |z| - 1 \}$ である.

証明 $\lambda \in \sigma(U)$ に対し, $|\lambda| \leq \|U\| = 1$. また, $\lambda^{-1} \in \sigma(U^{-1}) = \sigma(U^*)$ から, $|\lambda|^{-1} \leq \|U^*\| = 1$. 故に, $|\lambda| = 1$. $\qquad \square$

3.3.4. L^2 空間上の掛け算作用素 ここで述べるものは単純であるが, 以下で展開される理論のモデルとなる大切な例である.

例 3.26 $H = L^2([0,1])$ (例 1.16) とし, 関数 $\phi(t) = t$ による掛け算作用素

$$M_\phi : f \mapsto \phi f \qquad (f \in H)$$

を考える. この M_ϕ は有界な自己共役作用素である. まず, 線型は明らかで,

$$\|M_\phi f\|^2 = \int_0^1 |\phi(t)f(t)|^2 \, dt \leq \int_0^1 |f(t)|^2 \, dt = \|f\|^2 \qquad (f \in H)$$

より M_ϕ は有界である. また, $f, g \in H$ に対して

$$(M_\phi f \mid g) = \int_0^1 \phi(t)f(t)\overline{g(t)} \, dt = \int_0^1 f(t)\overline{\phi(t)g(t)} \, dt = (f \mid M_\phi g)$$

であるから, M_ϕ は自己共役である.

M_ϕ のスペクトル $\sigma(M_\phi)$ は ϕ の値域 $\mathcal{R}(\phi) = [0,1]$ に等しいことを示そう．まず，$\lambda \notin [0,1]$ ならば $(\lambda - \phi)^{-1}$ は $[0,1]$ 上で有界であるから，掛け算作用素

$$M_{1/(\lambda-\phi)} : f \mapsto (\lambda - \phi)^{-1} f$$

が $\lambda I - M_\phi$ の有界な逆写像を与える．すなわち，$\sigma(M_\phi) \subseteq [0,1]$ である．逆に，$\lambda \in [0,1]$ を任意に取って固定する．$n = 1, 2, \ldots$ に対し，

$$\omega_n = \phi^{-1}([\lambda - 1/n, \lambda + 1/n]) = \{\, t \in [0,1] \mid |t - \lambda| \leq 1/n \,\}$$

とおくと，ω_n は $[0,1]$ に含まれる区間で $|\omega_n| > 0$ を満たす．今，

$$\varphi_{\lambda,n}(t) = |\omega_n|^{-1/2} \mathbb{1}_{\omega_n}$$

とおく．ただし $\mathbb{1}_{\omega_n}$ は集合 ω_n の特性関数とする．このとき $\varphi_{\lambda,n}$ は H の単位ベクトルで

$$\begin{aligned}
\|M_\phi \varphi_{\lambda,n} - \lambda \varphi_{\lambda,n}\|^2 &= \int_{\omega_n} |t - \lambda|^2 |\varphi_{\lambda,n}(t)|^2 \, dt \\
&\leq \frac{1}{n^2} \int_{\omega_n} |\varphi_{\lambda,n}(t)|^2 \, dt = \frac{1}{n^2} \to 0 \qquad (n \to \infty).
\end{aligned}$$

従って，λ は近似固有値であるから，補題 3.13 により $\lambda \in \sigma_{ap}(M_\phi) \subseteq \sigma(M_\phi)$ を得る．故に，$\sigma(M_\phi) = [0,1]$．

最後に，$\sigma_p(M_\phi) = \emptyset$ に注意する．実際，$M_\phi f = \lambda f$ ならば $(\phi - \lambda)f = 0$ となり，$f = 0$ (a.e.) が導かれるからである．故に，定理 3.17 (b) により M_ϕ のスペクトルはすべて連続スペクトルである．

例 3.27 実数値関数 $g \in C([0,1])$ による $H = L^2([0,1], dt)$ 上の掛け算作用素 $M_g : f \mapsto gf$ $(f \in H)$ を考える．まず M_g が H 上の有界な自己共役作用素であることは前の例と同様の計算でわかる．M_g のスペクトルを求めよう．まず $S = \mathcal{R}(g) = g([0,1])$ とおく．まず，$\lambda \notin S$ ならば，$(\lambda - g)^{-1}$ は $[0,1]$ 上で有界で，これによる掛け算作用素は $\lambda I - M_g$ の有界な逆である．よって，$\lambda \in \rho(M_g)$．すなわち，$\sigma(M_g) \subseteq S$．逆に，$\lambda \in S$ を仮定する．g は連続であるから，$n = 1, 2, \ldots$ に対して $\omega_n = g^{-1}[(\lambda - 1/n, \lambda + 1/n)]$ とおけば ω_n のルベーグ測度 $|\omega_n|$ は正である．$\varphi_{\lambda,n} = |\omega_n|^{-1/2} \mathbb{1}_{\omega_n}$ とおけば，$\varphi_{\lambda,n}$ は H の

単位ベクトルで,

$$\|M_g \varphi_{\lambda,n} - \lambda \varphi_{\lambda,n}\|^2 = \int_{\omega_n} |g(t) - \lambda|^2 |\varphi_{\lambda,n}(t)|^2 \, dt$$

$$\leq \frac{1}{n^2} \int_{\omega_n} |\varphi_{\lambda,n}(t)|^2 \, dt = \frac{1}{n^2} \to 0 \qquad (n \to \infty)$$

が成り立つ. 従って, λ は M_g の近似固有値であるから, 補題 3.13 により $\lambda \in \sigma(M_g)$. 故に, $\sigma(M_g) = S$.

M_g の固有値について考える. もし $\lambda \in S$ が固有値で, 対応する固有ベクトルを $f \in L^2([0,1])$ とすれば, $M_g f = \lambda f$ より $(g(t) - \lambda)f(t) = 0$ (a.e.) を得る. このような f が存在するための条件は $|g^{-1}(\{\lambda\})| > 0$ である. 故に,

$$\sigma_p(M_g) = \{ \lambda \in S \mid |g^{-1}(\{\lambda\})| > 0 \}.$$

演習問題

3.1　有限次元空間 X 上の線型作用素 T について次を示せ:

(1)　次は同値である

  (a)　T は可逆,

  (b)　T は単射,

  (c)　T は全射.

(2)　T のスペクトル $\sigma(T)$ の点はすべて T の固有値である.

3.2　$X = \ell^\infty(\mathbb{N})$, $m \in X$ として, $T \in \mathscr{B}(X)$ を $Tx = mx$ $(x \in X)$ と定義する. ただし, $\ell^\infty(\mathbb{N})$ の元は $\mathbb{N}$ 上の関数と見なし, mx は関数の (点別) 掛け算とする. このとき, $\sigma_p(T), \sigma_c(T), \sigma_r(T)$ を求めよ.

3.3　$X = \ell^1(\mathbb{N})$, $m \in \ell^\infty(\mathbb{N})$ として, $T \in \mathscr{B}(X)$ を $Tx = mx$ $(x \in X)$ と定義する. このとき, $\sigma_p(T), \sigma_c(T), \sigma_r(T)$ を求めよ.

3.4　$S, T \in \mathscr{B}(X)$ をバナッハ空間 X 上の作用素として次を示せ:

(1)　$\|S\| < 1$ かつ $\|T\| < 1$ のとき次が成り立つ:

$$(I - ST)^{-1} = I + S(I - TS)^{-1}T.$$

(2)　$I - TS$ が可逆ならば $I - ST$ も同様で上の等式が成り立つ.

(3)　$\sigma(ST) \cup \{0\} = \sigma(TS) \cup \{0\}$ が成り立つ.

3.5 ヒルベルト空間 $H = \ell^2(\mathbb{N})$ 上の移動作用素 S (練習問題 2.10 参照) については,$S^*S = I$ が成り立つが SS^* は可逆ではないことを証明せよ.

3.6 $H = \ell^2(\mathbb{N})$ 上の移動作用素 S のスペクトルについて次に答えよ.

(1) $\sigma_p(S) = \emptyset$ であることを示せ.

(2) $\sigma_r(S) = \{|\lambda| < 1\}$ を示せ.

(3) $\sigma_c(S) = \{|\lambda| = 1\}$ を示せ.

3.7 $H = \ell^2(\mathbb{Z})$ を両側無限数列の ℓ^2 空間とする.この場合も座標を右に一つずらす作用を S と書き移動作用素と呼ぶ.すなわち,$S: (\xi_n)_{n=-\infty}^{\infty} \mapsto (\xi_{n-1})_{n=-\infty}^{\infty}$ とする.

(1) S はユニタリー作用素であることを示せ.

(2) ユニタリー作用素の一般論 (定理 3.25) により $\sigma(S) \subseteq \mathbb{T}$ であるが,この場合は等号で,連続スペクトルのみであることを示せ.

第 4 章

コンパクト作用素

本章の中心はコンパクト作用素に関するリース・シャウダーの理論である. コンパクト作用素の概念は関数解析の発祥と目されているヒルベルトのフレドホルム型積分方程式の研究の中で完全連続作用素の名で導入されたが, 完全連続性の本質を見抜いて抽象化に成功したのは F. リースで, 双対作用素の視点を補ってフレドホルムの研究の発展再現を完成したのがシャウダーである. コンパクト作用素を T とし定数を λ として上記のフレドホルム型方程式は $\lambda x - Tx = b$ (右辺の b は既知) と書かれるが, リース・シャウダー理論はこの方程式の解構造を明らかにするもので, 作用素 T のスペクトル構造も簡単に導かれる.

§4.1 では基本の定義とコンパクト性の判定法, コンパクト作用素の演算等の準備事項, 積分作用素を含む若干の例を述べる. 双対作用素のコンパクト性に関するシャウダーの定理もここで述べる. §4.2 ではコンパクト作用素のリース・シャウダー理論とその方程式解法への応用ならびにコンパクト作用素のスペクトル構造について説明する.

4.1. コンパクト作用素の基礎性質

定義から始めてコンパクト作用素に関する基礎事項を説明しよう.

4.1.1. 定義と判定法　コンパクトの概念は既知として説明を始める.

定義 4.1　距離空間 X の部分集合 A が**相対コンパクト**であるとは A の閉包 $\overline{A}$ がコンパクトであることをいう.

定義 4.2 距離空間 X の部分集合 A が**前コンパクト**または**全有界**であるとは 任意の $\varepsilon > 0$ に対して A の有限個の点 $\{x_i\}_{i=1}^N$ で $A \subseteq \bigcup_{i=1}^N B(x_i; \varepsilon)$ となる ものが存在することをいう．ただし，$B(x; \varepsilon)$ は中心 x，半径 ε の開球である．

定理 4.3 距離空間 X の部分集合 A について次は同値である．

(a) A はコンパクトである．

(b) A の任意の点列は A の中で収束する部分列を含む．

(c) A は X の部分空間として完備かつ前コンパクトである．

証明は [**B2**, 定理 11.17 および問題 37.3] を参照せよ．

定義 4.4 ノルム空間 X からノルム空間 Y への線型作用素 T が**コンパクト**であるとは，X の任意の有界集合 B に対しその T による像 $T(B)$ が Y で 相対コンパクトであることをいう．X から Y へのコンパクト作用素の全体を $\mathscr{K}(X,Y)$ と書く．特に，$X = Y$ のときは $\mathscr{K}(X)$ と表す．

ノルム空間 X の任意の有界集合は閉単位球 $B_X = \{x \in X \mid \|x\| \leq 1\}$ のス カラー倍に含まれるから，作用素 T のコンパクト性を示すには T による閉単 位球の像が相対コンパクトであることを確かめればよい．次は比較的使いやす いコンパクト性判定の条件である．

定理 4.5 作用素 $T : X \to Y$ がコンパクトであるための必要十分条件は X の 任意の有界点列 $\{x_n\}$ に対し $\{Tx_n\}$ が収束する部分列を含むことである．

証明 T がコンパクトであるとし，任意に X の有界点列 $\{x_n\}$ を取る．この とき，$\{Tx_n\}$ はコンパクト集合に含まれるから，距離空間のコンパクト性の特 徴づけ（[**B2**, 定理 11.17]）により $\{Tx_n\}$ は収束する部分列を含む．

逆に，定理の後半の条件が成り立ったと仮定し，X の有界集合 B を任意に 取る．さて，$\{y_n\}$ を $T(B)$ の閉包 $\overline{T(B)}$ の任意の点列とすれば，閉包の定義 より $\{x_n\} \subset B$ を適当に取れば次が成り立つようにできる：

$$\text{(4.1)} \qquad \|y_n - Tx_n\| \leq n^{-1} \qquad (n = 1, 2, \dots).$$

このときは仮定によりある部分列 $\{Tx_{n_i}\}$ が収束するが，(4.1) により $\{y_{n_i}\}$ も同じ極限に収束する．上で使ったコンパクト性の特徴づけ定理により $\overline{T(B)}$ はコンパクトである．B は任意であったから T はコンパクトである． $\square$

４.１　コンパクト作用素の基礎性質　　　49

4.1.2. コンパクト作用素の演算　　上の判定法で簡単にわかることから始める.

定理 4.6　(a)　任意のコンパクト作用素は有界である.

(b)　コンパクト作用素の和およびスカラー倍はコンパクトである. 従って, コンパクト作用素の一次結合もコンパクトである.

(c)　$S \in \mathscr{B}(X, Y), T \in \mathscr{B}(Y, Z)$ の少なくとも一方がコンパクトならば, 合成 TS もコンパクトである.

定理 4.7　X をノルム空間, Y をバナッハ空間とする. コンパクト作用素の列 $T_n : X \to Y$ が T にノルム収束するならば, T はコンパクトである.

証明　$\{x_m\} \subset X$ を任意の有界点列とする. このときは, 定理 4.5 を利用した対角線論法により部分列 $\{x_{m_j}\}_j$ を選んで, すべての n に対して点列 $\{T_n x_{m_j}\}_j$ が収束するようにできる. また, $\sup_m \|x_m\| \leq K$ を満たす正数 K を選ぶ. さて, T_n は T にノルム収束するから, 任意の $\varepsilon > 0$ に対し番号 N が存在して $n \geq N$ ならば $\|T - T_n\| < \varepsilon/(3K)$ が成り立つ. このような n に対して,

$$\begin{aligned}
\|Tx_{m_j} - Tx_{m_k}\| &\leq \|(T - T_n)x_{m_j}\| + \|T_n x_{m_j} - T_n x_{m_k}\| + \|(T_n - T)x_{m_k}\| \\
&\leq 2\|T - T_n\| \sup_m \|x_m\| + \|T_n x_{m_j} - T_n x_{m_k}\| \\
&\leq 2\varepsilon/3 + \|T_n x_{m_j} - T_n x_{m_k}\|.
\end{aligned}$$

$\{T_n x_{m_j}\}_j$ は収束するから, コーシー列でもある. 従って, 十分大きなすべての j, k に対して $\|T_n x_{m_j} - T_n x_{m_k}\| < \varepsilon/3$ を得るから, 上式から $\|Tx_{m_j} - Tx_{m_k}\| < \varepsilon$ となる. ε は任意であるから, $\{Tx_{m_j}\}_j$ はコーシー列である. Y は完備であるから, $\{Tx_{m_j}\}_j$ は収束する. よって, 定理 4.5 が適用できる. □

4.1.3. 有限階作用素　X, Y をノルム空間とするとき, $T \in \mathscr{B}(X, Y)$ の値域が Y の有限次元部分空間であるとき, T を**有限階作用素**と呼ぶ.

定理 4.8　$T : X \to Y$ が有限階ならば, 有限個の $\{x_i'\} \subset X'$ と $\{y_i\} \subset Y$ で

$$Tx = \sum_{k=1}^n \langle x, x_k' \rangle \cdot y_k \qquad (x \in X)$$

を満たすものが存在する. また, この形の作用素はすべて有限階である.

証明 $Y_0 = \mathcal{R}(T)$ とおくと，Y_0 は有限次元である．この次元を n とすると，一次独立なベクトル列 $y_1, \ldots, y_n \in Y_0$ と Y_0 上の線型汎関数 $y_1', \ldots, y_n'$ を

$$\langle y_j, y_k' \rangle = \begin{cases} 1 & (j = k), \\ 0 & (j \neq k) \end{cases}$$

を満たすように選ぶことができる．このときは，任意の $y \in Y_0$ に対して

$$y = \sum_{k=1}^{n} \langle y, y_k' \rangle y_k$$

が成り立つ．T は X を Y_0 に写すから，各 $k = 1, \ldots, n$ に対して，$y_k' \circ T$ は X' の元を定義する．これを x_k' とおけば，すべての $x \in X$ に対して

$$Tx = \sum_{k=1}^{n} \langle Tx, y_k' \rangle y_k = \sum_{k=1}^{n} \langle x, y_k' \circ T \rangle y_k = \sum_{k-1}^{n} \langle x, x_k' \rangle y_k$$

となって求める表示が得られた．逆は簡単であるから省略する． $\square$

定理 4.9 $T \in \mathcal{B}(X, Y)$ が有限階ならば，T はコンパクトである．

証明 T が有限階とすると，$T(B_X)$ は Y のある有限次元部分空間の有界集合であるから，その閉包はコンパクトである．故に，T はコンパクトである． $\square$

これから定理 4.7 により有限階作用素のノルム極限はコンパクト作用素であるが，ヒルベルト空間においてはこの逆も正しい．

定理 4.10 ヒルベルト空間 H 上のコンパクト作用素は有限階作用素のノルム極限である．

証明 H の単位球を B_H とする．仮定により $T(B_H)$ は相対コンパクトであるから，すべての $n \geq 1$ に対して，有限個の点 $y_1, \ldots, y_N \in T(B_H)$ が存在して $T(B_H) \subseteq \bigcup_{i=1}^{N} B(y_i; 1/n)$ を満たす．$\{y_1, \ldots, y_N\}$ から生成された H の有限次元部分空間を F_n とし，H から F_n への射影を P_n とすると，任意の $x \in H$ と $y \in F_n$ に対して $\|P_n x - y\| \leq \|x - y\|$ が成り立つ．さて，$T_n = P_n T$ と定義する．明らかに T_n は有限階作用素である．今，任意に $x \in B_H$ を取ると，上の定義から $\|Tx - y_i\| \leq 1/n$ を満たす y_i を選ぶことができる．従って，

$\|T_n x - y_i\| = \|P_n T x - y_i\| \leq \|Tx - y_i\| \leq 1/n$ であるから，次が得られる：

$$\|(T - T_n)x\| = \|Tx - T_n x\| \leq \|Tx - y_i\| + \|y_i - T_n x\| \leq 2/n.$$

$x \in B_H$ は任意であるから $\|T - T_n\| \leq 2/n \to 0 \ (n \to \infty)$ が成り立つ． $\square$

注意 4.11 上の証明はノルム空間からヒルベルト空間へのコンパクト作用素についても正しい．しかし，両方をバナッハ空間にすると一般には成り立たない (エンフロ [5]).

4.1.4. コンパクト作用素の例

コンパクト作用素の代表的な例は積分作用素である．ここでは定理 4.7 を応用してみよう．

例 4.12 $K(s,t)$ を正方形 $\Omega = \{ (s,t) \mid 0 \leq s, t \leq 1 \}$ 上の複素数値関数とし，X を区間 $[0,1]$ 上の複素数値関数を要素とするノルム空間とする．もし

$$g(s) = \int_0^1 K(s,t) f(t) \, dt$$

がすべての $f \in X$ に対してまた X の元を与えるならば，$Tf = g$ は X 上の作用素を定義する．このような作用素を**積分作用素**と呼び，$K(s,t)$ をその積分核と呼ぶ．ここではコンパクト作用素になる例をあげよう．

(a) $X = C([0,1])$ とし，$K(s,t)$ は 2 変数の連続関数とすると，T は $C([0,1])$ 上のコンパクト作用素である．実際，s, t の多項式は Ω の点を分離するから，ストーン・ワイエルシュトラスの定理により s, t の多項式は Ω 上の連続関数の空間 $C(\Omega)$ で稠密である．特に，$K(s,t)$ を多項式で一様に近似できる．すなわち，任意の $\varepsilon > 0$ に対して s, t の多項式 $K_\varepsilon(s,t)$ で $|K(s,t) - K_\varepsilon(s,t)| \leq \varepsilon$ $(0 \leq s, t \leq 1)$ を満たすものが存在する．$K_\varepsilon(s,t)$ を積分核とする積分作用素を T_ε と書く．今，$K_\varepsilon(s,t) = \sum_{j=0}^n s^j \beta_j(t)$ $(\beta_j(t)$ は t の多項式) と書けば，

$$T_\varepsilon f(s) = \int_0^1 K_\varepsilon(s,t) f(t) \, dt = \sum_{j=0}^n \left(\int_0^1 \beta_j(t) f(t) \, dt \right) \cdot s^j$$

となるから，T_ε は有限階の作用素である．次に，

$$\|(T - T_\varepsilon)(f)\| = \sup_s \left| \int_0^1 (K(s,t) - K_\varepsilon(s,t)) f(t) \, dt \right| \leq \varepsilon \|f\|$$

であるから，$\|T - T_\varepsilon\| \leq \varepsilon$ がわかる．これは T が有限階作用素のノルム極限であることを示している．故に，T はコンパクト作用素である．

(b) $X = L^2([0,1])$ を区間 $[0,1]$ 上のルベーグ測度に関する二乗可積分関数 (の同値類) の空間とし, $K(s,t)$ は二変数の二乗可積分関数とする. すなわち,

$$\|K\|_{L^2(\Omega)} = \left(\int_0^1 \int_0^1 |K(s,t)|^2 \, dsdt \right)^{1/2} < \infty.$$

二変数 s, t の二乗可積分関数の空間 $L^2(\Omega)$ で連続関数は稠密であるから, (a) の考察と合わせれば, s, t の多項式も $L^2(\Omega)$ で稠密である. 従って, 任意の $\varepsilon > 0$ に対して $\|K - K_\varepsilon\|_{L^2(\Omega)} < \varepsilon$ を満たす s, t の多項式 $K_\varepsilon(s,t)$ が存在する. (a) と同様に積分核 K_ε によって定義された作用素 T_ε は有限階である. さらに, シュワルツの不等式により

$$\|(T - T_\varepsilon)f\|_2 = \left(\int_0^1 \left| \int_0^1 (K(s,t) - K_\varepsilon(s,t))f(t) \, dt \right|^2 ds \right)^{1/2}$$
$$\leq \|K - K_\varepsilon\|_{L^2(\Omega)} \cdot \|f\|_2 \qquad (\forall f \in L^2([0,1]))$$

を得るから, $\|T - T_\varepsilon\| \leq \|K - K_\varepsilon\|_{L^2(\Omega)} < \varepsilon$ が成り立つ. T は有限階作用素のノルム極限であるから, コンパクト作用素である.

4.1.5. 双対作用素のコンパクト性　フレドホルム型積分方程式のリース理論に双対空間の観点を補いフレドホルム論文の抽象化を完成したのはシャウダーで, その考察の基礎が次である.

定理 4.13 (シャウダー)　X, Y がバナッハ空間ならば, $T: X \to Y$ がコンパクトであるためには双対作用素 $T': Y' \to X'$ がコンパクトであることが必要十分である.

証明　まず, T がコンパクトならば, T' もコンパクトであることを示す. そのため, $K = \overline{T(B_X)}$ とおく. T はコンパクトであるから, K は Y の部分集合としてコンパクト距離空間となる. 我々は Y' の各元 y' を $y \mapsto \langle y, y' \rangle$ $(y \in K)$ により K 上の関数と見なすこととし, Y' の単位球 $B_{Y'}$ を K 上の連続関数の空間 $C(K)$ の部分集合と考える. このとき, $B_{Y'}$ は同程度連続でかつ一様有界である. 実際, すべての $y' \in B_{Y'}$ に対して,

$$|\langle y_1, y' \rangle - \langle y_2, y' \rangle| = |\langle y_1 - y_2, y' \rangle| \leq \|y_1 - y_2\| \qquad (\forall y_1, y_2 \in Y)$$

であるから，$B_{Y'}$ は同程度連続である．また，すべての $y \in K$ に対して，

$$|\langle y, y' \rangle| \leq \|y\| \leq \|T\|$$

より $B_{Y'}$ は一様有界である．よって，アスコリ・アルツェラの定理により，$B_{Y'}$ の任意の点列 $\{y_n'\}$ は K 上で一様収束する部分列 $\{y_{n_i}'\}$ を含む．ところが，

$$\langle Tx, y' \rangle = \langle x, T'y' \rangle \qquad (x \in B_X, y' \in B_{Y'})$$

であるから，$T'(B_{Y'})$ の任意の点列 $\{T'y_n'\}$ は B_X 上で一様収束する部分列 $\{T'y_{n_i}'\}$ を含むことがわかる．従って，

$$\|T'y_{n_i}' - T'y_{n_j}'\| = \sup_{\|x\| \leq 1} |\langle Tx, y_{n_i}' - y_{n_j}' \rangle| \leq \sup_{y \in K}|\langle y, y_{n_i}' - y_{n_j}' \rangle| \to 0$$

となるから，$\{T'y_{n_i}'\}$ は X' のコーシー列である．X' は完備であるから，これは X' の中で極限を持つ．故に，定理 4.5 により T' はコンパクトである．

逆に，T' がコンパクトであると仮定する．上で示したことを写像 $T': Y' \to X'$ に当てはめれば，T' の双対 $T'': X'' \to Y''$ がコンパクトであることがわかる．X (および Y) は標準対応 J_X (および J_Y) によって X'' (および Y'') に等長に埋め込まれていることを利用する (§1.2.5)．今，$x \in X$, $y' \in Y'$ に対して $\langle Tx, y' \rangle = \langle x, T'y' \rangle = \langle J_X x, T'y' \rangle - \langle T''J_X x, y' \rangle$ であるから，

$$T'' \circ J_X = J_Y \circ T$$

を得る．T のコンパクト性を示すために，X の任意の有界点列を $\{x_n\}$ とすると，$\{J_X x_n\}$ は X'' の有界点列であり，T'' はコンパクトであるから，$\{T''J_X x_n\}$ は収束列を含む．それを $\{T''J_X x_{n_i}\}$ とする．上の等式を使えば，$\{J_Y T x_{n_i}\}$ も収束列であるから，もちろんコーシー列である．標準対応 J_Y は等長であるから，$\{Tx_{n_i}\}$ は Y のコーシー列である．ところが Y が完備であるからこの点列は収束する．故に，定理 4.5 により T はコンパクトである． $\square$

参考のためにアスコリ・アルツェラの定理を述べておく．

定理 4.14 (アスコリ・アルツェラ) K をコンパクト距離空間，$C(K)$ を K 上の複素数値連続関数全体の作るベクトル空間とする．$\mathscr{F} \subset C(K)$ とする．もし $\mathscr{F}$ が同程度連続でかつ一様有界ならば，$\mathscr{F}$ から取った任意の関数の列 $\{f_n\}$ は K 上で一様収束する部分列を含む．

4.2. リース・シャウダーの理論

T をノルム空間 X 上のコンパクト作用素とし,

$$L = I - T$$

とおく. 問題は L の可逆性を調べることである. 言い換えれば方程式

$$Lx = x - Tx = b \qquad (b \in X)$$

の可解性を調べることである. 我々はまずリースの理論を三つの基本定理にまとめる. 次にリースの補題を示し, これを用いて §4.2.3 以下で証明を述べる.

4.2.1. リースの基本定理 リース理論の基本は次の三定理にまとめられる.

定理 4.15 (リースの第 1 定理) L の核 $\mathcal{N}(L)$ は有限次元である. L の冪についても同様である.

定理 4.16 (リースの第 2 定理) L の値域 $\mathcal{R}(L)$ は閉部分空間である. L の冪についても同様である.

定理 4.17 (リースの第 3 定理) 作用素 L については次の条件を満たす非負の整数 r (これを L の**リース数**と呼ぶ) が一意に存在する:

$$(4.2) \qquad \{0\} = \mathcal{N}(L^0) \subset \mathcal{N}(L^1) \subset \cdots \subset \mathcal{N}(L^r) = \mathcal{N}(L^{r+1}) = \cdots,$$

$$(4.3) \qquad X = \mathcal{R}(L^0) \supset \mathcal{R}(L^1) \supset \cdots \supset \mathcal{R}(L^r) = \mathcal{R}(L^{r+1}) = \cdots,$$

$$(4.4) \qquad X = \mathcal{N}(L^r) \oplus \mathcal{R}(L^r).$$

4.2.2. 準備 リースは証明のため簡単で極めて強力な道具を用意した.

補題 4.18 (リースの補題) Y をノルム空間 X の閉じた真部分空間とする. このとき, すべての $w \in Y$ に対して $\|x_0 - w\| > 2^{-1}$ を満たす X の単位ベクトル x_0 が存在する.

証明 $Y \subset X$ であるから $x \in X \setminus Y$ を一つ取れば, Y は閉集合であるから,

$$\inf_{w \in Y} \|x - w\| > 0$$

を得る. この値を α として $\alpha \leq \|x - w_0\| < 2\alpha$ を満たす $w_0 \in Y$ を取って

$$x_0 = \frac{x - w_0}{\|x - w_0\|}$$

とおけば，$\|x_0\| = 1$ であり，さらに任意の $w \in Y$ に対して

$$\|x_0 - w\| = \left\| \frac{x - w_0}{\|x - w_0\|} - w \right\| = \frac{\|x - w_0 - \|x - w_0\| \cdot w\|}{\|x - w_0\|} > \frac{1}{2}. \qquad \square$$

リースの補題はコンパクト作用素のリース理論で本質的な役割を演じているが，次はリース自身による典型的な応用例である．

系 閉単位球がコンパクトなノルム空間 X は有限次元である．

証明 背理法によりこのようなノルム空間 X が有限次元でなかったと仮定する．このとき，X は一次独立な点列 $\{u_n\}_{n=1}^{\infty}$ を含む．今，$u_1, \ldots, u_n$ から生成された部分空間を X_n と書けば，有限次元部分空間の狭義の単調増加列 $X_1 \subset X_2 \subset \cdots X_n \subset \cdots$ が得られる．これらは閉部分空間であるから，リースの補題により単位ベクトル $x_n \in X_n$ $(n = 1, 2, \ldots)$ を取りすべての相異なる m, n に対して $\|x_m - x_n\| > 2^{-1}$ を満たすようにできる．この点列 $\{x_n\}$ は X の単位球に含まれるが，離散的であるから収束する部分列を含まない．よって，定理 4.3 により X の閉単位球はコンパクトではないから矛盾である．$\qquad \square$

4.2.3. L の核 リースの第 1 定理は L の核 (または零空間) の構造を与える．

リースの第 1 定理の証明 L の核 $\mathcal{N}(L)$ の閉単位球を B とすれば，B は有界であるから $T(B)$ は相対コンパクトである．ところが，$\mathcal{N}(L)$ 上では $T = I$ であるから，$\mathcal{N}(L)$ の閉単位球 $B = T(B)$ は相対コンパクトである．従って，リースの補題の系により $\mathcal{N}(L)$ は有限次元である．$\qquad \square$

次に，L の冪 L^n の核について考える．まず，$L^n = I - T_n$ $(n \geq 2)$ とおくと，簡単な計算で $T_n \in \mathcal{K}(X)$ がわかる．リースの第 1 定理により各 $\mathcal{N}(L^n)$ は有限次元であるから，これらは X の閉部分空間である．また，$L^n x = 0$ ならば $L^{n+1} x = 0$ であるから，$\mathcal{N}(L^n) \subseteq \mathcal{N}(L^{n+1})$ である．

定理 4.19 次の性質を持つ非負の整数 r が存在する：

$$(4.5) \qquad \{0\} = \mathcal{N}(L^0) \subset \mathcal{N}(L) \subset \cdots \subset \mathcal{N}(L^r) = \mathcal{N}(L^{r+1}) = \cdots .$$

従って，$\mathcal{N}(L^n)$ の次元は有界である．

証明 ある $m \geq 0$ で等号 $\mathcal{N}(L^m) = \mathcal{N}(L^{m+1})$ が起これば, すべての $n \geq m+1$ について等号 $\mathcal{N}(L^n) = \mathcal{N}(L^{n+1})$ が成り立つから, (4.5) を満たすような $r \geq 0$ が存在するかまたはすべて不等号になるかのいずれかである. もしすべてが不等号になったとすれば, 閉部分空間の狭義の単調増加列であるから, リースの補題により各 $n \geq 1$ に対し単位ベクトル $x_n \in \mathcal{N}(L^n)$ を選んで

$$(4.6) \qquad \mathrm{dist}(x_n, \mathcal{N}(L^{n-1})) \geq \frac{1}{2}$$

が成り立つようにできる. ベクトルの列 $\{x_n\}$ は有界であるから, $\{Tx_n\}$ は収束する部分列を含む. ところが, $n > m$ ならば $T = I - L$ により

$$Tx_n - Tx_m = x_n - (Lx_n + x_m - Lx_m).$$

右辺の括弧内は $\mathcal{N}(L^{n-1})$ に属するから, (4.6) により $\|Tx_n - Tx_m\| \geq 2^{-1}$ $(m \neq n)$ を得るが, これは点列 $\{Tx_n\}$ が収束部分列を含まないことを示しているから矛盾である. よって, すべてが不等号になることはない. $\qquad\square$

4.2.4. L の値域 リースの第2定理を証明するために次の補題を利用する.

補題 4.20 G を X の有界集合とすると, $L(G)$ の閉包は G の閉包の L による像に等しい. すなわち, $\overline{L(G)} = L(\overline{G})$.

証明 L は連続であるから, $L(\overline{G}) \subseteq \overline{L(G)}$ が成り立つ. 逆の包含関係を示すために, 任意に $y_0 \in \overline{L(G)}$ を取ると, $\lim_{n\to\infty} L(x_n) = y_0$ を満たす G の点列 $\{x_n\}$ が存在する. G は有界であるから点列 $\{x_n\}$ は有界である. T はコンパクトであるから, $\{Tx_n\}$ は収束する部分列を含む. これを $\{Tx_{n_i}\}$ とすると, $x_{n_i} = Lx_{n_i} + Tx_{n_i}$ $(i = 1, 2, \dots)$ は収束する. 今, $x_{n_i} \to x_0$ $(i \to \infty)$ とすると, $x_0 \in \overline{G}$ であって, かつ $y_0 = \lim_{i\to\infty} L(x_{n_i}) = L(x_0)$ となるから $y_0 \in L(\overline{G})$ が得られる. 故に, $\overline{L(G)} \subseteq L(\overline{G})$. $\qquad\square$

リースの第2定理の証明 y_0 を L の値域 $\mathcal{R}(L)$ の集積点とし, $\{y_n\} \subset \mathcal{R}(L)$ は y_0 に収束するとしよう. ここで, $y_n = L(x_n)$ とおき, 点列 $\{x_n\} \subset X$ について場合を二つに分ける.

(i) $\{x_n\}$ が有界の場合. このときは, 補題 4.20 により $\{x_n\}$ の閉包の L による像は閉集合であるから, $y_0 = \lim_{n\to\infty} L(x_n)$ は $L(X)$ に含まれる.

(ii) $\{x_n\}$ が非有界の場合. x_n と L の核 $\mathcal{N}(L)$ の距離を d_n とする. $\mathcal{N}(L)$ は有限次元であるから $\|x_n - w_n\| = d_n$ を満たす $w_n \in \mathcal{N}(L)$ を取れば,

$$(4.7) \qquad \lim_{n \to \infty} L(x_n - w_n) = \lim_{n \to \infty} L(x_n) = y_0.$$

もし $\{x_n - w_n\}$ が有界ならば, 上と同様にして補題 4.20 により $y_0 \in L(X)$ が示される. もし $\{x_n - w_n\}$ が非有界のときは, 必要ならば部分列に移って

$$(4.8) \qquad \lim_{n \to \infty} \|x_n - w_n\| = \infty$$

を仮定できる. 従って, $z_n = d_n^{-1}(x_n - w_n)$ とおけば, $\|z_n\| = 1$ であり (4.7) により $L(z_n) \to 0$ が成り立つ. $\{z_n\}$ は有界であるから, 補題 4.20 により $\{z_n\}$ の収束部分列 $\{z_{n_i}\}$ が存在して $L(z_{n_i}) = 0$ を満たす. 今, $z_{n_i} \to w_0$ とすれば $L(w_0) = 0$ であるから, $w_0 \in \mathcal{N}(L)$ を得る. $\varepsilon_n = z_n - w_0$ とおくと,

$$(4.9) \qquad \lim_{i \to \infty} \|\varepsilon_{n_i}\| = 0$$

が成り立つ. ε_n の定義を書きなおせば, $\varepsilon_n = z_n - w_0 = d_n^{-1}(x_n - w_n) - w_0$ より, $x_n - w_n - d_n w_0 = d_n \varepsilon_n$ を得るから,

$$\|x_{n_i} - w_{n_i} - d_{n_i} w_0\| = d_{n_i} \|\varepsilon_{n_i}\|.$$

ここで, (4.9) に注意すれば, 十分大きい n_i に対して

$$\|x_{n_i} - w_{n_i} - d_{n_i} w_0\| < \frac{1}{2} d_{n_i}$$

が得られるが, $w_{n_i} - d_{n_i} w_0 \in \mathcal{N}(L)$ であるから, d_{n_i} の定義に反する. すなわち, (4.8) の場合は起こらない. これで証明は終った. $\qquad \square$

作用素 L の冪 L^n $(n = 2, 3, \dots)$ の値域を考える. この場合, 次が成り立つ.

定理 4.21 L の冪の値域 $\mathcal{R}(L^n)$ $(n \geq 1)$ は X の閉部分空間であり, 次の性質を持つ非負の整数 s が存在する:

$$(4.10) \qquad X = \mathcal{R}(L^0) \supset \mathcal{R}(L) \supset \mathcal{R}(L^2) \supset \cdots \supset \mathcal{R}(L^s) = \mathcal{R}(L^{s+1}) = \cdots.$$

証明 すべての $n \geq 1$ に対して $L^n = I - T_n$ $(T_n \in \mathcal{K}(X))$ であったから, リースの第 2 定理により $\mathcal{R}(L^n)$ は X の閉部分空間である. また, $\mathcal{R}(L^{n+1}) = L^n(L(X)) \subseteq \mathcal{R}(L^n)$ であるから, $\{\mathcal{R}(L^n)\}$ は n について単調減少である. さらに, ある m について等号 $\mathcal{R}(L^m) = \mathcal{R}(L^{m+1})$ が起これば, すべての $n \geq m+1$

について等号 $\mathcal{R}(L^n) = \mathcal{R}(L^{n+1})$ が成り立つ. 従って, (4.10) のような s が存在するか, すべてが不等号になるかのいずれかである. もし後者が起こったとすれば, 値域 $\mathcal{R}(L^n)$ はみな閉部分空間であるから, 定理 4.19 の証明と同様にリースの補題から矛盾が導かれる. 故に, (4.10) を満たす s が存在する. □

4.2.5. リース数 リースの第 3 定理を証明しよう.

リースの第 3 定理の証明 (第 1 段) 定理 4.19 と定理 4.21 によって定まる番号 r と s が一致することを示そう. まず $r > s$ を仮定する. 任意に $x \in \mathcal{N}(L^r)$ を取れば, $r - 1 \geq s$ であるから $\mathcal{R}(L^r) = \mathcal{R}(L^{r-1})$ がわかる. 従って, $L^{r-1}x = L^r y$ を満たす $y \in X$ が存在する. r の定義により $L^{r+1}y = L^r x = 0$ であるから $y \in \mathcal{N}(L^{r+1}) = \mathcal{N}(L^r)$ を得る. これから, $L^{r-1}x = L^r y = 0$ となって $x \in \mathcal{N}(L^{r-1})$ がわかる. すなわち, $\mathcal{N}(L^r) = \mathcal{N}(L^{r-1})$ であるが, これは r の定義に反する. 故に, $r \leq s$ が示された.

次に, $r < s$ を仮定する. 任意に $x \in \mathcal{R}(L^{s-1})$ を取ると, $x = L^{s-1}y$ を満たす $y \in X$ が存在する. s の定義により $\mathcal{R}(L^s) = \mathcal{R}(L^{s+1})$ であるから, $L^s y = L^{s+1}z$ を満たす $z \in X$ が存在する. このときは, $s - 1 \geq r$ であるから, $y - Lz \in \mathcal{N}(L^s) = \mathcal{N}(L^{s-1})$ を得る. 従って, $L^{s-1}y = L^s z$ となって $x = L^{s-1}y = L^s z \in \mathcal{R}(L^s)$ がわかる. x は任意であったから, $\mathcal{R}(L^{s-1}) = \mathcal{R}(L^s)$ を得るが, これは s の定義に反する. 故に, $r \geq s$ が成り立つ. 上の議論と併せて $r = s$ の証明が終った.

(第 2 段) 公式 (4.4) を示そう. まず, 任意に $x \in \mathcal{N}(L^r) \cap \mathcal{R}(L^r)$ を取ると, $L^r x = 0$ でありかつ $x = L^r y$ を満たす $y \in X$ が存在する. このときは, $L^{2r}y = L^r x = 0$ であるから, $y \in \mathcal{N}(L^{2r}) = \mathcal{N}(L^r)$ となり, $x = L^r y = 0$ を得る. x は任意であったから, $\mathcal{N}(L^r) \cap \mathcal{R}(L^r) = \{0\}$ が成り立つ. よって, $\mathcal{N}(L^r) + \mathcal{R}(L^r)$ は部分空間の直和である. すなわち, $\mathcal{N}(L^r) \oplus \mathcal{R}(L^r) \subseteq X$.

最後に逆の包含関係を示す. 任意に $x \in X$ を取れば $L^r x \in \mathcal{R}(L^r) = \mathcal{R}(L^{2r})$ であるから, $L^r x = L^{2r}y$ を満たす $y \in X$ が存在する. このとき, $x - L^r y \in \mathcal{N}(L^r)$ であるから, $x = (x - L^r y) + L^r y$ は x の直和成分 $\mathcal{N}(L^r)$ と $\mathcal{R}(L^r)$ への分解を与える. よって, $X \subseteq \mathcal{N}(L^r) \oplus \mathcal{R}(L^r)$. 故に $X = \mathcal{N}(L^r) \oplus \mathcal{R}(L^r)$ が成り立つ. これで第 3 定理の証明は終った. □

4.2 リース・シャウダーの理論 59

以上でコンパクト作用素に関するリースの基本定理の証明は完了した．これらの基本定理の中で第3定理の特別な場合 $r = s = 0$ は方程式の解法に重要な意味を持ち，リース理論の核心と見なされている．

定理 4.22 $L = I - T$ が単射であるためには L が全射であることが必要十分である．この条件が成り立つとき，L の逆は有界な作用素である．

証明 後半のみを示す．X がバナッハ空間のときは開写像定理が適用できるから，証明すべきことは X が完備でないときだけである．さて，完備性を仮定しない証明は次の通りである．もし L^{-1} が有界でないと仮定すると，単位ベクトルの列 $\{x_n\}$ で $\|L^{-1}x_n\| \geq n$ を満たすものが存在する．今，

$$y_n = L^{-1}x_n/\|L^{-1}x_n\|, \quad z_n = x_n/\|L^{-1}x_n\|$$

とおくと，$\{y_n\}$ は有界であるから，$\{Ty_n\}$ は収束部分列を含む．それを $\{Ty_{n_i}\}$ とし，極限を y と書く．一方，上の定義より $y_{n_i} - Ty_{n_i} = Ly_{n_i} = z_{n_i} \to 0$ であるから，$y_{n_i} = Ty_{n_i} + z_{n_i} \to y$ となる．従って，

$$Ly = \lim_{i \to \infty} Ly_{n_i} = \lim_{i \to \infty} z_{n_i} = 0$$

を得るから，$y \in \mathcal{N}(L)$ がわかる．ところが，L は単射であるから $\mathcal{N}(L) = \{0\}$ より $y = 0$ を得るが，$\{y_{n_i}\}$ は単位ベクトルの列であったから，極限 $y = 0$ は矛盾である．故に，L^{-1} は有界でなければならない． $\square$

4.2.6. シャウダーの貢献 これまで説明したリースの理論に双対空間の視点を補ってフレドホルム理論の抽象化を完成したのがシャウダーで，すでに述べた双対作用素のコンパクト性 (定理 4.13) を基礎として三つの主定理を与えた．以下では，T をノルム空間上のコンパクト作用素とし，$L = I - T$ とおく．

L の核と値域 まず，L とその双対 L' の核と値域の基本関係を述べる．

補題 4.23 L とその双対 L' の核と値域について次が成り立つ．ただし，直交補空間は X と X' からなる双対系に関して取るものとする．

(a) $\mathcal{N}(L') = \mathcal{R}(L)^{\perp}$, $\mathcal{N}(L) = \mathcal{R}(L')^{\perp}$,

(b) $\mathcal{R}(L) = \mathcal{N}(L')^{\perp}$, $\mathcal{R}(L') = \mathcal{N}(L)^{\perp}$.

証明 (a) は単純である. 第 1 式だけ検証すると,

$$\mathcal{R}(L)^{\perp} = \{\, x' \in X' \mid \langle Lx, x' \rangle = 0 \; (\forall x \in X) \,\} = \mathcal{N}(L').$$

他も同様である. さて, (b) についてはリースの三つの基本定理とシャウダーの定理 (定理 4.13) が必要である. (b) の第 1 式を示そう. $Y = \mathcal{N}(L')^{\perp}$ とおくと, (a) より $Y = \mathcal{R}(L)^{\perp\perp} \supseteq \mathcal{R}(L)$ を得る. 従って,

$$\mathcal{N}(L') \subseteq \mathcal{N}(L')^{\perp\perp} = Y^{\perp} \subseteq \mathcal{R}(L)^{\perp} = \mathcal{N}(L')$$

となるから, $Y^{\perp} = \mathcal{R}(L)^{\perp}$. Y と $\mathcal{R}(L)$ は余次元が有限な閉部分空間であるから, $Y = \mathcal{R}(L)$ がわかる. 故に, $\mathcal{R}(L) = \mathcal{N}(L')^{\perp}$.

第 2 式を示すにはシャウダーの定理により T' もコンパクトであることを利用する. すなわち, $Z = \mathcal{N}(L)^{\perp}$ とおけば, $Z = \mathcal{R}(L')^{\perp\perp} \supseteq \mathcal{R}(L')$ より,

$$\mathcal{N}(L) \subseteq \mathcal{N}(L)^{\perp\perp} = Z^{\perp} \subseteq \mathcal{R}(L')^{\perp} = \mathcal{N}(L).$$

よって, $Z^{\perp} = \mathcal{R}(L')^{\perp}$ が成り立つ. Z と $\mathcal{R}(L')$ は余次元が有限な閉部分空間で $\mathcal{R}(L') \subseteq Z$ を満たすから, $\mathcal{R}(L') = Z = \mathcal{N}(L)^{\perp}$ でなければならない. □

斉次方程式の解の個数 まず, フレドホルム型の斉次方程式を調べる. 我々の関心は一次独立な解の個数である.

定理 4.24 フレドホルム型斉次方程式 $Lx = 0$ と $L'\varphi = 0$ は同数の有限個の一次独立な解を持つ.

証明 L のリース数 r について場合分けして考える.

(a) $r = 0$ の場合 この場合 L は単射であるから, 定理 4.22 により L は全射でもある. 従って, $\mathcal{N}(L') = \mathcal{R}(L)^{\perp} = X^{\perp} = \{0\}$ が成り立つ. 故に, $\dim \mathcal{N}(L) = 0 = \dim \mathcal{N}(L')$. すなわち, 両方程式とも自明な解しかない.

(b) $r = 1$ の場合 リースの第 3 定理 (定理 4.17) より $X = \mathcal{N}(L) \oplus \mathcal{R}(L)$ が成り立つ. 従って, $\mathcal{N}(L) \cong X/\mathcal{R}(L)$ であるから, 定理 1.25 により

$$\mathcal{N}(L)' \cong (X/\mathcal{R}(L))' \cong \mathcal{R}(L)^{\perp} = \mathcal{N}(L')$$

を得る. $\mathcal{N}(L)$ は有限次元であるから, 線型代数学によりその双対空間と同次元である. よって, $\dim \mathcal{N}(L) = \dim \mathcal{N}(L)' = \dim \mathcal{N}(L')$ がわかる.

(c) $r > 1$ の場合　リースの第 3 定理より $X = \mathcal{N}(L^r) \oplus \mathcal{R}(L^r)$ を得る. 従って, $\mathcal{N}(L^r) \cong X/\mathcal{R}(L^r)$ となるから, 上と同様に

$$\mathcal{N}(L^r)' \cong (X/\mathcal{R}(L^r))' \cong \mathcal{R}(L^r)^\perp = \mathcal{N}((L^r)') = \mathcal{N}((L')^r)$$

が成り立つ. L は $\mathcal{N}(L^r)$ をそれ自身の中に写すから, L の $\mathcal{N}(L^r)$ への制限を L_0 と書けば, L_0 は $\mathcal{N}(L^r)$ 上の線型作用素で $\mathcal{N}(L_0) = \mathcal{N}(L)$ を満たす. 一方, $x \in \mathcal{N}(L^r), \varphi \in \mathcal{N}((L')^r)$ に対しては $\langle L_0 x, \varphi \rangle = \langle L x, \varphi \rangle = \langle x, L' \varphi \rangle$ であるから, $\mathcal{N}((L')^r)$ 上では $L_0' = L'$ がわかる, もちろん, $\mathcal{N}(L_0) = \mathcal{N}(L)$ も正しい. $\mathcal{N}(L^r)$ の次元は有限であるから, これを n とすれば, 線型代数学により $\dim \mathcal{N}(L^r) = \dim \mathcal{N}(L^r)' = n$ が成り立つ. さらに, 任意の行列とその転置行列の階数は一致するから, $\dim \mathcal{R}(L_0) = \dim \mathcal{R}(L_0')$ がわかる. 引き算して

$$\dim \mathcal{N}(L_0) = n - \dim \mathcal{R}(L_0) = n - \dim \mathcal{R}(L_0') = \dim \mathcal{N}(L_0').$$

L に戻って考えれば, $\mathcal{N}(L)$ と $\mathcal{N}(L')$ の次元は等しい.

故に, リース数の大きさによらず定理は正しいことが示された. $\qquad \square$

非斉次方程式の可解性　これだけ準備すれば非斉次フレドホルム型方程式の解の存在に関するフレドホルムの定理の抽象化を示すことができる.

定理 4.25　非斉次方程式 $Lx = b$ が解を持つための必要十分条件は $L'x' = 0$ を満たすすべての $x' \in X'$ に対して $\langle b, x' \rangle = 0$ が成り立つことである.

証明　方程式 $Lx = b$ が解を持つための必要十分条件は右辺 b が L の値域 $\mathcal{R}(L)$ に含まれることである. ところが, 補題 4.23 により $\mathcal{R}(L) = \mathcal{N}(L')^\perp$ であるから, $b \in \mathcal{R}(L)$ であるための必要十分条件は $b \in \mathcal{N}(L')^\perp$ である. これが示すべきことであった. $\qquad \square$

定理 4.26　非斉次方程式 $L'x' = f$ が解を持つための必要十分条件は $Lx = 0$ を満たすすべての $x \in X$ に対して $\langle x, f \rangle = 0$ が成り立つことである.

証明　$L'x' = f$ が解を持つためには $f \in \mathcal{R}(L')$ であることが必要十分であるが, 補題 4.23 により $\mathcal{R}(L') = \mathcal{N}(L)^\perp$ であるから, 定理が成り立つ. $\qquad \square$

定理 4.25 と 4.26 はフレドホルムによる積分方程式の解法に関するいわゆる交代定理の完全な抽象化を与えるものである.

4.2.7. コンパクト作用素のスペクトル X を無限次元のノルム空間とする.

定理 4.27 T を無限次元ノルム空間 X 上のコンパクト作用素とする. このとき, $\lambda = 0$ は必ず T のスペクトル $\sigma(T)$ に属する. さらに, $\sigma(T) \setminus \{0\}$ は高々可算個の重複度有限の固有値であり, 0 以外に集積点はない.

証明 まず, $\lambda = 0$ がレゾルベント集合 $\rho(T)$ に属すると仮定すれば, T^{-1} は有界作用素であるから, $I = T^{-1}T$ はコンパクトである. 従って, X の閉単位球はコンパクトとなるが, これはリースの補題 (補題 4.18) の系に反する.

次に, 0 ではない $\lambda \in \sigma(T)$ を考える. $\lambda I - T = \lambda(I - \lambda^{-1}T)$ と変形してリースの定理 (定理 4.22) を適用すると, もし $\lambda I - T$ が単射ならば, これは全射で有界な逆を持つから, $\lambda \in \rho(T)$ となる. よって, $\lambda I - T$ は単射ではないから, λ は T の固有値であり, その固有空間 $\mathcal{N}(\lambda I - T)$ は有限次元である.

最後に, 任意の正数 M に対して絶対値が M を越える固有値は高々有限個であることを示そう. 仮にこのような固有値が無限個あったとして, $\{\lambda_1, \lambda_2, \dots\}$ とし, 対応する固有ベクトルを $\{x_1, x_2, \dots\}$ とする. これらの固有ベクトルは一次独立であるから, $\{x_1, \dots, x_n\}$ から生成された X の部分空間を F_n とおけば, 狭義に単調増加な閉部分空間の列 $F_1 \subset F_2 \subset \cdots$ が得られる. リースの補題によって, 単位ベクトル $y_n \in F_n$ $(n = 2, 3, \dots)$ で

$$(4.11) \qquad \|y_n - w\| > \frac{1}{2} \qquad (w \in F_{n-1})$$

を満たすものが存在する. y_n は $x_1, \dots, x_n$ の一次結合であるから,

$$y_n = \sum_{j=1}^{n} \alpha_{nj} x_j$$

と表される. 従って, $n > m$ のとき,

$$Ty_n - Ty_m = \sum_{j=1}^{n} \alpha_{nj} \lambda_j x_j - \sum_{j=1}^{m} \alpha_{mj} \lambda_j x_j = \lambda_n y_n - w \qquad (w \in F_{n-1})$$

と変形できるから, (4.11) により

$$\|Ty_n - Ty_m\| = \|\lambda_n y_n - w\| > \frac{|\lambda_n|}{2} \geq \frac{M}{2}$$

演習問題 63

を得る．T はコンパクトであり，$\{y_n\}$ は有界であるから，$\{Ty_n\}$ は収束する部分列を含むはずであるが，これは不可能である．よって，絶対値が M を越える固有値は有限個しか存在しない．　　　　　　　　　　　　　　　　　□

演習問題

4.1　距離空間 (X, d) の部分集合 A が相対コンパクトならば前コンパクトであることを示せ．X が完備ならばこの逆も成り立つことを示せ．

4.2　定理 4.6 を証明せよ．

4.3　$X = \ell^1(\mathbb{N})$, $m \in \ell^\infty(\mathbb{N})$ として，$T \in \mathscr{B}(X)$ を $Tx = mx$ $(x \in X)$ により定義する．このとき，T がコンパクトであるための必要十分条件は $m(n) \to 0$ $(n \to \infty)$ が成り立つことである．これを証明せよ．

4.4　数列ヒルベルト空間 $\ell^2(\mathbb{N})$ 上の作用素 T を次で定義する：
$$T(x) = (0, \alpha_1/2, \alpha_2/3, \dots) \qquad (x = (\alpha_n) \in \ell^2(\mathbb{N})).$$
このとき，T はコンパクトであるが固有値はないことを証明せよ．

4.5　$L^2([0,1])$ 上の積分作用素
$$Kf(s) = \int_0^s du \int_u^1 f(t)\, dt \qquad (0 \le s \le 1)$$
について次に答えよ：

(1)　作用素 K はコンパクトであることを示せ．

(2)　f を K の 0 でない固有値 λ に対応する固有関数とすると，f は無限回微分可能であることを示せ．

(3)　K のスペクトルを求めよ．

ヒント：$F = Kf$ とおいて F に関する微分方程式を考えてみよ．

4.6　2 変数関数 K を $K(s,t) = 1$ $(0 \le t \le s \le 1)$, $= 0$ $(0 \le s < t \le 1)$ と定義して，$L^2([0,1])$ 上の作用素 V を次で定義する：
$$Vf(s) = \int_0^1 K(s,t)f(t)\, dt.$$

(1)　$\mathscr{N}(V) = \{0\}$ であることを示せ．

(2)　$\mathscr{R}(V)$ は $L^2([0,1])$ で稠密であることを示せ．

(3)　V^n を計算せよ．

(4)　$r(V) = 0$ を示せ．$r(V) = 0$ を満たす作用素を**一般冪零**であるという．

第 5 章

線型作用素の関数

バナッハ空間上の有界作用素 T のスペクトル $\sigma(T)$ 上またはその近傍で
定義された関数 f に T を代入して新しい作用素 $f(T)$ を作り出す方法
が作用素の関数法 (functional calculus) である．これに付随するのがス
ペクトル写像定理で，「$S = f(T)$ ならば $\sigma(S) = f(\sigma(T))$」すなわち
「$\sigma(f(T)) = f(\sigma(T))$」を主張する．

§5.1 では最も基本的な場合として f が複素平面 $\mathbb{C}$ 上の多項式 $p(z)$ の
場合を考察する．次に，多項式の解析性を発展させたリース・ゲルファン
ト・ダンフォードによる正則関数法を説明する．§5.2 ではヒルベルト空間
の場合を考える．我々は対角化可能な作用素として特に T が自己共役な場
合を説明する．この場合には $\sigma(T)$ 上の任意の連続関数 f に T を代入す
る《連続関数法》が成立する．これは第 6 章でリースの表現定理を仲介と
して《ボレル関数法》に発展する準備でもある．

5.1. 基本の考え方

5.1.1. 関数法とスペクトル写像定理　バナッハ空間 X 上の有界な線型作用
素 T の**関数法**とは T のスペクトル $\sigma(T)$ 上またはその近傍で定義された関数
f に T を代入して新たな作用素 $f(T)$ を作り出す一つの計算法を指す．このよ
うにして得られた作用素 $f(T)$ のスペクトルと T 自身のスペクトルの間に等式

$$\sigma(f(T)) = f(\sigma(T))$$

が成り立つことを主張するのがスペクトル写像定理である．

5.1 基本の考え方　　　65

　最も基本的な場合として f が多項式のときを考えよう. 複素平面 $\mathbb{C}$ 上の一変数多項式の全体の作る多元環を $\mathbb{C}[z]$ と書く. 従って, 任意の $p \in \mathbb{C}[z]$ は

$$(5.1) \quad p(z) = \alpha_0 + \alpha_1 z + \cdots + \alpha_n z^n \qquad (n \geq 0, \ \alpha_0, \ldots, \alpha_n \text{ は複素定数})$$

と表される. さて, $T \in \mathscr{B}(X)$ とする. T の p への代入を

$$(5.2) \qquad\qquad p(T) = \alpha_0 I + \alpha_1 T + \cdots + \alpha_n T^n$$

と定義する. ただし, I は X 上の恒等作用素である.

定理 5.1 対応 $p \mapsto p(T)$ は $\mathbb{C}[z]$ から $\mathscr{B}(X)$ への写像で次を満たす.

　(a)　$p \mapsto p(T)$ は $\mathbb{C}[z]$ から $\mathscr{B}(X)$ への多元環の準同型である. すなわち, $p, q \in \mathbb{C}[z]$, $\alpha \in \mathbb{C}$ として次が成り立つ :

　　(a1)　$(p + q)(T) = p(T) + q(T)$,

　　(a2)　$(\alpha p)(T) = \alpha p(T)$,

　　(a3)　$(pq)(T) = p(T)q(T)$,

　　(a4)　$p(z) \equiv 1$ ならば $p(T) = I$, また $f(z) = z$ ならば $p(T) = T$.

　(b)　$\sigma(p(T)) = p(\sigma(T))$.

　(c)　λ が T の固有値ならば $p(\lambda)$ は $p(T)$ の固有値である.

証明　(a)　これは単純な計算であるから省略する.

　(b)　まず, $\lambda \in \sigma(T)$ を取る. このとき, $p(\lambda) - p(z) = (\lambda - z)q(z)$ を満たす $q \in \mathbb{C}[z]$ があるから, T を代入すると $p(\lambda)I - p(T) = (\lambda I - T)q(T)$ が得られる. この右辺は非可逆であるから, 左辺も同様で $p(\lambda) \in \sigma(p(T))$ が成り立つ. 故に, $p(\sigma(T)) \subseteq \sigma(p(T))$.

　次に, $\mu \in \sigma(p(T))$ を任意に取る. $\mu - p(z) = \alpha(\mu_1 - z)(\mu_2 - z) \cdots (\mu_m - z)$ を因数分解とすれば, T を代入して次を得る :

$$\mu I - p(T) = \alpha(\mu_1 I - T)(\mu_2 I - T) \cdots (\mu_m I - T).$$

もし $\mu_1, \ldots, \mu_m$ がすべて $\rho(T)$ に属するならば, 上式の右辺の各因数は可逆であるから, その積も同様である. 従って左辺も可逆になるが, これは矛盾であるから, 少なくとも一つの μ_j が $\sigma(T)$ に属する. 例えば, $\mu_1 \in \sigma(T)$ とすれば, $\mu = p(\mu_1) \in p(\sigma(T))$. よって, $\sigma(p(T)) \subseteq p(\sigma(T))$.

(c) λ が T の固有値で x が対応する固有ベクトルならば,$T^2x = T(Tx) = T(\lambda x) = \lambda^2 x$ となるから,λ^2 は T^2 の固有値で,x が固有ベクトルであることがわかる.一般の $p \in \mathbb{C}[z]$ についても同様の計算をすればよい. □

5.1.2. 定義域の制限 上では多項式 $p(z)$ に作用素 $T \in \mathscr{B}(X)$ を代入して新しい作用素 $p(T)$ を作ったが,我々の関心は次の二点にある:

(1) 多項式 $p(z)$ のどの特性がこの構成に必要なのか.

(2) 作用素 T の固有値はこの構成にどのように関わっているのか.

これらを調べるには X が有限次元の場合を見るのがわかりやすい.X を n 次元空間とし T をその上の作用素とする.X のノルムはどれでも同等であるから特に指定しない.X の基底を定めればそれに伴い T は行列で表示される.すなわち,基底 $\{v_1, \ldots, v_n\}$ に対応する行列 $A = (\alpha_{ij})$ は

$$Tv_i = \sum_{j=1}^{n} \alpha_{ji} v_j \qquad (i = 1, 2, \ldots, n)$$

で与えられる.または,まとめて書けば次となる:

$$T(v_1, \ldots, v_n) = (Tv_1, \ldots, Tv_n) = (v_1, \ldots, v_n)A.$$

$\{w_1, \ldots, w_n\}$ も X の基底ならば対応する行列 $B = (\beta_{ij})$ は

$$(5.3) \qquad\qquad B = P^{-1}AP$$

を満たす.ここで $P = (p_{ij})$ は $\{v_i\}$ から $\{w_i\}$ への基底変換の行列で

$$w_i = \sum_{j=1}^{n} p_{ji} v_j \quad \text{または} \quad (w_1, \ldots, w_n) = (v_1, \ldots, v_n)P$$

によって定義される.このような行列 A と B は相似であるといわれる.

定義 5.2 作用素 T が**対角化可能**とは X の基底を適当に取れば対応する T の行列が対角行列になることをいう.または,もし T が行列 A で表示されているときは A が対角行列に相似になることをいう.

もし T が基底 $\{v_1, \ldots, v_n\}$ に対して対角行列で表示されるとしその行列を

$$D = \begin{pmatrix} \lambda_1 & & \\ & \ddots & \\ & & \lambda_n \end{pmatrix}$$

(対角成分以外は 0) とおけば,

$$T(v_1, \ldots, v_n) = (\lambda_1 v_1, \ldots, \lambda_n v_n) \quad \text{すなわち} \quad Tv_i = \lambda_i v_i \quad (1 \le i \le n)$$

であるから, 各 λ_i は固有値で v_i はそれに対応する固有ベクトルである. 従ってこの場合は任意の多項式 $p \in \mathbb{C}[z]$ に対して $p(T)v_i = p(\lambda_i)v_i$ であるから

$$p(T)(v_1, \ldots, v_n) = (v_1, \ldots, v_n) \begin{pmatrix} p(\lambda_1) & & \\ & \ddots & \\ & & p(\lambda_n) \end{pmatrix}$$

が成り立つ. 換言すれば, T が対角化可能なときは $p(T)$ は $p(z)$ の T の固有値における値だけで決定する.

次に対角化されない場合を考える. ジョルダン標準形の理論によれば固有値が λ のみの対角化されない行列は様々な次数のジョルダン細胞と呼ばれる行列の直和に相似になる. ここで固有値 λ に対する次数 l の**ジョルダン細胞**とは

$$(5.4) \qquad E_{\lambda,l} = \begin{pmatrix} \lambda & & & \\ 1 & \lambda & & \\ & \ddots & \ddots & \\ & & 1 & \lambda \end{pmatrix}$$

の形の l 次行列で, 対角成分は全部 λ, 一つ下の劣対角成分は全部 1, それ以外は全部 0 である ([**B4**, 第 10 章] 参照). 簡単のため $l = 2, 3$ の場合を考える.

(a) $l = 2$ のときは $I = \begin{pmatrix} 1 & 0 \\ 0 & 1 \end{pmatrix}$, $N = \begin{pmatrix} 0 & 0 \\ 1 & 0 \end{pmatrix}$ とおけば $N^2 = 0$ であるから二項定理によって次が得られる:

$$E_{\lambda,2}^n = (\lambda I + N)^n = \lambda^n I + \binom{n}{1} \lambda^{n-1} N = \begin{pmatrix} \lambda^n & 0 \\ n\lambda^{n-1} & \lambda^n \end{pmatrix} \qquad (n \ge 1).$$

従って, 任意の多項式 $p(z) \in \mathbb{C}[z]$ に対して

$$p(E_{\lambda,2}) = \begin{pmatrix} p(\lambda) & 0 \\ p'(\lambda) & p(\lambda) \end{pmatrix}.$$

(b) $l = 3$ に対しては同様の計算で

$$p(E_{\lambda,3}) = \begin{pmatrix} p(\lambda) & 0 & 0 \\ p'(\lambda) & p(\lambda) & 0 \\ p''(\lambda)/2! & p'(\lambda) & p(\lambda) \end{pmatrix}.$$

これらの例から推察されることは対角化されない作用素 T を多項式 $p(z)$ に代入して新しい作用素 $p(T)$ を構成するときはスペクトル上の $p(z)$ の値だけでなくて，$p(z)$ の導関数の値も必要とされることであり，導関数の次数も次元と共に高くなることである．

この考察の延長線上に次の正則関数法の理論がある．すなわち，作用素 A のスペクトル $\sigma(A)$ 上の関数 $f(z)$ であってしかも $\sigma(A)$ 上のすべての点 λ で $f^{(n)}(\lambda)$ $(n = 0, 1, \dots)$ が意味を持つものとしては $\sigma(A)$ の近傍で定義された正則関数が浮かんでくるが，これが正しい選択であることを示したのがリース・ゲルファント・ダンフォードの関数法である．

5.1.3. リース・ゲルファント・ダンフォードの関数法 $T \in \mathcal{B}(X)$ のスペクトル $\sigma(T)$ を含む開集合上で定義された正則関数の全体を $\mathcal{H}(T)$ と書く．$f \in \mathcal{H}(T)$ の定義域 $\mathcal{D}(f)$ は f と共に変わってよいとし，f は $\mathcal{D}(f)$ の各成分上で正則であればよいとする．また，$f, g \in \mathcal{H}(T)$ の和と積は次で定義される：

$$(f + g)(z) = f(z) + g(z), \quad (f \cdot g)(z) = f(z)g(z) \qquad (z \in \mathcal{D}(f) \cap \mathcal{D}(g)).$$

スカラー倍は同じ定義域を持つものとする．また，$\{f_n\}$ が f に広義一様収束するとは，$\mathcal{D}(f)$ の任意のコンパクト部分集合 K に対し n を十分大きくすれば，$K \subset \mathcal{D}(f_n)$ でかつ K 上で一様に $f_n(z) \to f(z)$ を満たすことをいう．

定義 5.3 $\mathcal{H}(T)$ から $\mathcal{B}(X)$ への写像 $f \mapsto f(T)$ が**正則関数法**であるとは次の3条件を満たすことをいう：

(1) $f \mapsto f(T)$ は多元環の準同型である．すなわち

 (a) $(\alpha f + \beta g)(T) = \alpha f(T) + \beta g(T)$,

 (b) $(f \cdot g)(T) = f(T)g(T)$.

(2) p が多項式ならば $p(T)$ は通常の代入と一致する．

(3) f_n が f に広義一様収束するならば $f_n(T)$ は $f(T)$ にノルム収束する．

さて，このような関数法を構成しよう．このため $f \in \mathscr{H}(T)$ を任意に取る．これに対し C を $\mathscr{D}(f)$ の中で $\sigma(T)$ を正の向きに囲む積分路として

$$(5.5) \qquad f(T) = \frac{1}{2\pi i} \int_C f(\lambda) R(\lambda; T) \, d\lambda$$

と定義する．積分路 C は T のレゾルベント集合 $\rho(T)$ に含まれているから，$R(\lambda; T)$ は C 上でノルムに関して連続である．従って，右辺の積分はノルムの意味で収束し $\mathscr{B}(X)$ の元を定義する．$R(\lambda; T)$ は $\rho(T)$ で正則であるから，コーシーの定理によりこの積分は C の選び方によらず，f のみで決まる．

定理 5.4 (リース・ゲルファント・ダンフォード) すべての $T \in \mathscr{B}(X)$ に対し (5.5) で定義した $\mathscr{H}(T)$ から $\mathscr{B}(X)$ への写像 $f \mapsto f(T)$ は正則関数法である．

証明 定義 5.3 の条件 (1) (b)，(2) と (3) を証明する．

(1) (b) 定義式 (5.5) の積分路 C は $\mathscr{D}(f) \cap \mathscr{D}(g)$ の中に共通に取ることができるが，さらに g については少しずらして計算する．すなわち，例えば C を少し外側に (C が囲む領域を内部に含むように) ずらしたものを C' とする．このときは，次のように計算して求める結果が得られる：

$$
\begin{aligned}
f(T)g(T) &= -\frac{1}{4\pi^2} \left\{ \int_C f(\lambda) R(\lambda; T) \, d\lambda \right\} \left\{ \int_{C'} g(\mu) R(\mu; T) \, d\mu \right\} \\
&= -\frac{1}{4\pi^2} \int_C \int_{C'} f(\lambda) g(\mu) R(\lambda; T) R(\mu; T) \, d\mu \, d\lambda \\
&= -\frac{1}{4\pi^2} \int_C \int_{C'} \frac{f(\lambda) g(\mu)(R(\lambda; T) - R(\mu; T))}{\mu - \lambda} \, d\mu \, d\lambda \\
&= -\frac{1}{4\pi^2} \int_C f(\lambda) R(\lambda; T) \left\{ \int_{C'} \frac{g(\mu)}{\mu - \lambda} \, d\mu \right\} d\lambda \\
&\qquad + \frac{1}{4\pi^2} \int_{C'} g(\mu) R(\mu; T) \left\{ \int_C \frac{f(\lambda)}{\mu - \lambda} \, d\lambda \right\} d\mu \\
&= \frac{1}{2\pi i} \int_C f(\lambda) g(\lambda) R(\lambda; T) \, d\lambda \\
&= (f \cdot g)(T).
\end{aligned}
$$

(2) 多項式 $p(z)$ について考える．$p(z)$ は整関数であるから，定義 (5.5) の積分路 C を半径が $\|T\|$ より大きな円 $|\lambda| = R$ で置き換えることができる．こ

のとき $R(\lambda; T)$ はノイマン級数に展開できるから,$p_n(z) = z^n$ については

$$p_n(T) = \frac{1}{2\pi i} \int_{|\lambda|=R} \lambda^n \sum_{k=0}^{\infty} \frac{T^k}{\lambda^{k+1}} \, d\lambda = T^n.$$

従って,多項式 $p(z) = \sum_{n=0}^{N} \alpha_n z^n$ に対しては $p(T) = \sum_{n=0}^{N} \alpha_n p_n(T) = \sum_{n=0}^{N} \alpha_n T^n$ であるから,リース・ゲルファント・ダンフォードの関数法は多項式については通常の代入で得られるものと同じである.

(3) 積分路 C は $\mathcal{D}(f)$ のコンパクト部分集合であるから,f_n は C 上で f に一様収束する.従って,C の長さを $l(C)$ として

$$\|f_n(T) - f(T)\| \leq \frac{1}{2\pi} l(C) \sup_{\lambda \in C} |f_n(\lambda) - f(\lambda)| \sup_{\lambda \in C} \|R(\lambda; T)\|$$

が成り立つ.レゾルベント $R(\lambda; T)$ は C 上で有界であるから,この右辺は $n \to \infty$ のとき 0 に収束する.故に $f_n(T)$ は $f(T)$ にノルム収束する. $\square$

定理 5.5 (スペクトル写像定理) $f \in \mathcal{H}(T)$ ならば $\sigma(f(T)) = f(\sigma(T))$. 特に λ が T の固有値ならば $f(\lambda)$ は $f(T)$ の固有値である.

証明 $\lambda \in \sigma(T)$ とすると,

$$g(z) = \begin{cases} \dfrac{f(\lambda) - f(z)}{\lambda - z} & (z \neq \lambda), \\ f'(\lambda) & (z = \lambda) \end{cases}$$

は $\mathcal{H}(T)$ の元で $(\lambda - z)g(z) = f(\lambda) - f(z)$ を満たす.よって定理 5.4 により

(5.6) $$f(\lambda)I - f(T) = (\lambda I - T)g(T) = g(T)(\lambda I - T)$$

が成り立つ.ここで $\lambda I - T$ は可逆ではないから $f(\lambda)I - f(T)$ も同様である.従って,$f(\lambda) \in \sigma(f(T))$ が得られる.故に $f(\sigma(T)) \subseteq \sigma(f(T))$.

逆を示すために $\mu \notin f(\sigma(T))$ を仮定する.このとき $f(z) - \mu$ は $\sigma(T)$ 上で 0 にならないから,$h(z) = (f(z) - \mu)^{-1} \in \mathcal{H}(T)$ がわかる.従って,定理 5.4 により $h(T)(f(T) - \mu I) = I$ を得るから,$\mu \notin \sigma(f(T))$.この対偶を取れば $\sigma(f(T)) \subseteq f(\sigma(T))$.故に $\sigma(f(T)) = f(\sigma(T))$.

最後に,λ が T の固有値で x がそれに対する固有ベクトルとする.このときは (5.6) より $(f(\lambda)I - f(T))x = g(T)(\lambda I - T)x = 0$ を得るから $f(\lambda)$ は $f(T)$ の固有値である. $\square$

5.2. ヒルベルト空間上の関数法

ここで述べるヒルベルト空間上の関数法はスペクトル分解定理を導くための準備である. スペクトル分解定理はすべてのエルミート行列 (特に実対称行列) は対角行列にユニタリー同値であるという線型代数学の基本命題をヒルベルト空間上の作用素に拡張しようとするものである. エルミート行列 A は $A = A^*$ として定義される. これに対応するヒルベルト空間上の作用素は自己共役である. それで以下では自己共役作用素に対する関数法を説明する.

5.2.1. 自己共役作用素の基本性質　$A \in \mathscr{B}(H)$ を自己共役作用素とする. まず, これまでに知られていることを復習しよう.

(a)　$\|A\| = \sup_{\|x\|=1} |(Ax \mid x)|$　(定理 2.11).

(b)　$\sigma(A) \subset \mathbb{R}$　(定理 3.21).

(c)　$\sigma(A)$ の最小値と最大値は次の m_A と M_A である:
$$m_A = \inf_{\|x\|=1} (Ax \mid x), \quad M_A = \sup_{\|x\|=1} (Ax \mid x) \quad (定理\ 3.23).$$

従って, 自己共役な A のノルム $\|A\|$ はスペクトル半径 $r(A)$ に等しい. これは正規作用素に対する結果 (定理 3.18) の特別な場合であるが, 自己共役作用素についてはブーリン・ゲルファント公式なしで証明することができる.

5.2.2. 多項式への代入　自己共役作用素 A を関数に代入して新しい作用素を作り出す問題を考えよう. まず, 多項式への代入から始める. 定理 5.1 で一般論があるが, 改めて考える. t を変数とする複素係数の多項式環を $\mathbb{C}[t]$ と書く. 係数が実数のときは $\mathbb{R}[t]$ と書く. すなわち, $p \in \mathbb{K}[t]$ により

$$(5.7) \qquad p(t) = \alpha_0 + \alpha_1 t + \cdots + \alpha_n t^n \qquad (n \geq 0,\ \alpha_0, \ldots, \alpha_n \in \mathbb{K})$$

を表すことにする. ただし, $\mathbb{K}$ は $\mathbb{C}$ または $\mathbb{R}$ である. 従って, $\mathbb{K}[t]$ はスカラーを $\mathbb{K}$ とする多元環である.

補題 5.6　$p \in \mathbb{R}[t]$ ならば $p(A)$ は自己共役である.

証明　$p(T)$ は (5.7) の形とすれば各 α_k は実数であるから計算は次の通り:

$$p(A)^* = \left(\sum_{k=0}^n \alpha_n A^k \right)^* = \sum_{k=0}^n \bar{\alpha}_n A^{*k} = \sum_{k=0}^n \alpha_n A^k = p(A). \qquad \square$$

従って，$\mathcal{B}_h(H)$ を有界な自己共役作用素の全体とすれば次が成り立つ：

定理 5.7 対応 $p \mapsto p(A)$ は $\mathbb{R}[t]$ から $\mathcal{B}_h(H)$ への写像で次を満たす．ただし，$p, q \in \mathbb{R}[t]$, $\alpha \in \mathbb{R}$ とする．

   (a) $(p+q)(A) = p(A) + q(A)$, $(\alpha p)(A) = \alpha p(A)$, $(pq)(A) = p(A)q(A)$.

   (b) $\sigma(p(A)) = p(\sigma(A))$.

   (c) λ が A の固有値ならば $p(\lambda)$ は $p(A)$ の固有値である．

   (d) B が A と可換な有界作用素ならば B は $p(A)$ とも可換である．

証明 代入する多項式の変数は z から t に変わっているが，代入した結果 $p(A)$ は変数の記号には関係ないから，定理 5.1 で T を A に置き換えた結果は全部正しい．実質的な変化は A のスペクトル $\sigma(A)$ が関わる部分である．すなわち，自己共役作用素の場合は $\sigma(A) \subset \mathbb{R}$ であるから，命題 (b) の右辺の $p(\sigma(A))$ には多項式 p の実軸上の値だけが必要である．以下でわかることであるが，p の (複素) 微分は必要がない．これが変数を実軸に限った理由である．   □

系 任意の $p(t) \in \mathbb{R}[t]$ に対して

$$(5.8) \qquad \|p(A)\| = r(p(A)) = \max\{\, |p(t)| \mid t \in \sigma(A) \,\}.$$

特に，$\sigma(A)$ の最小値と最大値をそれぞれ m_A, M_A とすれば，

$$(5.9) \qquad \|p(A)\| \leq \max\{\, |p(t)| \mid t \in [m_A, M_A] \,\}.$$

証明 スペクトル半径の定義に当てはめて計算すればよい．   □

5.2.3. 連続関数への代入 次に，A を連続関数に代入しよう．上で注意したように，A の多項式 p への代入において必要なのは実は p のスペクトル $\sigma(A)$ 上の値だけであった．この事実は連続関数への代入で初めて明らかになる．

我々は $C(S)$ によりコンパクト集合 S 上のすべての複素数値連続関数の作るバナッハ空間 (例 1.15 参照) にさらに関数の積 $(fg)(t) = f(t)g(t)$ を追加してできるバナッハ環 (詳しくは第 9 章参照) を表す．さらに，$C_{\mathbb{R}}(S)$ により $C(S)$ に属するすべての実数値関数の全体を表すことにする．

補題 5.8 S を実軸 $\mathbb{R}$ 上のコンパクト集合とすると，任意の $f \in C_{\mathbb{R}}(S)$ に対し多項式の列 $p_n(t) \in \mathbb{R}[t]$ で S 上で f に一様収束するものが存在する．

証明 S の最小値を α, 最大値を β とすれば, $[\alpha, \beta] \setminus S$ は高々可算個の互いに素な開区間の合併である. 今, これらの開区間上では線分で f のグラフをつなげば, $[\alpha, \beta]$ 上の連続関数ができる. この連続関数にワイエルシュトラスの定理を適用して区間 $[\alpha, \beta]$ 上で f に一様収束する多項式の列 p_n を作ればこれは S 上でも f に一様収束しているから求めるものである. $\qquad\square$

補題 5.9 $\mathscr{B}_h(H)$ は $\mathscr{B}(H)$ の閉じた実線型部分空間である.

証明 有界な自己共役作用素の和と実数倍がまた自己共役作用素であることは内積を使って計算すればわかる. また, 作用素の列 $A_n \in \mathscr{B}_h(H)$ が $A \in \mathscr{B}(H)$ にノルム収束したとすれば, 定理 2.7 (d) により共役演算は等長であるから,

$$\|A^* - A\| \leq \|A^* - A_n^*\| + \|A_n - A\| = 2\|A_n - A\| \to 0 \qquad (n \to \infty)$$

となって $A^* = A$. 故に, $A \in \mathscr{B}_h(H)$ となり $\mathscr{B}_h(H)$ は閉である. $\qquad\square$

さて, 本題に戻り A を有界な自己共役作用素とする. 今, $f \in C_{\mathbb{R}}(\sigma(A))$ に対し補題 5.8 による多項式の列を p_n とすると, (5.8) により

$$\|p_m(A) - p_n(A)\| = \|(p_m - p_n)(A)\| = r((p_m - p_n)(A))$$
$$= \max_{t \in \sigma(A)} |(p_m - p_n)(t)| \to 0 \qquad (n \to \infty)$$

が成り立つ. すなわち, 作用素の列 $\{p_n(A)\}$ はコーシー列である. 従って, これは $\mathscr{B}(H)$ で収束する. この極限を $f(A)$ と表す. すなわち,

$$(5.10) \qquad\qquad f(A) = \lim_{n \to \infty} p_n(A).$$

補題 5.9 により $\mathscr{B}_h(H)$ は $\mathscr{B}(H)$ で閉じているから $f(A) \in \mathscr{B}_h(H)$ がわかる. また, 作用素 $f(A)$ は f のみで決まり, 近似列 $\{p_n\}$ の選び方にはよらない. 実際, 任意の二つの近似列 $\{p_n\}$ と $\{q_n\}$ があったとすれば, これらを交互に並べた $\{p_1, q_1, p_2, q_2, \ldots\}$ もまた近似列になるからである.

また, $f(A) \in \mathscr{B}_h(H)$ であるから, $\|f(A)\| = r(f(A))$ が成り立つが, 右辺のスペクトル半径は f の $\sigma(A)$ 上の値だけで決まる. これが有界な自己共役作用素 A に対する**連続関数法**の鍵である.

定理 5.10 $A \in \mathscr{B}_h(H)$ とする．このとき，任意の $f \in C_{\mathbb{R}}(\sigma(A))$ に対して $f(A) \in \mathscr{B}_h(H)$ であり，$f, g \in C_{\mathbb{R}}(\sigma(A))$, $\alpha \in \mathbb{R}$ に対して次が成り立つ：

(a) $f \in C_{\mathbb{R}}(\sigma(A))$ が多項式 $p \in \mathbb{R}[t]$ ならば $f(A)$ は $p(A)$ に一致する．

(b) $(f+g)(A) = f(A) + g(A)$, $(\alpha f)(A) = \alpha f(A)$.

(c) $(fg)(A) = f(A)g(A)$.

(d) $\sigma(f(A)) = f(\sigma(A))$. 特に $f \geq 0$ ならば $f(A) \geq 0$ である．

(e) $\|f(A)\| = r(f(A)) = \|f\|_{\sigma(A)}$.

(f) λ が A の固有値ならば，$f(\lambda)$ は $f(A)$ の固有値である．

(g) $B \in \mathscr{B}(H)$ が A と可換ならば，B は $f(A)$ とも可換である．

証明 (d), (f), (g) を証明する．$\{p_n\}$ を f に $\sigma(A)$ 上で一様収束する多項式の列とすると，$\|f(A) - p_n(A)\| \to 0$ $(n \to \infty)$ が成り立つ．

(d) 任意の $s \in \sigma(A)$ に対して $\lambda = f(s)$, $\lambda_n = p_n(s)$ とおく．このときは，定理 5.7(b) により $\lambda_n = p_n(s) \in p_n(\sigma(A)) = \sigma(p_n(A))$ $(n = 1, 2, \dots)$ が成り立つ．もし $\lambda \in \rho(f(A))$ であったとすれば，$\lambda I - f(A) \in GL(H)$ であって，$GL(H)$ は開集合であるから，$\lambda_n I - p_n(A) \to \lambda I - f(A)$ $(n \to \infty)$ より，十分大きな n に対して $\lambda_n - p_n(A) \in GL(H)$ という矛盾に陥る．よって，$\lambda \in \sigma(f(A))$. $s \in \sigma(A)$ は任意であったから，$f(\sigma(A)) \subseteq \sigma(f(A))$ を得る．

次に，$\lambda \notin f(\sigma(A))$ とすれば，$g(t) = (\lambda - f(t))^{-1}$ は $C(\sigma(A))$ の元であって $(\lambda - f(t))g(t) = g(t)(\lambda - f(t)) = 1$ $(t \in \sigma(A))$ を満たす．従って，(c) により $(\lambda I - f(A))g(A) = g(A)(\lambda I - f(A)) = I$ を得るから，$\lambda \in \rho(f(A))$ がわかる．故に，$\sigma(f(A)) = f(\sigma(A)) = f(\sigma(A))$.

(f) λ を A の固有値とし，x が対応する固有ベクトルとすれば，定理 5.7(c) によりすべての n に対して $p_n(A)x = p_n(\lambda)x$ がわかる．ここで n について極限を取れば $f(A)x = f(\lambda)x$ となる．これが示すべきことであった．

(g) B は A と可換であるからすべての $p_n(A)$ とも可換である．よって，$Bf(A) = \lim_n Bp_n(A) = \lim_n p_n(A)B = f(A)B$. $\square$

最後に複素数値連続関数の場合を考察する．今，$f \in C(\sigma(A))$ に対しては，$f = f_1 + if_2$ $(f_1, f_2 \in C_{\mathbb{R}}(\sigma(A)))$ と書いて

(5.11)
$$f(A) = f_1(A) + if_2(A)$$

とおく. このときは $f_1(A), f_2(A) \in \mathscr{B}_h(H)$ であるから,

$$f(A)^* = (f_1(A) + if_2(A))^* = f_1(A)^* - if_2(A)^* = f_1(A) - if_2(A)$$

を得る. 従って, $f \in C(\sigma(A))$ の複素数共役 $\bar{f}$ を $\bar{f}(t) = \overline{f(t)}$ と定義すれば,

$$(5.12) \qquad\qquad f(A)^* = \bar{f}(A)$$

が成り立つ. これから $f_1(A)f_2(A) = (f_1 f_2)(A) = f_2(A)f_1(A)$ を利用して $f(A)f(A)^* = f(A)^*f(A)$ が得られる. 故に, $f(A)$ は正規作用素である.

5.2.4. 平方根, 絶対値, 極分解 連続関数法の応用として作用素の平方根を定義する. $A \in \mathscr{B}(H)$ を正とする. 定義により $\sigma(A) \subset [0, \infty)$ であるから, $\sigma(A)$ 上で関数 $f(t) = t^{1/2}$ は定義され連続である. 従って, f に A を代入できる. これを A の**平方根** $A^{1/2}$ の定義とする. すなわち, $A^{1/2} = f(A)$. $f_0(t)^2 = t$ であるから $(A^{1/2})^2 = A$ が成り立つ. すなわち, $B = A^{1/2}$ は正でかつ $B^2 = A$ を満たす. 定理 5.10 (g) により $A^{1/2}$ は A と可換な作用素と可換である. 最後に平方根の一意性を示そう. そのため, C を $C^2 = A$ を満たす任意の正の作用素とすると, まず $CA = C^3 = AC$ より C は A と可換である. 従って, $B = A^{1/2}$ と可換である. すなわち, $BC = CB$. 今, $x \in H$ を任意に取って $y = (B - C)x$ とおく. $B_1 = B^{1/2}$, $C_1 = C^{1/2}$ とおけば,

$$\begin{aligned}
\|B_1 y\|^2 + \|C_1 y\|^2 &= (B(B - C)x \mid y) + (C(B - C)x \mid y) \\
&= ((B + C)(B - C)x \mid y) = ((B^2 - C^2)x \mid y) = 0.
\end{aligned}$$

従って $B_1 y = C_1 y = 0$. これから $By = B_1^2 y = 0$ と $Cy = C_1^2 y = 0$ となり

$$\|(B - C)x\|^2 = ((B - C)^2 x \mid x) = ((B - C)y \mid x) = 0$$

が得られる. 故に $C = B$. これを定理にまとめておく.

定理 5.11 任意の正作用素 A に対して正の平方根が一意に存在する. これを $A^{1/2}$ と書く. これは A と可換なすべての作用素 $S \in \mathscr{B}(H)$ と可換である.

次に, 任意の $T \in \mathscr{B}(H)$ の**絶対値** $|T|$ は正作用素 T^*T の平方根として定義される. すなわち, $|T| = (T^*T)^{1/2}$. 定義により任意の $x \in H$ に対して

$$\|Tx\|^2 = (T^*Tx \mid x) = (|T|^2 x \mid x) = \||T|x\|^2$$

が成り立つ. 従って, $\mathfrak{R}(|T|)$ から $\mathfrak{R}(T)$ への写像 $|T|x \mapsto Tx$ は一意に定義される. 実際, $|T|x = |T|y$ ならば $\|Tx - Ty\| = \|T(x-y)\| = \||T|(x-y)\| = 0$ となって $Tx = Ty$ が成り立つからである. この写像を W と書く. すなわち, $W(|T|x) = Tx\ (x \in H)$ とおく. 簡単な計算で, W は $\mathfrak{R}(|T|)$ から $\mathfrak{R}(T)$ への等長な線型作用素であることが確かめられる. 我々は W を連続性により $\mathfrak{R}(|T|)$ の閉包まで拡張し, さらに $\mathfrak{R}(|T|)$ の直交補空間 $\mathfrak{R}(|T|)^\perp$ 上で 0 と定義する. このように定義した W は部分等長作用素と呼ばれるものである.

定義 5.12 $W \in \mathscr{B}(H)$ がその核の直交補空間 $\mathfrak{N}(W)^\perp$ 上で等長作用素であるとき**部分等長**であるという. なお, $\mathfrak{N}(W)^\perp$ と $\mathfrak{R}(W)$ をそれぞれ W の**始空間**, **終空間**と呼ぶ.

定理 5.13 任意の $T \in \mathscr{B}(H)$ に対して $T = W|T|$ で $\mathfrak{N}(W) = \mathfrak{N}(|T|)$ を満たす部分等長作用素 W が一意に存在する. この表示を T の**極分解**という.

演習問題

5.1 $T \in \mathscr{B}(X)$ が可逆ならば, T の逆 T^{-1} のスペクトルは T のスペクトルの点の逆数の全体に一致することを示せ.

5.2 任意の正数 R に対して $\mathscr{P}_R$ により収束半径が R より大きい冪級数

$$s(z) = \sum_{n=0}^{\infty} \alpha_n z^n \qquad (\alpha_n \in \mathbb{C})$$

の全体の作る多元環とする. このとき, X をバナッハ空間として次を示せ.

(1) 任意の $T \in \mathscr{B}(X)$ と任意の $s \in \mathscr{P}_{\|T\|}$ に対し $\sum_{n=0}^{\infty} \alpha_n T^n$ はノルム収束する. これを $s(T)$ と書く.

(2) 対応 $\Phi_T : s \mapsto s(T)$ は $\mathscr{P}_{\|T\|}$ から $\mathscr{B}(X)$ への多元環の準同型である.

5.3 定義 5.3 で述べた (抽象的な) 正則関数法は実はリース・ゲルファント・ダンフォードの関数法で与えられるものに限るという意味で一意であることを示せ.

5.4 $W \in \mathscr{B}(H)$ に対し次は同値であることを示せ: (a) W は部分等長作用素, (b) W^*W は射影作用素, (c) W^* は部分等長作用素, (d) WW^* は射影作用素.

5.5 $T \in \mathscr{B}(H)$ の極分解 $T = W|T|$ について次を示せ:

(1) $W^*W|T| = |T|$, (2) $WW^*T = T$, (3) $|T| = W^*T$.

第 2 部

ヒルベルト空間上の自己共役作用素

第 6 章

有界作用素のスペクトル分解定理

スペクトル分解定理は対角化可能な作用素に対し対角表示の公式を与える.
本書では掛け算作用素型のスペクトル分解定理を基本としてそれからスペクトル測度による伝統的な分解定理を導く. 掛け算型定理は自己共役作用素 A はある測度空間 (Ω, μ) 上のヒルベルト空間 $L^2(\Omega, \mu)$ の掛け算作用素 M_ϕ とユニタリー同値であることを主張するもので, A に関するスペクトルの性質は関数 ϕ の言葉で言い表される.

本章では §6.1 で有限次元の場合のスペクトル分解を概観した後, §6.2 では一般の有界自己共役作用素の掛け算作用素型のスペクトル分解定理, §6.3 では直交射影を値とする測度に基づくスペクトル分解定理を導く. さらに, §6.4 ではユニタリー作用素のスペクトル分解を説明し, §6.5 ではコンパクトな自己共役作用素にスペクトル分解定理を適用する.

6.1. スペクトル分解定理への準備

主題に入る前に二つの事柄を準備する. スペクトル分解定理はユークリッド空間の対称行列は座標軸の回転で対角行列に変換されるという主軸定理の無限次元への一般化と見なされている. それでまずユークリッド空間の理論を簡単に振り返りたい. もう一つは技術的なことで, 数直線の有界閉集合 S 上の実数値連続関数の空間 $C_\mathbb{R}(S)$ の双対空間を特徴付ける結果である. これはリースの表現定理と呼ばれるもので $C_\mathbb{R}(S)$ 上の正の線型汎関数はスチルチェス積分で書けるということを, 抽象的に表したものである. 正確な理解は測度論を必要とするが, 作用素に使うだけなら特別な知識はいらない. ただ慣れるだけである.

6.1.1. 行列対角化の作用素論　一般化のモデルとなる有限次元の場合から話を始めよう．これは主軸問題と呼ばれる線型代数学の重要な主題の一つで，習っている読者も多いと思われるから，線型代数学を経由しない説明を試みる．

A を有限次元ヒルベルト空間 H 上の対称作用素とする．このとき，

(S$_1$)　A のスペクトル $\sigma(A)$ はすべて実数で A の相異なる固有値からなる，

(S$_2$)　A のレイリー商 $(Ax\,|\,x)/(x\,|\,x)$ $(x \neq 0)$ の上限と下限は $\sigma(A)$ の最大値と最小値に一致する (定理 3.23 の系 1)，

がわかる．これを利用して極値問題の形で固有値が求められる．すなわち，

(a)　A のレイリー商 $(Ax\,|\,x)/(x\,|\,x)$ に関する次の極値問題を解く：

$$\lambda_1 = \min\left\{ \left. \frac{(Ax\,|\,x)}{(x\,|\,x)} \,\right|\, x \neq 0 \right\}.$$

これは上の性質 (S$_2$) により解を持ち，A の最小の固有値に等しい．従って，

$$H_1 = \mathcal{N}(\lambda_1 I - A) = \{\, x \in H \,|\, (\lambda_1 I - A)x = 0 \,\}$$

は自明でない H の部分空間である．

(b)　H_1 は A によって不変，すなわち $AH_1 \subseteq H_1$, 直交補空間 $H_1^\perp$ も A で不変である．もし $H_1^\perp$ が自明でなければ極値問題

$$\lambda_2 = \min\left\{ \left. \frac{(Ax\,|\,x)}{(x\,|\,x)} \,\right|\, x \in H_1^\perp \setminus \{0\} \right\}$$

は解を持ち，A の下から二番目の固有値を与える．我々は $H_2 = \mathcal{N}(\lambda_2 I - A)$ により λ_2 の固有空間を表す．

(c)　今 A の固有値が下から $\lambda_1 < \lambda_2 < \cdots < \lambda_k$ まで定まったと仮定する．このとき，対応する固有空間を $H_1, \ldots, H_k$ とすれば，これらは互いに直交する H の部分空間である．もし $H \neq H_1 \oplus \cdots \oplus H_k$ ならば $H_1 \oplus \cdots \oplus H_k$ は A で不変であるから，その直交補空間 $(H_1 \oplus \cdots \oplus H_k)^\perp$ も A で不変である．よって次の極値問題は意味を持つ；

$$\lambda_{k+1} = \min\left\{ \left. \frac{(Ax\,|\,x)}{(x\,|\,x)} \,\right|\, x \in (H_1 \oplus \cdots \oplus H_k)^\perp \setminus \{0\} \right\}.$$

この問題の解 λ_{k+1} は A の次の大きさの固有値で，$H_{k+1} = \mathcal{N}(\lambda_{k+1} I - A)$ が対応する固有空間である．

(d) H は有限次元であるから，以上の手続きは有限回で終了し，A の相異なる固有値 $\lambda_1, \ldots, \lambda_m$ と対応する固有空間による H の直交分解が得られる：

$$H = H_1 \oplus \cdots \oplus H_m.$$

さて，H から H_k への直交射影を P_k とおけば任意の $x \in H$ に対して

$$Ax = A\left(\sum_{k=1}^{m} P_k x\right) = \sum_{k=1}^{m} AP_k x = \sum_{k=1}^{m} \lambda_k P_k x$$

が成り立つから

(6.1)
$$A = \sum_{k=1}^{m} \lambda_k P_k.$$

これを A の**スペクトル分解**または**スペクトル表示**という．すなわち，この右辺は作用素 A が固有値 λ_k の固有空間の元に対しては λ_k 倍の作用を表しているということを式で書いたものである．もちろん，$\sum_{k=1}^{m} P_k = I$ である．

6.1.2. スペクトル分解式の解釈　本節の目的は有限次元空間の表示式 (6.1) を一般の (無限次元) ヒルベルト空間に拡張することである．有限次元の場合にはスペクトルは固有値だけであり，個々の固有値に対してそれに対応する固有空間への直交射影を求め，それを固有値を係数とする一次結合として A を表現することができた．それが (6.1) 式である．A を一般のヒルベルト空間 H 上の有界な自己共役作用素とする．定理 3.17 で示したように，A のスペクトルとしては固有値の他に連続スペクトルもあるから，(6.1) に対応する表現を得ようとすると，連続スペクトルにも対応する広義の固有空間への直交射影を求めなければならない．

　我々はこのような直交射影 P を A の関数として求めたい．そのため

$$P = f(A)$$

とおく．P が直交射影である特性 $P = P^*$ と $P^2 = P$ に対応する f の性質は $f = \bar{f}$ ($\bar{f}$ は複素共役) と $f^2 = f$ である．この条件は重複していて，後者だけを考えれば十分である．実際，これから f の値域は 0 または 1 となり，f は $\sigma(A)$ の部分集合の特性関数を表すことがわかる．これを (6.1) の作用素で試してみよう．

例 6.1 簡単な例として (6.1) の作用素 A を考える. まず, 関数 $f(t) = t^2$ に代入してみると, P_k は互いに直交しているから

$$f(A) = \left(\sum_{k=1}^{m} \lambda_k P_k \right)^2 = \sum_{k=1}^{m} \lambda_k^2 P_k$$

がわかる. 実際, 任意の多項式 f に対して

$$f(A) = \sum_{k=1}^{m} f(\lambda_k) P_k$$

が成り立つ. さらに, $J = [\lambda_1, \lambda_m]$ とおくとき, 区間 J 上で多項式の単調減少列の点別極限となるような非負関数についても同様な等式が成り立つ. 例えば, $\lambda \in [\lambda_1, \lambda_m]$ を任意に固定し,

$$e_\lambda(t) = \begin{cases} 1 & (\lambda_1 \le t \le \lambda), \\ 0 & (\lambda < t \le \lambda_m) \end{cases} \qquad (\lambda_1 \le t \le \lambda_m)$$

とおけば, 次が得られる:

$$e_\lambda(A) = \sum_{k=1}^{m} e_\lambda(\lambda_k) P_k = \sum_{\lambda_k \le \lambda} P_k.$$

すなわち, $e_\lambda(A)$ は A の λ 以下の固有値に対応する固有空間の直和への直交射影を表す. これは実は一般のヒルベルト空間のスペクトルに通用する.

6.1.3. リースの表現定理 S を数直線 $\mathbb{R}$ 上の有界閉集合とする. $C_\mathbb{R}(S)$ を S 上の実数値連続関数の全体とする. これは関数の和と実数によるスカラー倍をベクトル演算とする実ベクトル空間であるが, さらに一様ノルム

$$\|f\| = \sup\{ |f(t)| \mid t \in S \} \qquad (f \in C_\mathbb{R}(S))$$

をつけて実バナッハ空間とする. $C_\mathbb{R}(S)$ 上の有界な線型汎関数を L とする. すなわち, L は $C_\mathbb{R}(S)$ 上の実数値関数で

$$L(\alpha f + \beta g) = \alpha L(f) + \beta L(g) \qquad (f, g \in C_\mathbb{R}(S),\ \alpha, \beta \in \mathbb{R}),$$
$$\|L\| = \sup\{ |L(f)| \mid \|f\| \le 1 \} < \infty$$

を満たすものとする. もし線型汎関数 L がすべての非負の $f \in C_\mathbb{R}(S)$ に対して $L(f) \ge 0$ を満たすとき, L は正値であるという. 正値の L は必ず有界である. リースの表現定理は正値線型汎関数の特徴を述べたものである.

定理 6.2 (リースの表現定理)　$C_{\mathbb{R}}(S)$ 上の任意の正値線型汎関数 L に対し S 上の正のボレル測度 μ で次を満たすものが唯一つ存在する：

$$L(f) = \int_S f(t)\, d\mu(t) \qquad (f \in C_{\mathbb{R}}(S)).$$

注意 6.3　測度という言葉は本書でもすでに詳しい説明なしに使ってきたが，慣れていない読者のために簡単に述べておく．この概念は積分に関連して曲線で囲まれた図形など不規則なものの面積を正確に測る工夫から生まれてきたものである．

　上の定理で使ったボレル測度は数直線 $\mathbb{R}$ の (不規則な) 部分集合の長さを精密に測る物指の一つで微積分法でスチルチェス積分と呼ばれるものと思えばよい．少し詳しく説明しよう．まず，測度 (物指) μ は S の外の部分は長さが 0 として $\mathbb{R}$ 全体で定義されているとし，$\mathbb{R}$ 上の関数 $F(t)$ を μ で測った半直線 $(-\infty, t]$ の長さと定義する：

$$F(t) = \mu((-\infty, t]) \qquad (t \in \mathbb{R}).$$

μ は正の測度であるから，$F(t)$ は単調増加である．例えば，線分 $(\alpha, \beta]$ の長さは

$$\mu((\alpha, \beta]) = \mu((-\infty, \beta]) - \mu((-\infty, \alpha]) = F(\beta) - F(\alpha)$$

となる．実際，μ による積分は F によるスチルチェス積分で

$$\int_S f(t)\, d\mu(t) = \int_{-\infty}^{\infty} f(t)\, dF(t) \qquad (f \in C_{\mathbb{R}}(S))$$

が成り立つ．ここでは，測度による積分からスチルチェス型の積分を導いたが，この逆も可能で，単調増加関数 (一般には有界変動関数) による積分から測度を作り出すこともできて，この二つは同等の概念である．付録 (205頁) で解説する．

6.2. 掛け算作用素型のスペクトル分解

我々は掛け算作用素型と呼ばれるスペクトル分解定理から話を始めよう．

6.2.1. 定理の説明　まず定理を述べ，その意味を説明する．

定理 6.4 (掛け算作用素型スペクトル分解定理)　ヒルベルト空間上のすべての有界自己共役作用素は掛け算作用素にユニタリー同値である．

　より具体的には，ヒルベルト空間 H 上の自己共役作用素 A に対し，測度空間 (Ω, μ) を適当に構成すれば，Ω 上の実数値有界可測関数 ϕ と $L^2(\Omega, \mu)$ か

ら H への等長同型写像 V が存在して次が成り立つ：

$$(6.2) \qquad V^{-1}AVf = M_\phi f \qquad (f \in L^2(\Omega, \mu)).$$

ただし，M_ϕ は関数 ϕ による掛け算作用素を表す．すなわち，

$$M_\phi f = \phi f \qquad (f \in L^2(\Omega, \mu)).$$

等式 (6.2) を満たす $L^2(\Omega, \mu)$ と M_ϕ の組を A の**掛け算作用素型**のスペクトル表現と呼ぶ．このような表現は一通りとは限らない．

上の説明では簡単に測度空間 (Ω, μ) といったが，多少解説が必要である．ヒルベルト空間 H が可分ならば，Ω は高々可算個の有限測度空間の直和に表される．従って，構成を工夫すれば Ω 自体を有限測度空間にできる．しかし，H が可分でないときは，Ω は有限測度空間の非可算個の直和で，Ω 自体を有限測度空間にはできない．しかし，$\mu(\omega) = \infty$ を満たすすべての可測集合 $\omega \subset \Omega$ は任意の正数 K に対して $K < \mu(\omega') < \infty$ を満たす可測集合 ω' を部分集合として含むことがわかる．このような測度空間 (Ω, μ) を**半有限**であるという．

本書では線型作用素の掛け算作用素型のスペクトル分解定理をこの節の自己共役作用素の場合の他にユニタリー作用素と正規作用素についても述べるが，それらは形式としてはまったく同じであることに注意したい．以下で示すように掛け算作用素 M_ϕ のスペクトルは掛け算因子 ϕ の本質的値域であるから，M_ϕ の表す作用素を自己共役，ユニタリーまたは正規のどれかに分ける鍵は ϕ の値域が $\mathbb{R}$, $\mathbb{T}$ または $\mathbb{C}$ 一般のどれに含まれているかである．スペクトル分解定理の証明については作用素についての連続関数法が得られれば後の構成は共通であるといってよい．本書ではまず自己共役作用素の場合を詳しく説明し，ユニタリーと正規については違いが起こるところに絞って説明を加えたい．

6.2.2. 基本的な定義　いくつかの基本的な定義から始めよう．

定義 6.5　$T \in \mathscr{B}(H)$ を任意に取る．H の閉部分空間 M が $TM \subseteq M$（すなわち，$x \in M$ ならば $Tx \in M$）を満たすとき M は T で**不変**であるまたは M は T の**不変部分空間**であるという．また，M が T と T^* で不変であるとき，M は T を**約する**または M は T の**約部分空間**であるという．

補題 6.6 H の閉部分空間 M が T を約するならば $M^\perp$ も同様である.

証明 M は T を約するとし,$x \in M$, $y \in M^\perp$ を任意に取る.このとき は $Tx, T^*x \in M$ であるから,$(x \,|\, Ty) = (T^*x \,|\, y) = 0$ および $(x \,|\, T^*y) = (Tx \,|\, y) = 0$ が成り立つ.$x \in M$ は任意であったから,$Ty, T^*y \in M^\perp$.　□

　本章で述べる自己共役作用素の掛け算作用素型スペクトル分解の理論で大事 な概念は巡回ベクトルである.

定義 6.7 A を自己共役作用素とするとき,ベクトル $v \in H$ が A に対する**巡 回ベクトル**であるとは $\{v, Av, A^2v, \dots\}$ が H の稠密な部分空間を生成するこ とをいう.言い換えれば,$p(t)$ が実変数 t の複素係数多項式の全体を動くとき,$p(A)v$ の形のベクトルが H で稠密であることをいう.

　$A \in \mathscr{B}(H)$ を任意の自己共役作用素とするとき,A に対する巡回ベクトルが いつでも存在するとは限らない.しかし,そのときでも H を次のような閉部 分空間 H_k の直和に分解することはできる.すなわち,

(a) H_k は互いに直交する.

(b) 各 k に対し $AH_k \subseteq H_k$.

(c) 各 k に対し A の H_k への制限は巡回ベクトルを持つ.

　また,H が $\{H_k\}$ の直和であるとは,P_k を H から H_k への直交射影とす るとき,すべての $x \in H$ に対して

$$x = \sum_k P_k x$$

が成り立つことをいう.もし H が可分ならばこのような H_k は有限個または 可算無限個であって,数学的帰納法で存在の証明ができる.個々の H_k は可分 である.従って,もし H が非可分ならば,このような H_k は必ず非可算無限 個あるから,証明も超限論法が必要となる.

　スペクトル分解定理について言えば,巡回ベクトルを持つ場合は同じ論法が 使える.我々は A に対する巡回ベクトルがある場合を証明する.巡回ベクトル がない場合には上で述べた各 H_k への制限に対してスペクトル分解定理が得ら れるから,それらを統合して A に対する定理が得られることになる.従って,A が巡回ベクトルを持つとして議論すれば十分である.

6.2 掛け算作用素型のスペクトル分解

6.2.3. 自己共役作用素の掛け算作用素表現 さて，巡回ベクトルを持つ有界自己共役作用素に対して掛け算作用素型スペクトル分解定理を示そう．

$A \in \mathscr{B}(H)$ を自己共役作用素とし，$S = \sigma(A)$ とおく．準備として空間 H の任意の点 x に対応するスペクトル測度を構成する．すなわち，$x \in H$ を任意に固定し，すべての $p \in \mathbb{R}[t]$ に対し

$$(6.3) \qquad L(p) = (p(A)x \,|\, x)$$

とおく．ただし，$\mathbb{R}[t]$ は実変数 t の実係数多項式の全体とする．

補題 6.8 L は $\mathbb{R}[t]$ 上の有界な実線型汎関数である．

証明 A は自己共役であるから，補題 5.6 により任意の $p \in \mathbb{R}[t]$ に対して $p(A)$ も同様である．従って，$L(p)$ は実数値である．L が実線型であることは内積の性質を使って計算すれば簡単である．有界であることは (5.8) により

$$|L(p)| \le \|p(A)\| \|x\|^2 = r(p(A)) \cdot \|x\|^2 = \|p\|_{\sigma(A)} \cdot \|x\|^2$$

を得ることからわかる． $\qquad\qquad\square$

さて，任意の $f \in C_{\mathbb{R}}(S)$ に対しては，補題 5.8 により f に S 上で一様収束する多項式の列 $p_n \in \mathbb{R}[t]$ を取れば，補題 5.9 に続く議論により $p_n(A)$ は $f(A)$ にノルム収束するから，$L(p_n) = (p_n(A)x \,|\, x) \to (f(A)x \,|\, x)$．すなわち，$L(f) = (f(A)x \,|\, x)$ は $L(p)$ $(p \in \mathbb{R}[t])$ の連続性による拡張に等しい．

次に L は正値であることを示そう．まず，$p \in \mathbb{R}[t]$ ならば

$$L(p^2) = (p^2(A)x \,|\, x) = \|p(A)x\|^2 \ge 0.$$

$f \in C_{\mathbb{R}}(S)$ が正値ならば $\sqrt{f}$ も連続であるから，補題 5.8 により $\sqrt{f}$ を S 上で一様近似する多項式の列 $p_n \in \mathbb{R}[t]$ を選ぶことができる．このとき，p_n^2 は f に一様収束するから，$p_n(A)^2 = p_n^2(A)$ は $f(A)$ はノルム収束する．従って，

$$L(f) = (f(A)x \,|\, x) = \lim_{n \to \infty} (p_n(A)^2 x \,|\, x) = \lim_{n \to \infty} L(p_n^2) \ge 0.$$

故に，L は $C_{\mathbb{R}}(S)$ 上の正の線型汎関数である．よって，リースの表現定理 (定理 6.2) により S 上の正のボレル測度 $\mu_{A,x}$ で

$$(6.4) \qquad L(f) = \int_S f(t)\,d\mu_{A,x}(t) \qquad (f \in C_{\mathbb{R}}(S))$$

を満たすものが一意に存在する．$f(t) \equiv 1$ のときは $f(A) = I$ であるから

$$\|\mu_{A,x}\| = \int_S d\mu_{A,x}(t) = (Ix \mid x) = \|x\|^2 \tag{6.5}$$

を満たす．我々は $\mu_{A,x}$ を $\mathbb{R} \setminus \sigma(A)$ 上では 0 として $\mathbb{R}$ 全体に延長し，それを やはり $\mu_{A,x}$ と書いて，A の **点 x に対応するスペクトル測度** と呼ぶ．なお，複 素数値の $f \in C(S)$ については，$f = f_1 + if_2$ $(f_1, f_2 \in C_{\mathbb{R}}(S))$ と実部と虚部 に分けて $f(A)$ を (5.11) により定義すれば，公式 (6.4) が $f \in C(S)$ に対し ても成り立つ．

　さて，これだけ準備すれば A に対する巡回ベクトルが存在する場合に公式 (6.2) を示すことは単純である．実際，我々は $v \in H$ を A に対する巡回ベク トルとして写像 $V \colon C(S) \to H$ を

$$Vf = f(A)v \qquad (f \in C(S))$$

により定義する．このときは，(5.12) により $f(A)^* = \bar{f}(A)$ であるから，

$$\int_S |f|^2 \, d\mu_{A,v} = (\bar{f}(A)f(A)v \mid v) = (f(A)^* f(A)v \mid v)$$
$$= \|f(A)v\|^2 = \|Vf\|^2.$$

これは写像 V が $L^2(\mu_{A,v})$ $(= L^2(S, \mu_{A,v}))$ の部分空間としての $C(S)$ から H の中への等長写像であることを示す．今，$C(S)$ は $L^2(\mu_{A,v})$ で稠密であり， また $\{f(A)v \mid f \in C(S)\}$ は H の中で稠密であるから，連続性により V は $L^2(\mu_{A,v})$ から H の上への等長同型に拡張される．一方，S 上の関数 ϕ を

$$\phi(t) = t \qquad (t \in S)$$

で定義する．任意の $f \in C(S)$ に対し

$$\widetilde{f}(t) = t f(t) = \phi(t)f(t)$$

とおくとき，

$$V^{-1}AVf = V^{-1}Af(A)v = V^{-1}\widetilde{f}(A)v = V^{-1}V\widetilde{f} = \widetilde{f}.$$

すなわち，$V^{-1}AV$ は $C(S)$ 上では ϕ による掛け算作用素 M_ϕ に一致する：

$$V^{-1}AV = M_\phi. \tag{6.6}$$

これは稠密な部分空間上での等式であるが，A および M_ϕ は連続であるから，連続性による拡張でも等号は変わらない．故に公式 (6.6) は $L^2(S, \mu_{A,v})$ 上の等式として正しい．すなわち，巡回ベクトルがある場合の定理は証明された．

6.2.4. 掛け算作用素の基本性質　(Ω, μ) を一般の**有限な**測度空間として，ヒルベルト空間 $L^2(\Omega, \mu)$ 上の掛け算作用素を考察する．実際の一般論には半有限な場合が必要であるが，証明の本質は変わらない．

定義 6.9　ϕ を Ω 上の複素数値可測関数とする．

(a)　ϕ の**本質的値域**は $B(\lambda; \varepsilon)$ を中心 λ, 半径 ε の $\mathbb{C}$ の開円板として

$$(6.7) \qquad \mathcal{R}_{ess}(\phi) = \{\, \lambda \in \mathbb{C} \mid \mu(\phi^{-1}(B(\lambda; \varepsilon))) > 0 \ (\forall\, \varepsilon > 0) \,\}$$

で定義される．

(b)　ϕ が本質的に有界なとき ϕ の本質的上限ノルム $\|\phi\|_\infty$ を

$$(6.8) \qquad\qquad \|\phi\|_\infty = \sup\{\, |\lambda| \mid \lambda \in \mathcal{R}_{ess}(\phi) \,\}$$

で定義する．もし $\|\phi\|_\infty$ が有限ならば ϕ は**本質的に有界**であるという．これは ϕ の本質的値域が有界集合であることと同値である．

定理 6.10　ϕ が $L^2(\Omega, \mu)$ 上の有界な掛け算作用素を定義するためには ϕ が本質的に有界であることが必要十分である．特に，$\|M_\phi\| = \|\phi\|_\infty$ が成り立つ．

証明　ϕ が本質的に有界とする．このときは，$\{\, s \in \Omega \mid |\phi(s)| > \|\phi\|_\infty \,\}$ は μ について測度 0 であるから，すべての $f \in L^2(\Omega, \mu)$ に対して

$$\|M_\phi f\|^2 = \int_\Omega |\phi f|^2 \, d\mu \leq \|\phi\|_\infty^2 \int_\Omega |f|^2 \, d\mu = \|\phi\|_\infty^2 \|f\|^2$$

を得るから，$\|M_\phi\| \leq \|\phi\|_\infty$．すなわち，$M_\phi$ は有界である．

逆に M_ϕ は有界であると仮定する．すなわち，$\|M_\phi\| < \infty$ であるとする．このとき，任意の正数 $K > \|M_\phi\|$ に対して $\omega_K = \{\, s \in \Omega \mid |\phi(s)| \geq K \,\}$ とおく．ϕ は可測であるから，ω_K は可測集合である．我々は $\mu(\omega_K) = 0$ を示そう．背理法により $\mu(\omega_K) > 0$ を仮定する．f を ω_K の特性関数とすると，

$$\|f\|^2 = \int |f(s)|^2 \, d\mu(s) = \int_{\omega_K} d\mu(s) = \mu(\omega_K)$$

であるから，$0 < \|f\| < \infty$ を得る．よって，$f \in L^2(\Omega, \mu)$ は 0 でないが，

$$\|M_\phi f\|^2 = \int |\phi(s)f(s)|^2 \, d\mu(s) = \int_{\omega_K} |\phi(s)|^2 \, d\mu(s)$$
$$\geq K^2 \mu(\omega_K) = K^2 \|f\|^2$$

となって $\|M_\phi\|$ の定義に反する．故に $\mu(\omega_K) = 0$ が成り立つ．$K > \|M_\phi\|$ は任意であったから，$\|\phi\|_\infty \leq \|M_\phi\| < \infty$. 以上により，$\phi$ は本質的に有界で $\|\phi\|_\infty = \|M_\phi\|$ が成り立つことが示された． □

次は掛け算作用素の特徴を与えるが，これは正規作用素一般に通用する．

定理 6.11 ϕ は本質的に有界であると仮定する．

(a) ϕ による掛け算作用素 M_ϕ は $L^2(\Omega, \mu)$ 上の正規作用素であり，その共役作用素 M_ϕ^* は ϕ の複素共役 $\overline{\phi}$ による掛け算作用素 $M_{\overline{\phi}}$ に等しい．

(b) 掛け算作用素 M_ϕ のスペクトルは ϕ の本質的値域に一致する．

証明 (a) ϕ は本質的に有界とすると，任意の $f, g \in L^2(\Omega, \mu)$ に対して

$$(M_\phi f \mid g) = \int_\Omega \phi f \overline{g} \, d\mu = \int_\Omega f \overline{\overline{\phi} g} \, d\mu = (f \mid M_{\overline{\phi}} g)$$

を得るから，$M_\phi^* = M_{\overline{\phi}}$ が成り立つ．従って，また

$$M_\phi M_\phi^* = M_\phi M_{\overline{\phi}} = M_{\phi\overline{\phi}} = M_{\overline{\phi}} M_\phi = M_\phi^* M_\phi.$$

故に M_ϕ は正規作用素である．

(b) もし $\lambda \notin \mathcal{R}_{ess}(\phi)$ ならば $\mu(\phi^{-1}(B(\lambda; \varepsilon))) = 0$ を満たす $\varepsilon > 0$ が存在する．従って，$|(\lambda - \phi)^{-1}| \leq \varepsilon^{-1}$ (a.e. $[\mu]$) となるから，$(\lambda - \phi)^{-1}$ による掛け算作用素は 定理 6.10 により $L^2(\Omega, \mu)$ 上で有界で $\lambda - M_\phi$ の逆を与える．故に $\lambda \in \rho(M_\phi)$. 次に $\lambda \in \mathcal{R}_{ess}(\phi)$ を仮定する．このときは，任意の $n \geq 1$ に対して $J_n = \phi^{-1}(B(\lambda; 1/n))$ とおくと，$0 < \mu(J_n) < \infty$ でありかつ J_n 上では $|\lambda - \phi(s)| \leq 1/n$ (a.e. $[\mu]$) が成り立つ．今，$f_n = (\mu(J_n))^{-1/2} \mathbb{1}_{J_n}$ とおけば，$\|f_n\|_2 = 1$ かつ $n \to \infty$ のとき

$$\|(\lambda - M_\phi)f_n\|_2^2 = \int_{J_n} |\lambda - \phi|^2 |f_n|^2 \, d\mu \leq \frac{1}{n^2} \|f_n\|_2^2 = \frac{1}{n^2} \to 0.$$

これは $\lambda \in \sigma_{ap}(M_\phi) \subseteq \sigma(M_\phi)$ を示す．故に $\sigma(M_\phi) = \mathcal{R}_{ess}(\phi)$. □

定理 6.12 ϕ は (Ω, μ) 上の実数値可測関数で本質的に有界であるとする.

(a) ϕ による掛け算作用素 M_ϕ は $L^2(\Omega, \mu)$ 上の自己共役作用素である.

(b) $\lambda \in \mathbb{R}$ が M_ϕ のスペクトルに含まれるための必要十分条件は λ を含む任意の開区間 $\omega \subset \mathbb{R}$ に対して $\|\mathbb{1}_\omega \circ \phi\|_\infty \neq 0$ を満たすことである.

証明 前定理の特別な場合であるから,証明は読者に委ねる. $\qquad\qquad\square$

6.2.5. 応用 I : A のスペクトル 以下では掛け算作用素型スペクトル分解定理 (公式 (6.2)) の応用を述べる.A を自己共役作用素とし,半有限測度空間 (Ω, μ), 等長同型写像 $V: L^2(\Omega, \mu) \to H$, および有界な可測関数 $\phi: \Omega \to \mathbb{R}$ は

$$V^{-1}AV = M_\phi$$

を満たすとする.まずスペクトル $\sigma(A)$ を調べる.A と掛け算作用素 M_ϕ はユニタリー同値であるからスペクトルは一致する.従って,定理 6.11 (b) により

$$\sigma(A) = \sigma(M_\phi) = \mathcal{R}_{ess}(\phi).$$

さらに詳しい分析はボレル関数への代入を通して以下で行われる.

6.2.6. 応用 II : A の関数法 $S = \sigma(A)$ とし,S を定義域に含む関数 f に A を代入することを考える.まず f が多項式 p のときは,単純に計算して

$$V^{-1}p(A)V = p(M_\phi) = M_{p \circ \phi}$$

が成り立つ.次に f が連続のとき,すなわち $f \in C(S)$ のときは,S 上で f に一様収束する多項式の列 $\{p_n\}$ を考えれば連続関数法 (§5.2.3) で得られる作用素 $f(A)$ に対して次が成り立つ:

$$V^{-1}f(A)V = M_{f \circ \phi}.$$

ボレル関数への代入,すなわち**ボレル関数法**,を考えよう.ϕ は可測であるから,$S = \sigma(A)$ を定義域に含む複素数値ボレル関数 f に対して $f \circ \phi$ は Ω 上の可測関数である.従って,もし f が有界ならば,$L^2(\Omega, \mu)$ の元に有界な可測関数 $f \circ \phi$ を掛けることは意味がある.我々は掛け算作用素 $M_{f \circ \phi}$ にユニタリー同値で対応する H 上の作用素を $f(A)$ と定義する.すなわち,

$$(6.9) \qquad\qquad f(A) = VM_{f \circ \phi}V^{-1}.$$

f の S の外での値は $f(A)$ にはまったく影響しない. $f(A)$ のこの定義は A の掛け算作用素型表現を経由しているが，表現の選び方には依存しない．これを示すために，任意の $x \in H$ に対応する A のスペクトル測度 $\mu_{A,x}$ を計算する.

補題 6.13 与えられた $x \in H$ に対して，$h = V^{-1}x \in L^2(\Omega, \mu)$ とおく．このとき，任意のボレル集合 $B \subset \mathbb{R}$ に対して次が成り立つ：

$$(6.10) \qquad \mu_{A,x}(B) = \int_{\phi^{-1}(B)} |h|^2(s) \, d\mu(s).$$

証明 任意の $g \in C(S)$ に対し，$x = Vh$ の定義に従って計算すれば

$$(g(A)x \,|\, x) = (g(A)Vh \,|\, Vh) = (V^{-1}g(A)Vh \,|\, h) = (M_{g \circ \phi}h \,|\, h)$$

を得る．この両端の辺をそれぞれの積分表示で表せば

$$\int_S g(t) \, d\mu_{A,x}(t) = \int_\Omega (g \circ \phi)(s) \cdot |h(s)|^2 \, d\mu(s)$$

が成り立つ．これは $S = \sigma(A)$ 上のスペクトル測度 $\mu_{A,x}$ が Ω 上の測度 $|h|^2 \, d\mu$ の ϕ による像測度であることを示している．これらはボレル測度であるから，すべての $\mathbb{R}$ のボレル集合上で一致する．これが式 (6.10) である. □

補題 6.14 A を自己共役作用素，$S = \sigma(A)$ を A のスペクトルとし，f を S 上の有界ボレル関数とするとき，(6.9) で定義される作用素 $f(A)$ は

$$(6.11) \qquad (f(A)x \,|\, x) = \int_S f(t) \, d\mu_{A,x}(t) \qquad (x \in H)$$

で定義されるものに一致する．ただし，$\mu_{A,x}$ は A の x に対応するスペクトル測度である (§6.2.3 参照).

証明 $S = \sigma(A)$ 上のボレル関数 f に対し作用素 $f(A)$ は (6.9) で定義されているとする．このとき，$x \in H$ を任意に取って固定し，同型対応 $V: L^2(\Omega, \mu) \to H$ により $x = Vh$ を満たす $h \in L^2(\Omega, \mu)$ を選ぶ．このときは等式 (6.9) により

$$\begin{aligned}
(f(A)x \,|\, x) &= (f(A)Vh \,|\, Vh) = (V^{-1}f(A)Vh \,|\, h) = (M_{f \circ \phi}h \,|\, h) \\
&= \int_\Omega (f \circ \phi)(s) \cdot |h(s)|^2 \, d\mu(s)
\end{aligned}$$

を得る．これを (6.10) と比較すれば，最終辺は (6.11) の右辺に等しいことがわかる．これが示すべきことであった. □

6.2 掛け算作用素型のスペクトル分解　　　　91

さて，$B(S)$ により集合 $S \subseteq \mathbb{R}$ 上の有界な複素数値ボレル関数の全体を表す．$B(S)$ は関数の和，スカラー倍，積について多元環をなす．また，関数の複素共役が ∗ 演算である．さらに，一様有界列の点別収束について閉じている．

定理 6.15 A を有界な自己共役作用素とし，$S = \sigma(A)$ を A のスペクトルとする．このとき，$f, g \in B(S)$，$\alpha \in \mathbb{C}$ として次が成り立つ：

(a) $(f + g)(A) = f(A) + g(A)$, $(\alpha f)(A) = \alpha f(A)$.

(b) $(fg)(A) = f(A)g(A)$.

(c) $f(A)^* = \bar{f}(A)$. 特に f が実数値ならば $f(A)$ は自己共役である．

(d) $\|f(A)\| \leq \|f\|_\infty$.

(e) $\{f_n\}$ が $B(S)$ の有界な列で f に点別収束するならば，$f_n(A)$ は $f(A)$ に強収束する．

(f) λ が A の固有値ならば $f(\lambda)$ は $f(A)$ の固有値である．

(g) S 上で $f \geq 0$ ならば $f(A) \geq 0$ である．

(h) $f(A)$ は A と可換なすべての $B \in \mathscr{B}(H)$ と可換である．

証明 $f(A)$ を公式 (6.9) を経由して掛け算作用素で表せば，(a), (b), (c), (d) が成り立つことは簡単にわかる．従って，残りについて説明する．

(e) 補題 6.14 を使えば任意の $x \in H$ に対し次のように変形できる：

$$
\begin{aligned}
\|(f_n(A) - f(A))x\|^2 &= ((f_n(A) - f(A))x \mid (f_n(A) - f(A))x) \\
&= ((f_n(A) - f(A))^*(f_n(A) - f(A))x \mid x) \\
&= (|f_n - f|^2(A)x \mid x) \\
&= \int_S |f_n - f|^2(t) \, d\mu_{A,x}(t).
\end{aligned}
$$

仮定により f_n は有界で f に S 上で点別収束するから，ルベーグの有界収束定理により積分は 0 に収束する．故に，$f_n(A)$ は $f(A)$ に強収束する．

(f) $x_0 \in H$ を λ に対する A の固有ベクトルとすれば $(A - \lambda)x_0 = 0$ であるから，公式 (6.11) により上と同様な計算で

$$
\int_S |t - \lambda|^2 \, d\mu_{A,x_0}(t) = \|(A - \lambda I)x_0\|^2 = 0
$$

を得る．$x_0 \neq 0$ であるから §6.2.3 で示したように $\|\mu_{A,x_0}\| = \|x_0\|^2 \neq 0$ より測度 μ_{A,x_0} は 0 ではない．よって，上式は μ_{A,x_0} が一点 λ を台とする零でな

い点測度であることを示している．これを使えば上と同様な計算で次がわかる：

$$\|(f(A) - f(\lambda))x_0\|^2 = \int_S |f(t) - f(\lambda)|^2 \, d\mu_{A,x_0}(t) = 0.$$

故に，$f(\lambda)$ は $f(A)$ の固有値で x_0 はその固有ベクトルである．

(g) これは公式 (6.11) から明らかである．

(h) 任意の $x, y \in H$ に対して測度 $\mu_{x,y}$ を次で一意に定義できる：

$$(f(A)x \mid y) = \int f(t) \, d\mu_{x,y}(t) \qquad (f \in C(S)).$$

もし B が A と可換ならば，定理 5.10 によりすべての連続な f について $f(A)$ とも可換であるから，$(f(A)Bx \mid y) = (f(A)x \mid B^*y)$ を得る．これを上の積分の式に代入すれば，$\mu_{Bx,y} = \mu_{x,B^*y}$ がわかる．従って，$f \in B(S)$ に対して

$$(f(A)Bx \mid y) = \int f(t) \, d\mu_{Bx,y}(t) = \int f(t) \, d\mu_{x,B^*y}(t)$$
$$= (f(A)x \mid B^*y) = (Bf(A)x \mid y)$$

を得るが，$x, y \in H$ は任意であるから，$f(A)B = Bf(A)$ が得られる．　　□

最後に便利な計算公式を述べておく．A を有界な自己共役作用素，f を $\sigma(A)$ 上の有界なボレル関数とするとき，すべての $x \in H$ に対して次が成り立つ：

$$(6.12) \qquad \|f(A)x\|^2 = \int |f|^2 \, d\mu_{A,x}.$$

6.3. スペクトル測度によるスペクトル分解定理

古典的なスペクトル分解定理を再現しよう．H をヒルベルト空間とする．

6.3.1. スペクトル測度の構成　実軸 $\mathbb{R}$ 上のボレル集合の全体を $\mathfrak{B}(\mathbb{R})$ と書く．

定義 6.16 $\mathfrak{B}(\mathbb{R})$ で定義され H 上の直交射影を値とする関数 $E \colon \omega \mapsto E(\omega)$ $(\omega \in \mathfrak{B}(\mathbb{R}))$ が**スペクトル測度**であるとは次の二つの性質を満たすことをいう：

(SM$_1$)　$E(\emptyset) = 0$, $E(\mathbb{R}) = I$,

(SM$_2$)　$\{\omega_n\}_{n=1}^\infty$ が互いに素な $\mathbb{R}$ のボレル集合の列ならば強収束の意味で

$$E\Big(\bigcup_{n=1}^\infty \omega_n\Big) = \sum_{n=1}^\infty E(\omega_n).$$

以下では，この E を $\mathbb{R}$ 上のスペクトル測度ともいう．

6.3 スペクトル測度によるスペクトル分解定理　　　　93

スペクトル測度 E に対し，$\mathbb{R}$ の閉部分集合 Λ_0 で $E(\Lambda_0) = I$ かつ任意の真部分閉集合 $\Lambda \subsetneq \Lambda_0$ に対して $E(\Lambda) \neq I$ となるものを E の**台**と呼び $\operatorname{supp} E$ と書く．このような Λ_0 の存在は演習問題とする．我々は台が有界であるスペクトル測度 E を**コンパクト**であるという．

定理 6.17　$A \in \mathscr{B}(H)$ を自己共役とする．任意の $\omega \in \mathfrak{B}(\mathbb{R})$ に対し $E(\omega)$ を

$$(6.13) \qquad (E(\omega)x \,|\, x) = \int_{\mathbb{R}} \mathbb{1}_\omega(t) \, d\mu_{A,x}(t) \qquad (x \in H)$$

($\mathbb{1}_\omega$ は集合 ω の特性関数，$\mu_{A,x}$ は A の x に対応するスペクトル測度) と定義する．このとき，E は $\mathfrak{B}(\mathbb{R})$ 上のコンパクトなスペクトル測度である．

証明　任意の $\omega \in \mathfrak{B}(\mathbb{R})$ に対して $\mathbb{1}_\omega^2 = \mathbb{1}_\omega$ かつ $\overline{\mathbb{1}}_\omega = \mathbb{1}_\omega$ が成り立つから，定理 6.15 (b), (c) により $E(\omega)^2 = E(\omega)$ および $E(\omega)^* = E(\omega)$ がわかる．よって，$E(\omega)$ は直交射影である．次に，$\mathbb{1}_\emptyset \equiv 0$ であるから $E(\emptyset) = 0$ は明らかである．さらに，$\omega = \sigma(A)$ ならば，$\sigma(A)$ 上で $\mathbb{1}_{\sigma(A)} \equiv 1$ であるから $\mathbb{1}_{\sigma(A)}(A) = I$ となる．従って，$(E(\sigma(A))x \,|\, x) = \int \mathbb{1}_{\sigma(A)} \, d\mu_{A,x} = \int d\mu_{A,x} = \|x\|^2$ となる．これから $E(\sigma(A)) = I$ を得るが，$\sigma(A)$ は有界であるから，E の台はコンパクトである．最後に条件 (SM$_2$) を示す．そのため，$\omega_k \in \mathfrak{B}(\mathbb{R})$ $(k - 1, 2, \dots)$ は互いに素であると仮定し，$\omega_n' = \bigcup_{k=1}^{n} \omega_k$ $(n = 1, 2, \dots)$ かつ $\omega = \bigcup_{k=1}^{\infty} \omega_k$ とおく．また，$f_n(t) = \sum_{k=1}^{n} \mathbb{1}_{\omega_k}(t)$ とおく．ω_k は互いに素であるから，定理 6.15 (a) により $f_n(A) = \sum_{k=1}^{n} \mathbb{1}_{\omega_k}(A) = \sum_{k=1}^{n} E(\omega_k)$ が成り立つ．また，$0 \leq f_n = \mathbb{1}_{\omega_n'} \leq 1$ かつ $f_n(t) \to \mathbb{1}_\omega(t)$ は点別収束であるから，定理 6.15 (e) により，$f_n(A)$ は $E(\omega)$ に強収束する．これが示すべきことであった．　　□

スペクトル測度の前身として単位の分解が伝統的に用いられてきた．

定義 6.18　直交射影の族 $\{E_\lambda\}_{\lambda \in \mathbb{R}}$ が**単位の分解**であるとは

(a)　E_λ は単調増加かつ強位相の意味で右連続である，

(b)　s-$\lim_{\lambda \to -\infty} E_\lambda = 0$ かつ s-$\lim_{\lambda \to \infty} E_\lambda = I$

を満たすことをいう．なお，$\lambda < m$ ならば $E_\lambda = 0$ かつ $\lambda \geq M$ ならば $E_\lambda = I$ を満たす有限な数 m と M が存在するとき，$\{E_\lambda\}$ の台はコンパクトであるという．なお，単位の分解を**スペクトル族**とも呼ぶ．

H 上の任意のスペクトル測度 E に対応する単位の分解 $\{E_\lambda\}$ を

$$E_\lambda = E((-\infty, \lambda]) \qquad (\lambda \in \mathbb{R})$$

で定義する. 従って, 任意の $\lambda \in \mathbb{R}$ に対し $E(\{\lambda\}) = E_\lambda - E_{\lambda-}$ が成り立つ.

6.3.2. スペクトル測度型の分解定理　我々は古典的なスペクトル分解定理を含む次の結果を示そう. ここでも $S = \sigma(A)$ とする.

定理 6.19　E を自己共役作用素 A のスペクトル測度とすれば, S 上の本質的有界な複素数値ボレル可測関数 $f(\lambda)$ に対して次が成り立つ:

$$(6.14) \qquad f(A) = \int f(\lambda)\, dE(\lambda).$$

証明　f が実数値かつ有界として証明すれば十分である. 従って, $|f(t)| < R$ $(t \in S)$ を満たす R が取れる. さて, 任意の正数 ε に対し区間 $[-R, R]$ の分割

$$\Delta: \, -R = r_0 < r_1 < \cdots < r_n = R$$

を $\|\Delta\| = \max\{\, r_{j+1} - r_j \mid 0 \le j \le n-1 \,\} < \varepsilon$ であるように取り

$$\omega_j = \{\, t \in S \mid r_j < f(t) \le r_{j+1} \,\} \qquad (0 \le j \le n-1)$$

とおく. f はボレル可測であるから各 ω_j は S に含まれる $\mathbb{R}$ のボレル集合で互いに素である. 今, 各 j について $\lambda_j^* \in \omega_j$ を任意に取って単関数 f_ε を

$$f_\varepsilon = \sum_{j=0}^{n-1} f(\lambda_j^*) \cdot \mathbb{1}_{\omega_j}$$

によって定義すれば, すべての $t \in S$ に対して次が成り立つ:

$$|f(t) - f_\varepsilon(t)| = \left| \sum_{j=0}^{n-1} (f(t) - f(\lambda_j^*)) \cdot \mathbb{1}_{\omega_j}(t) \right| < \varepsilon.$$

$f(t)$ および $f_\varepsilon(t)$ に A を代入すれば (6.11) および (6.12) により

$$\|(f(A) - f_\varepsilon(A))x\|^2 = \int |f(t) - f_\varepsilon(t)|^2 \, d\mu_{A,x}(t) \le \varepsilon^2 \|x\|^2$$

が得られる. $x \in H$ は任意であるから, 次が成り立つ:

$$\left\| f(A) - \sum_{j=0}^{n-1} f(\lambda_j^*) E(\omega_j) \right\| \le \varepsilon.$$

ε は任意であったから，$\varepsilon \to 0$ とすればノルム収束の意味で

$$f(A) = \lim_{\|\Delta\| \to 0} \sum_{j=0}^{n-1} f(\lambda_j^*) E(\omega_j) = \int f(\lambda)\, dE(\lambda)$$

を得る．これが示すべきことであった． $\qquad\qquad\qquad\square$

系 (スペクトル測度型スペクトル分解定理) $\quad A = \int \lambda\, dE(\lambda)$.

証明 定理で $f(\lambda) = \lambda$ とおけばよい． $\qquad\qquad\qquad\square$

我々は自己共役作用素 A に対して掛け算作用素型とスペクトル測度型の二つのスペクトル分解定理を述べた．この両者を比べてみると，掛け算作用素 M_ϕ はいろいろ選べるが，スペクトル測度は一つしかないという著しい特徴がある．

定理 6.20 A のスペクトル測度 E は A によって一意に決まる．

証明 $\mathbb{R}$ 上のスペクトル測度 F が $A = \int \lambda\, dF(\lambda)$ を満たすと仮定する．

（第 1 段） F の台 Λ_0 は $\sigma(A)$ に含まれる．実際，$\lambda_0 \in \Lambda_0$ とすると，任意の整数 $n \geq 1$ に対して $\Lambda_n = \Lambda_0 \setminus \{|\lambda - \lambda_0| < n^{-1}\}$ は Λ の真部分閉集合であるから，$F(\Lambda_n) \neq I$. 従って，$F(\{|\lambda - \lambda_0| < n^{-1}\}) \neq 0$ が成り立つ．今，x_n を $F(\{|\lambda - \lambda_0| < n^{-1}\})H$ に含まれる単位ベクトルとすれば，

$$\|(\lambda_0 I - A)x_n\|^2 = \int_{\lambda_0 - 1/n}^{\lambda_0 + 1/n} |\lambda_0 - \lambda|^2\, d\|F(\lambda)x_n\|^2 \leq n^{-2} \qquad (n \geq 1)$$

を得る．よって，$\lambda_0 \in \sigma_{ap}(A) = \sigma(A)$. 故に $\operatorname{supp} F \subseteq \sigma(A)$.

（第 2 段） 任意の多項式に対して $p(A) = \int p(t)\, dF(t)$ が成り立つことはすぐにわかる．次に，$f \in C(\sigma(A))$ は多項式によって $\sigma(A)$ の上で一様に近似されるから，$\operatorname{supp} F \subseteq \sigma(A)$ に注意すれば，$f(A) = \int f(t)\, dF(t)$ がわかる．

（第 3 段） 上のスペクトル積分の定義で $F(\omega)$ を $(F(\omega)x \,|\, x)$ に換えれば，任意の $x \in H$ に対し $(f(A)x \,|\, x) = \int f(t)\, d(F(t)x \,|\, x)$ $(f \in C(\sigma(A)))$ がわかる．一方，左辺は (6.4) によって A の x に対応するスペクトル測度 $\mu_{A,x}$ の定義であるから，測度 $\omega \mapsto (F(\omega)x \,|\, x)$ は $\mu_{A,x}(\omega)$ に等しい．すなわち，

$$(F(\omega)x \,|\, x) = \mu_{A,x}(\omega) = \int \mathbb{1}_\omega(t)\, d\mu_{A,x}(t) = (E(\omega)x \,|\, x)$$

がすべての $\omega \in \mathfrak{B}(\mathbb{R})$ と $x \in H$ に対して成り立つ．故に，$F = E$. $\qquad\square$

6.3.3. 具体例の計算　スペクトル測度を簡単な例で計算しよう.

例 6.21　$\phi(t) = t$ $(t \in [0,1])$ として $H = L^2([0,1])$ 上の自己共役作用素 A として掛け算作用素 $M_\phi x = \phi \times x$ $(x \in H)$ を考える. この場合, ユニタリー対応 $V: L^2([0,1]) \to H$ は恒等作用素 I であって, 自明な意味で $(L^2([0,1]), M_\phi)$ は A の掛け算作用素型のスペクトル表現である. よって, M_ϕ のスペクトル測度 $E(\omega)$ と単位の分解 E_λ はそれぞれ次で与えられる :

$$E(\omega) = M_{\mathbb{1}_\omega \circ \phi} = M_{\mathbb{1}_\omega} \qquad (\omega \in \mathfrak{B}([0,1]))$$
$$E_\lambda = E((-\infty, \lambda]) = M_{\mathbb{1}_{(-\infty, \lambda]}} \qquad (\lambda \in \mathbb{R}).$$

例 6.22　$g \in C([0,1])$ に対する $H = L^2([0,1])$ 上の掛け算作用素 $A = M_g$ のスペクトル測度を求めよう. この場合も $(L^2([0,1]), M_g)$ は A の掛け算作用素型のスペクトル表現で, ユニタリー対応 $V: L^2([0,1]) \to H$ は恒等作用素 I である. 従って, $A = M_g$ のスペクトル測度 $E(\omega)$ は上の例と同様に

$$E(\omega) = M_{\mathbb{1}_\omega \circ g} \qquad (\omega \in \mathfrak{B}(S))$$

で定義される. ただし, $S = \mathfrak{R}(g) = g([0,1])$ である.

6.3.4. 応用 III : スペクトルの判別　自己共役作用素 A のスペクトル $\sigma(A)$ は実軸 $\mathbb{R}$ に含まれるから, $\mathbb{R}$ 上の点は A の点スペクトル $\sigma_p(A)$, 連続スペクトル $\sigma_c(A)$ およびレゾルベント集合 $\rho(A)$ のどれかに属する. これらはスペクトル測度によって見分けることができる.

補題 6.23　E を A のスペクトル測度とすると $E(\omega) \neq 0$ であるための必要十分条件は $\mu_{A,x}(\omega) > 0$ を満たす $x \in H$ が存在することである.

定理 6.24　A を自己共役作用素, E をそのスペクトル測度とする.

(a)　$\lambda \in \mathbb{R}$ が A のスペクトル $\sigma(A)$ に属するための必要十分条件はすべての $\varepsilon > 0$ に対して $E((\lambda - \varepsilon, \lambda + \varepsilon)) \neq 0$ が成り立つことである.

(b)　$\lambda \in \mathbb{R}$ が A の固有値であるための必要十分条件は $E(\{\lambda\}) \neq 0$ が成り立つことである. この場合, $E(\{\lambda\})$ は λ に対する固有空間への射影である.

(c)　$\lambda \in \mathbb{R}$ が A のレゾルベント集合 $\rho(A)$ に属するための必要十分条件は $E((\lambda - \varepsilon, \lambda + \varepsilon)) = 0$ を満たす $\varepsilon > 0$ が存在することである.

証明 E の定義 (6.13) により積分に転換すれば簡単である.

(a) すべての $\varepsilon > 0$ に対し $E((\lambda - \varepsilon, \lambda + \varepsilon)) \neq 0$ であると仮定する. $n = 1, 2, \ldots$ に対し $\omega_n = (\lambda - 1/n, \lambda + 1/n)$ とおき, 単位ベクトル x_n を $x_n = E(\omega_n)x_n$ を満たすように取る. これは仮定から可能である. このときは,

$$
\begin{aligned}
\|(\lambda I - A)x_n\|^2 &= \|(\lambda I - A)E(\omega_n)x_n\|^2 \\
&= \int_{\omega_n} |\lambda - t|^2 \, d\|E(t)x_n\|^2 \\
&\leq \frac{1}{n^2}\|x_n\|^2 = \frac{1}{n^2} \qquad (n = 1, 2, \ldots).
\end{aligned}
$$

従って, $\lambda \in \sigma_{ap}(A) = \sigma(A)$.

逆に $\lambda \in \sigma(A)$ とすると, $\lambda \in \sigma_{ap}(A)$ であるから単位ベクトルの列 $\{x_n\}$ で $\|(\lambda I - A)x_n\| < 1/n \ (n = 1, 2, \ldots)$ を満たすものが存在する. 従って,

$$
\int |\lambda - t|^2 \, d\mu_{A,x_n}(t) = \|(\lambda I - A)x_n\|^2 < \frac{1}{n^2}
$$

を得る. 今, $\|\mu_{A,x_n}\| = \|x_n\|^2 = 1$ であるから, 上の記号で $\mu_{A,x_n}(\omega_n) > 0$ を満たす. 従って,

$$
(E(\omega_n)x_n \,|\, x_n) = \int_{\mathbb{R}} \mathbb{1}_{\omega_n} \, d\mu_{A,x_n}(t) \neq 0
$$

となって, $E(\omega_n) \neq 0$ がわかった. n は任意であるから, すべての $\varepsilon > 0$ に対して $E((\lambda - \varepsilon, \lambda + \varepsilon)) \neq 0$ が成り立つ.

(b) λ を A の固有値とし, 対応する固有ベクトルを x とすると,

$$
\int |\lambda - t|^2 \, d\mu_{A,x}(t) = \|(\lambda I - A)x\|^2 = 0
$$

が成り立つ. (6.5) により $\|\mu_{A,x}\| = \|x\|^2 \neq 0$ であるから, $\mu_{A,x}$ は点 λ における点測度である. 従って,

$$
(E(\{\lambda\})x \,|\, x) = \int \mathbb{1}_{\{\lambda\}}(t) \, d\mu_{A,x}(t) = \|x\|^2 \neq 0
$$

を得るから, $E(\{\lambda\}) \neq 0$.

逆に $E(\{\lambda\}) \neq 0$ とすれば, $x = E(\{\lambda\})x \neq 0$ を満たす $x \in H$ に対して

$$
\|x\|^2 = (E(\{\lambda\})x \,|\, x) = \int \mathbb{1}_{\{\lambda\}} \, d\mu_{A,x} = \mu_{A,x}(\{\lambda\})
$$

を得るが, $\|\mu_{A,x}\| = \|x\|^2$ より μ_x は λ を台とする点測度である. よって,

$$\|(\lambda I - A)x\|^2 = \int |\lambda - t|^2 \, d\mu_{A,x}(t) = 0$$

が成り立つ. 故に λ は固有値で x がその固有ベクトルである.

(c) (a) の対偶を考えればよいので明らかである. $\qquad\square$

6.3.5. 応用 IV : レゾルベントの積分表示　自己共役作用素 A のレゾルベントもスペクトル積分で表示できる. $\lambda \in \rho(A)$ として $\psi(t) = (\lambda - t)^{-1}$ $(t \in \mathbb{R})$ とおけば, ψ は $S = \sigma(A)$ 上では有界かつ連続で $(\lambda - t)\psi(t) = \mathbb{1}_S(t)$ を満たすから, 定理 6.15 (b) により

$$(\lambda I - A)\psi(A) = \psi(A)(\lambda I - A) = \mathbb{1}_S(A) = I$$

が成り立つ. よって, $\psi(A) = R(\lambda; A)$. さらに, 定理 6.19 により

$$(6.15) \qquad R(\lambda; A) = \int \frac{1}{\lambda - t} \, dE(t)$$

がわかる. さらに, 内積を取って計算すれば次が得られる :

$$(6.16) \qquad \|R(\lambda; A)x\|^2 = \int \frac{1}{|\lambda - t|^2} \, d\|E(t)x\|^2 \qquad (x \in H).$$

6.3.6. 一般のスペクトル積分　自己共役作用素のスペクトル積分表示 (定理 6.19 および系) では掛け算作用素を経由してスペクトル測度 E を導入しそれに関する積分を与えた. しかし, 積分そのものは一般のスペクトル測度 E についても定理 6.19 の証明で示した形式で定義できる. E を定義 6.16 による $\mathfrak{B}(\mathbb{R})$ 上のスペクトル測度とし, S をその台とする. このとき, S 上の本質的に有界なボレル関数 f の E に関する積分は次のように定義される.

(a) f は実数値で $E(\{t \in \mathbb{R} \mid |f(t)| \geq R\}) = 0$ を満たす有限な R が存在すると仮定する. このときは, 区間 $[-R, R]$ の分割

$$\Delta\colon -R = r_0 < r_1 < \cdots < r_n = R$$

の全体を $\mathscr{D}$ とおく. さて, 任意の $\Delta \in \mathscr{D}$ に対して

$$\omega_j(\Delta) = \omega_j(f; \Delta) = \{t \in \mathbb{R} \mid r_j \leq f(t) < r_{j+1}\} \quad (j = 0, \ldots, n-1)$$

とおく. f はボレル可測であるから $\omega_j(f;\Delta) \in \mathfrak{B}(\mathbb{R})$ で次が定義される:

$$s_\Delta(f) = \sum_{j=0}^{n-1} r_j E(\omega_j(f;\Delta)), \quad S_\Delta(f) = \sum_{j=0}^{n-1} r_{j+1} E(\omega_j(f;\Delta)),$$

$$S_\Delta(f;\lambda^*) = \sum_{j=0}^{n-1} f(\lambda_j^*) E(\omega_j(f;\Delta)).$$

ただし, $\lambda^* = (\lambda_j^*)$ は $\lambda_j^* \in \omega_j(f;\Delta)$ を満たすとする. このときは,

$$0 \le s_\Delta(f) \le S_\Delta(f;\lambda^*) \le S_\Delta(f)$$

が成り立つ. また, $\Delta, \Delta' \in \mathscr{D}$ が区間の細分の意味で $\Delta \subseteq \Delta'$ を満たすときは

$$s_\Delta(f) \le s_{\Delta'}(f), \quad S_{\Delta'}(f) \le S_\Delta(f)$$

も E の性質を使った単純な計算で確かめられる. 今, 分割 Δ のノルムを

$$\|\Delta\| = \max\{\, r_{j+1} - r_j \mid 0 \le j \le n-1 \,\}$$

と定義するとき,

$$0 \le S_\Delta(f) - s_\Delta(f) = \sum_j (r_{j+1} - r_j) E(\omega_j(f;\Delta)) \le \|\Delta\| I.$$

がわかる. 従って, Δ を有向点族 $\mathscr{D}$ に沿って $\|\Delta\| \to 0$ となるように $n \to \infty$ とすれば, $S_\Delta(f;\lambda^*)$ は λ^* の取り方によらずに一つの自己共役作用素にノルム収束する. これを f のスペクトル測度 E に関する積分と呼んで

$$\int f(\lambda)\, dE(\lambda)$$

と表す.

(b) 本質的有界な複素数値の f に対しては $f = \operatorname{Re} f + i \operatorname{Im} f$ のように実部と虚部に分けて考えればよい:

$$\int f(\lambda)\, dE(\lambda) = \int (\operatorname{Re} f)(\lambda)\, dE(\lambda) + i \int (\operatorname{Im} f)(\lambda)\, dE(\lambda).$$

定理 6.19 で与えたスペクトル積分もこの方法で定義したものと一致する.

(c) f 自身は本質的有界でなくても, ボレル集合 $\omega \in \mathfrak{B}(S)$ 上で本質的に有界ならば $\mathbb{1}_\omega f$ も同様であるから,

$$\int (\mathbb{1}_\omega f)(\lambda)\, dE(\lambda)$$

は存在する．これを次で表す：

$$(6.17) \qquad \int_\omega f(\lambda)\,dE(\lambda).$$

(d) $\omega \in \mathfrak{B}(\mathbb{R})$ 上で f が本質的有界ならば次が成り立つ：

$$(6.18) \qquad \left\| \int_\omega f(\lambda)\,dE(\lambda)x \right\|^2 = \int_\omega |f(\lambda)|^2\,d\|E(\lambda)x\|^2.$$

実際，近似和 $S_\Delta(\mathbb{1}_\omega f;\lambda^*)$ については，$\|\Delta\| \to 0$ のとき

$$\|S_\Delta(\mathbb{1}_\omega f;\lambda^*)x\|^2 = \left\| \sum_{j=0}^{n-1} f(\lambda_j^*) E(\omega_j(f;\Delta) \cap \omega)x \right\|^2$$

$$= \sum_{j=0}^{n-1} |f(\lambda_j^*)|^2 \|E(\omega_j(f;\Delta) \cap \omega)x\|^2$$

$$\to \int_\omega |f(\lambda)|^2\,d\|E(\lambda)x\|^2.$$

一方，$S_\Delta(\mathbb{1}_\omega f;\lambda^*)x \to \int_\omega f(\lambda)\,dE(\lambda)x$ であるから (6.18) が得られる．

6.4. ユニタリー作用素のスペクトル分解

ユニタリー作用素のスペクトル分解定理を説明する．ユニタリー作用素についても自己共役作用素の場合と同様にスペクトル測度によるものと掛け算作用素型のものの二種類がよく使われている．まず掛け算作用素型の定理を述べよう．

6.4.1. 定理の説明　ヒルベルト空間上のユニタリー作用素に対する掛け算作用素型のスペクトル分解定理は次の形に述べられる．

定理 6.25　すべてのユニタリー作用素は掛け算作用素にユニタリー同値である．

H をヒルベルト空間とし，その上のユニタリー作用素 U を考える．U のスペクトル $\sigma(U)$ は単位円周 $\mathbb{T} = \{|z| = 1\}$ の空でないコンパクト部分集合である．これを S と書く．定理の主張は，ある測度空間 (Ω, μ) 上の L^2 空間 $L^2(\Omega, \mu)$ から H への等長同型写像 V と Ω から S への可測な関数 ϕ が存在して

$$(6.19) \qquad V^{-1}UVf = M_\phi f \qquad (f \in L^2(\Omega, \mu))$$

を満たすということである．ただし，M_ϕ は関数 ϕ による掛け算作用素である．

これは自己共役作用素の場合 (§6.2.1) と同じ形で，違うところは掛け算因子 ϕ の値域が単位円周に含まれることである．自己共役の場合の証明は

(a) 作用素のノルムはスペクトル半径に等しい，

(b) スペクトル S 上の連続関数は多項式で一様近似できる，

の二つの事実が鍵である．今問題のユニタリー作用素について見れば，条件 (a) はユニタリー作用素も正規作用素であるから正しい．また，条件 (b) は連続な周期関数は三角多項式で一様近似できるというフーリエ級数のフェィエールの定理またはストーン・ワイエルシュトラスの定理で実現する．以下で述べる定理 6.25 の証明はこれらに注意しながら自己共役の場合を繰り返すことになる．

6.4.2. 三角多項式への代入 作用素 U の関数を作る第一歩として，単位円周の座標関数 $e^{i\theta}$ ($\theta \in \mathbb{R}$ は偏角) の多項式，すなわち複素三角多項式

$$(6.20) \qquad p(e^{i\theta}) = \sum_{k=-n}^{n} \alpha_k e^{ik\theta} \qquad (\alpha_k \in \mathbb{C})$$

の全体を $\mathscr{T}$ と書く．$\mathscr{T}$ は関数の和，スカラー倍および積について $\mathbb{C}$ 上の多元環である．この式に U を代入する．すなわち，$e^{i\theta}$ を U で置き換えて作用素

$$(6.21) \qquad p(U) = \sum_{k=-n}^{n} \alpha_k U^k$$

を作る．これについては，次が成り立つ:

補題 6.26 任意の $p \in \mathscr{T}$ に対し $p(U)$ は正規作用素で次を満たす:

(a) $p, q \in \mathscr{T}$, $\alpha \in \mathbb{C}$ として次が成り立つ:

   (a1) $(p+q)(U) = p(U) + q(U)$, $(\alpha p)(U) = \alpha p(U)$,

   (a2) $(pq)(U) = p(U)q(U)$,

   (a3) $p(U)^* = \bar{p}(U)$. ただし，$\bar{p}(e^{i\theta}) = \overline{p(e^{i\theta})}$ とする，

   (a4) $p(e^{i\theta}) \equiv 1$ ならば $p(U) = I$. また，$p(e^{i\theta}) = e^{i\theta}$ ならば $p(U) = U$.

(b) $\sigma(p(U)) = p(\sigma(U))$.

(c) $\|p(U)\| = r(p(U)) = \sup\{\, |p(\lambda)| \mid \lambda \in \sigma(U) \,\} = \|p\|_{\sigma(U)}$.

(d) λ が U の固有値ならば $p(\lambda)$ は $p(U)$ の固有値である．

証明 $p \in \mathscr{T}$ に対し $p(U)$ が正規作用素であることは (a2), (a3) からわかる．

(a) 定義に従って計算すればよいから省略する.

(b) 三角多項式 $p(e^{i\theta})$ において $e^{i\theta}$ を複素変数 z に置き換えて

$$f(z) = \sum_{k=-n}^{n} \alpha_k z^k$$

とおく. f は $\mathbb{C} \setminus \{0\}$ 上で正則であるから, もちろん $\mathbb{T}$ の部分集合 $\sigma(U)$ の近傍で正則である. 従って, リース・ゲルファント・ダンフォードの関数法を適用することができる. 実際, まず定理 5.4 によって

$$f(U) = \sum_{k=-n}^{n} \alpha_k U^k = p(U)$$

が成り立つが, $\sigma(U)$ 上では f と p は一致するから, スペクトル写像定理 (定理 5.5) により $\sigma(p(U)) = \sigma(f(U)) = f(\sigma(U)) = p(\sigma(U))$.

(c) $p(U)$ は正規作用素であるから定理 3.18 が適用できる.

(d) $x \neq 0$ を λ に対応する固有ベクトルとすれば, $U^k x = \lambda^k x \ (k \in \mathbb{Z})$ であるから, p は (6.20) の通りとして $p(U)x = p(\lambda)x$ が成り立つ. よって, $p(\lambda)$ は $p(U)$ の固有値である. □

6.4.3. ユニタリー作用素の連続関数法　さて, ユニタリー作用素 U の連続関数法を構成する. そのため, 複素三角多項式 (6.20) の全体を $\mathscr{T}$ と書く.

定理 6.27　U をユニタリー作用素としそのスペクトルを $\sigma(U)$ とする. このとき, $C(\sigma(A))$ から $\mathscr{B}(H)$ の中への準同型 $f \mapsto f(U)$ で次の性質を持つものが唯一つ存在する. ただし, $f, g \in C(\sigma(U))$, $\alpha \in \mathbb{C}$ とする.

(a) $f \in C(\sigma(U))$ が多項式 $p \in \mathscr{T}$ ならば $f(U)$ は $p(U)$ に一致する.

(b) $(f + g)(U) = f(U) + g(U)$, $(\alpha f)(U) = \alpha f(U)$,

(c) $(fg)(U) = f(U)g(U)$,

(d) $f(U)^* = \bar{f}(U)$. ただし, $\bar{f}(\zeta) = \overline{f(\zeta)} \ (\zeta \in \sigma(U))$.

(e) $\sigma(f(U)) = f(\sigma(U))$.

(f) $\|f(U)\| = r(f(U)) = \|f\|_{\sigma(U)}$.

(g) λ が U の固有値ならば $f(\lambda)$ は $f(U)$ の固有値である.

証明 $\mathbb{T}$ 上の複素三角多項式の全体 $\mathscr{T}$ については次がわかる: (i) $\mathscr{T}$ は $C(\sigma(U))$ の部分環である,(ii) $\mathscr{T}$ は $\sigma(U)$ の点を分離する,(iii) $\mathscr{T}$ は定数関数 1 を含む,(iv) $\mathscr{T}$ は複素共役演算で閉じている.従って,複素形式のストーン・ワイエルシュトラスの定理([**B3**], 117 頁])により,$\mathscr{T}$ は $C(\sigma(U))$ で稠密である.補題 6.26 (c) により対応 $p \mapsto p(U)$ は $\mathscr{T}$ から $\mathscr{B}(H)$ の中への等長写像であるから,この対応 $\mathscr{T} \to \mathscr{B}(H)$ を $C(\sigma(U))$ まで連続に拡張することができる.すなわち,任意の $f \in C(\sigma(U))$ に対し $\sigma(U)$ 上で f に一様収束する三角多項式の列 $p_n \in \mathscr{T}$ を取れば,$\|p_m(U) - p_n(U)\| = \|p_m - p_n\|_{\sigma(U)} \to 0 \ (m, n \to \infty)$ であるから,作用素の列 $\{p_n(U)\}$ は $\mathscr{B}(H)$ 内のコーシー列となり極限が存在する.これは f のみで決まることがわかるから,$f(U)$ と書ける.

さて,(a) – (d) は補題 6.26 (a) から極限を取れば得られる.また,(e), (f), (g) はそれぞれ定理 5.10 の (d), (e), (f) の証明をまねればよい. $\square$

6.4.4. 巡回部分空間への分解

ユニタリー作用素 U に対する掛け算作用素型のスペクトル分解定理の証明のあらすじを説明しよう.

まず,H の閉部分空間 M が U で**二重不変**とは $UM \subseteq M$ かつ $U^{-1}M \subseteq M$(すなわち,$x \in M$ ならば $Ux \in M$ かつ $U^{-1}x \in M$)を満たすことをいう.$U^* = U^{-1}$ であるから,U の二重不変な部分空間 M は U を約する.すなわち,$M^\perp$ も U で二重不変である.

零でない $v \in H$ が U に対する**巡回ベクトル**であるとは $\{ U^k v \mid k \in \mathbb{Z} \}$ が H の稠密な部分空間を生成することをいう.すなわち,$p(e^{it})$ が三角多項式 (6.20) の全体を動くとき $p(U)v$ の形のベクトルが H で稠密であることをいう.もちろん,巡回ベクトルがいつでも存在するとは限らない.存在しないときは,自己共役作用素の場合に §6.2.2 で説明したように次のような閉部分空間 H_k の直和に H を分解することができる:

(a) H_k は互いに直交する.

(b) 各 k に対し $UH_k \subseteq H_k$ かつ $U^*H_k \subseteq H_k$.

(c) 各 k に対し U の H_k への制限は巡回ベクトルを持つ.

この結果,各 H_k 上でのスペクトル分解定理を総合して H 全体でのスペクトル分解定理が得られることになるが,多少進んだ論法を必要とする.

6.4.5. ユニタリー作用素の掛け算作用素表現　ここでは巡回ベクトルを持つ
ユニタリー作用素に対する掛け算作用素型のスペクトル分解定理を証明する.

まず, $x \in H$ を任意に固定し, $C(\sigma(U))$ 上の線型汎関数 $L(f)$ を

$$L(f) = (f(U)x \,|\, x) \qquad (f \in C(\sigma(U)))$$

によって定義すると, 自己共役作用素の場合とまったく同様に次が成り立つ:

補題 6.28　汎関数 L は正である. すなわち, 任意の $f \in C(\sigma(U))$ に対して
$f \geq 0$ ならば $L(f) \geq 0$ が成り立つ.

証明は定理 5.10 の代わりに定理 6.27 を使えばよいだけである. この結果
によりリースの表現定理 (定理 6.2, 注意 6.3 参照) が適用できる. すなわち,
$\sigma(U)$ 上の正のボレル測度 $\mu_{U,x}$ で次を満たすものが一意に存在する:

$$(6.22) \quad L(f) = (f(U)x \,|\, x) = \int_{\sigma(U)} f(e^{i\theta}) \, d\mu_{U,x}(e^{i\theta}) \qquad (f \in C(\sigma(U))).$$

$\mu_{U,x}$ を U の点 x に対応するスペクトル測度と呼ぶ.

さて, スペクトル分解定理の証明を述べる. $v \in H$ を U に対する巡回ベク
トルとし, $C(\sigma(U))$ から H への写像 V を

$$Vf = f(U)v \qquad (f \in C(\sigma(U)))$$

で定義する. $f(U)$ は正規作用素で $f(U)^* = \bar{f}(U)$ であるから,

$$\int_{\sigma(U)} |f|^2 \, d\mu_{U,v} = (\bar{f}(U)f(U)v \,|\, v) = ((f(U))^* f(U)v \,|\, v)$$
$$= \|f(U)v\|^2 = \|Vf\|^2$$

がわかる. すなわち, V は $L^2(\mu_{U,v}) \, (= L^2(\sigma(U), \mu_{U,v}))$ の部分空間としての
$C(\sigma(U))$ から H の中への等長写像である. 今, $C(\sigma(U))$ は $L^2(\mu_{U,v})$ で稠密
であり, また $\{ f(U)v \,|\, f \in C(\sigma(U)) \}$ は H で稠密であるから, 連続性により
V は $L^2(\mu_{U,v})$ から H の上への等長同型に拡張される. $\sigma(U)$ 上の関数 ϕ を

$$\phi(e^{i\theta}) = e^{i\theta} \qquad (e^{i\theta} \in S)$$

で定義する. このときは, 任意の $f \in C(\sigma(U))$ に対し

$$\widetilde{f}(e^{i\theta}) = e^{i\theta} f(e^{i\theta}) = \phi(e^{i\theta}) f(e^{i\theta})$$

とすると，$V\tilde{f} = Uf(U)v$ に注意して次が得られる：

$$V^{-1}UVf = V^{-1}Uf(U)v = V^{-1}\tilde{f}(U)v = V^{-1}V\tilde{f} = \tilde{f}.$$

すなわち，$V^{-1}UV$ は $C(\sigma(U))$ 上では ϕ による掛け算作用素に一致する：

(6.23)
$$V^{-1}UV = M_\phi.$$

これは稠密な部分空間上で成り立っているが，U および M_ϕ は連続であるから，連続性による拡張でも等号は変わらない．故に公式 (6.23) は $L^2(\sigma(U), \mu_{U,v})$ 上の等式として正しい．巡回ベクトルを持つときの定理は証明された．

6.4.6. ユニタリー作用素のスペクトル測度 ユニタリー作用素 U に対する掛け算作用素型のスペクトル分解構成に関する議論を応用して U に対する直交射影値のスペクトル測度を構成しよう．方法は自己共役作用素の場合とまったく同じである．ここでは，(6.22) で定義した U に対するスカラー値のスペクトル測度 $\mu_{U,x}$ $(x \in H)$ を利用する．

我々は単位円周 $\mathbb{T}$ 上の有界なボレル関数の全体を $B(\mathbb{T})$ と記す．任意の $f \in B(\mathbb{T})$ に対し作用素 $f(U)$ を

(6.24)
$$(f(U)x \mid x) = \int_{\sigma(U)} f(e^{it})\, d\mu_{U,x}(e^{it}) \qquad (x \in H)$$

で定義する．詳細は自己共役作用素の場合と同様であるから省略する．さて，$\mathfrak{B}(\mathbb{T})$ を単位円周 $\mathbb{T}$ のボレル部分集合の全体とする．任意の $\omega \in \mathfrak{B}(\mathbb{T})$ に対し H 上の作用素 $F(\omega)$ を

(6.25)
$$(F(\omega)x \mid x) = \int \mathbb{1}_\omega(e^{it})\, d\mu_{U,x}(e^{it})$$

で定義する．このとき次がわかる．

定理 6.29 $F(\omega)$ $(\omega \in \mathfrak{B}(\mathbb{T}))$ は H 上の直交射影で次を満たす：
  (a) $F(\emptyset) = 0$, $F(\mathbb{T}) = I$,
  (b) $\{\omega_n \mid n \geq 1\} \subset \mathfrak{B}(\mathbb{T})$ が互いに素ならば，作用素の強収束の意味で

$$F\left(\bigcup_{n=1}^{\infty} \omega_n\right) = \sum_{n=1}^{\infty} F(\omega_n)$$

が成り立つ．F を U のスペクトル測度と呼ぶ．

注意 6.30 ボレル関数 $f \in B(\mathbb{T})$ への代入 $f(U)$ を掛け算作用素 M_ϕ ((6.19) 参照) によって定義するには $f(U) = V M_{f \circ \phi} V^{-1}$ とすればよい. また, U の直交射影値のスペクトル測度については $F(\omega) = V M_{\mathbb{1}_\omega \circ \phi} V^{-1}$ となる. これらについては自己共役作用素の場合の説明がそのまま当てはまる.

我々は自己共役作用素の場合と同様に古典的な次の結果を示すことができる.

定理 6.31 $\mathbb{T}$ 上の本質的に有界な複素数値ボレル可測関数 $f(e^{it})$ に対して

$$(6.26) \qquad f(U) = \int f(e^{it})\, dF(e^{it})$$

が成り立つ. 特に $f(e^{it}) = e^{it}$ として次が成り立つ:

$$(6.27) \qquad U = \int e^{it}\, dF(e^{it}).$$

注意 6.32 U のスペクトル測度 F を使って $\mathbb{T}$ 上の点について定理 6.24 に対応する結果を得ることができる. 証明はほとんど同じなので繰り返さない.

6.5. コンパクトな自己共役作用素

本節では可分なヒルベルト空間 H 上のコンパクトな自己共役作用素を考える.

6.5.1. 一般固有関数展開　まず定理 4.27 を精密化する.

定理 6.33 A をコンパクトな自己共役作用素とし, $\{\mu_j\}_j$ を重複度を込めた A の固有値の全体とする. このとき, μ_j に対応する固有ベクトル e_j よりなる正規直交系が存在してノルム収束の意味で次が成り立つ:

$$A = \sum_{j=1}^\infty \mu_j e_j \otimes e_j \quad \text{または} \quad Ax = \sum_{j=1}^\infty \mu_j (x\,|\,e_j) e_j \quad (\forall\, x \in H).$$

ただし, $e_j \otimes e_j$ は e_j で生成される H の一次元部分空間への直交射影である.

証明 定理 4.27 により $\sigma(A)$ は 0 と高々可算個の固有値からなり, 固有値の集積点は (もしあれば) 0 に限る. 簡単のため, 零でない固有値はすべて正であると仮定する. さて, 正数 $\varepsilon \in \rho(A)$ を任意に取れば, 定理 6.24 (b) により

$$A = \int_{-\infty}^\infty \lambda\, dE(\lambda) = \int_0^\varepsilon \lambda\, dE(\lambda) + \sum_{\mu_j > \varepsilon} \mu_j e_j \otimes e_j$$

と表すことができる.今,固有値は可算個あると仮定する.このときは,$\mu_j \to 0$ $(j \to \infty)$ であるから,番号 K が存在して $j \geq K$ ならば $\mu_j < \varepsilon$ が成り立つ.従って,任意の $k \geq K$ と $x \in H$ に対し,

$$Ax - \sum_{j=1}^{k} \mu_j(e_j \otimes e_j)x = \int_0^\varepsilon \lambda\, dE(\lambda)x - \sum_{j \leq k,\, \mu_j < \varepsilon} \mu_j(e_j \otimes e_j)x$$

と変形して計算すれば,

$$\left\| Ax - \sum_{j=1}^{k} \mu_j(e_j \otimes e_j)x \right\| \leq \left\| \int_0^\varepsilon \lambda\, dE(\lambda)x \right\| + \left\| \sum_{j \leq k,\, \mu_j < \varepsilon} \mu_j(e_j \otimes e_j)x \right\|$$
$$\leq 2\varepsilon \|x\|$$

がわかる.x は任意であるから

$$\left\| A - \sum_{j=1}^{k} \mu_j e_j \otimes e_j \right\| \leq 2\varepsilon \qquad (k \geq K)$$

が成り立つ.よって,$\varepsilon \to 0$ として求める結果が得られる.　□

6.5.2. 跡族およびヒルベルト・シュミット族　コンパクト作用素の中で特別な地位を占めるものが標題の跡族とヒルベルト・シュミット族である.

定理 6.34　$T \in \mathscr{B}(H)$ を正とするとき,H の正規直交基底 $\{e_n\}$ に対し

$$(6.28) \qquad\qquad \operatorname{tr} T = \sum_n (Te_n \,|\, e_n)$$

は $\{e_n\}$ の取り方によらず一定である.これを T の跡またはトレースと呼ぶ.

証明　$S = T^{1/2}$ を T の平方根とすると,$(Te_n \,|\, e_n) = \|Se_n\|^2$ であるから,

$$\sum_{n=1}^{\infty} \|Se_n\|^2$$

が $\{e_n\}$ によらないことを示せばよい.このため,$\{f_k\}$ を H の任意の正規直交基底とすると,$Se_n = \sum_k (Se_n \,|\, f_k)f_k$ であるから,パーセヴァル等式により

$$\|Se_n\|^2 = \sum_{k=1}^{\infty} |(Se_n \,|\, f_k)|^2$$

が成り立つ. この両辺を n について加えてパーセヴァルの等式を使えば,

$$\sum_{n=1}^{\infty} \|Se_n\|^2 = \sum_{n=1}^{\infty} \sum_{k=1}^{\infty} |(Se_n \,|\, f_k)|^2$$
$$= \sum_{k=1}^{\infty} \sum_{n=1}^{\infty} |(e_n \,|\, Sf_k)|^2 = \sum_{k=1}^{\infty} \|Sf_k\|^2$$

を得る. この最終辺は $\{e_n\}$ を含まないから, (6.28) も $\{e_n\}$ によらない. □

定義 6.35 $T \in \mathscr{B}(H)$ とする. もし T の絶対値 $|T|$ の跡 $\mathrm{tr}\,|T|$ が有限ならば, T を**跡族作用素**または**トレース族作用素**という. H 上の跡族作用素の全体を $\mathscr{B}_1(H)$ と書き, $T \in \mathscr{B}_1(H)$ に対して

$$\|T\|_1 = \mathrm{tr}\,|T|$$

とおいて T の**跡ノルム** (または**トレースノルム**) と呼ぶ. また, $\mathrm{tr}(|T|^2)$ が有限ならば, T を**ヒルベルト・シュミット作用素**という. ヒルベルト・シュミット作用素の全体を $\mathscr{B}_2(H)$ と書き, $T \in \mathscr{B}_2(H)$ に対して

$$\|T\|_2 = \big(\mathrm{tr}(|T|^2)\big)^{1/2}$$

を T の**ヒルベルト・シュミットノルム**と呼ぶ.

これらの作用素がコンパクトであることを示そう.

定理 6.36 $\mathscr{B}_1(H)$ および $\mathscr{B}_2(H)$ の作用素はコンパクトである.

証明 $T \in \mathscr{B}_2(H)$ とする. 任意に正規直交基底 $\{e_n\}$ を固定すると, 定義より

$$\sum_{n=1}^{\infty} \|Te_n\|^2 = \sum_{n=1}^{\infty} (T^*Te_n \,|\, e_n) = \sum_{n=1}^{\infty} (|T|^2 e_n \,|\, e_n) = \mathrm{tr}(|T|^2) < \infty$$

が成り立つ. さて, T を基底 $\{e_n\}$ によって表せば

$$Tx = T\bigg(\sum_{n=1}^{\infty} (x \,|\, e_n)e_n\bigg) = \sum_{n=1}^{\infty} (x \,|\, e_n)Te_n$$

となる. 今, すべての $m \in \mathbb{N}$ に対して有限階作用素 S_m を

$$S_m x = \sum_{k=1}^{m} (x \,|\, e_k)Te_k$$

と定義する. このときは, シュワルツの不等式を使って次の評価が得られる:

$$\|(T - S_m)x\| = \left\| \sum_{k=m+1}^{\infty} (x \,|\, e_k)Te_k \right\| \leq \sum_{k=m+1}^{\infty} |(x \,|\, e_k)| \|Te_k\|$$

$$\leq \left\{ \sum_{k=m+1}^{\infty} |(x \,|\, e_k)|^2 \right\}^{1/2} \left\{ \sum_{k=m+1}^{\infty} \|Te_k\|^2 \right\}^{1/2}$$

$$\leq \|x\|^2 \left\{ \sum_{k=m+1}^{\infty} \|Te_k\|^2 \right\}^{1/2}$$

$x \in H$ は任意であるから, 以上から

$$\|T - S_m\| \leq \left\{ \sum_{k=m+1}^{\infty} \|Te_k\|^2 \right\}^{1/2} \to 0 \qquad (m \to \infty).$$

これは T が有限階作用素 S_m のノルム極限であることを示す. 従って, 定理 4.7 および定理 4.9 により T はコンパクトである.

次に, $T \in \mathscr{B}_1(H)$ とする. 定義により $\mathrm{tr}|T| < \infty$ であるから, $|T|$ の平方根 $|T|^{1/2}$ は $\mathscr{B}_2(H)$ に属する. 前半で示したことから, $|T|^{1/2}$ はコンパクトである. 従って, 極分解 (定理 5.13) により W を部分等長作用素として

$$T = W|T| = W|T|^{1/2}|T|^{1/2}$$

と表せば, 定理 4.6 により T がコンパクトであることがわかる. $\qquad\square$

あまり詳しいことを述べる余裕はないが一般の作用素の跡を定義しておく.

定理 6.37 $T \in \mathscr{B}_1(H)$ ならば正規直交基底 $\{e_n\}$ に対して

$$\mathrm{tr}\, T = \sum_{n=1}^{\infty} (Te_n \,|\, e_n)$$

は絶対収束し, 和は正規直交基底の取り方によらない. これを T の**跡**という.

証明 $T \in \mathscr{B}_1(H)$ とする. 前定理により $|T|$ はコンパクトな正作用素であるから, 定理 6.33 により $|T|$ を対角化する H の正規直交基底 $\{e_n\}$ が存在する. 従って, $|T|e_n = \alpha_n e_n$ を満たす $\alpha_n \geq 0$ が存在する:

$$|T|x = \sum_{n=1}^{\infty} \alpha_n (x \,|\, e_n)e_n \qquad (x \in H).$$

従って，$(|T|e_n \,|\, e_n) = \alpha_n$ であるから次がわかる：

$$\|T\|_1 = \sum_{n=1}^{\infty} (|T|e_n \,|\, e_n) = \sum_n \alpha_n.$$

今，$T = W|T|$ を T の極分解とすると，$Te_n = W|T|e_n = \alpha_n W e_n$ より

$$\sum_n |(Te_n \,|\, e_n)| \le \sum_{n=1}^{\infty} |\alpha_n| \|We_n\| \|e_n\| \le \sum_{n=1}^{\infty} \alpha_n = \|T\|_1 < \infty$$

すなわち，$\sum_n (Te_n \,|\, e_n)$ は絶対収束する．一方，$\{f_j\}$ を任意の正規直交基底とするとき，形式的に次の計算が成り立つ：

$$(6.29) \quad \sum_n (Te_n \,|\, e_n) = \sum_n \Big(Te_n \,\Big|\, \sum_j (e_n \,|\, f_j)f_j\Big) = \sum_{n,j} \overline{(e_n \,|\, f_j)}(Te_n \,|\, f_j).$$

ところが，最右辺についてはシュワルツの不等式とパーセヴァルの等式により

$$\sum_{n,j} |(e_n \,|\, f_j)(Te_n \,|\, f_j)| \le \sum_n \|e_n\| \|Te_n\| = \sum_n \alpha_n = \|T\|_1 < \infty$$

となり絶対収束するから，(6.29) の計算は項の順序を変えてよい．よって，

$$\begin{aligned}
\sum_n (Te_n \,|\, e_n) &= \sum_{n,j} \overline{(e_n \,|\, f_j)}(Te_n \,|\, f_j) \\
&= \sum_{n,j} (f_j \,|\, e_n)(Te_n \,|\, f_j) = \sum_{n,j} \big(T((f_j \,|\, e_n)e_n) \,\big|\, f_j\big) \\
&= \sum_j \Big(T\Big(\sum_n (f_j \,|\, e_n)e_n\Big) \,\Big|\, f_j\Big) \\
&= \sum_j (Tf_j \,|\, f_j).
\end{aligned}$$

故に，跡 $\mathrm{tr}\, T$ の定義は正規直交基底の取り方によらない． □

6.5.3. 積分作用素 コンパクト作用素の代表例は積分作用素である．コンパクトだけならば例 4.12 (b) のように直接証明できるが，もっと詳しく調べよう．

定理 6.38 $K(s,t)$ は $\Omega = [0,1] \times [0,1]$ 上の連続関数で $K(s,t) = \overline{K(t,s)}$ を満たすとする．このとき，

$$(6.30) \quad (Tf)(s) = \int_0^1 K(s,t)f(t)\,dt$$

は $H = L^2([0,1])$ 上の自己共役なヒルベルト・シュミット作用素である. 実際, T の重複度を込めた固有値の列を $\{\mu_j\}$ とし, 対応する固有関数の正規直交系を $\{\varphi_j\}$ とすれば, 任意の $[0,1]$ 上の連続関数 f に対して固有関数展開

$$(6.31) \qquad (Tf)(s) = \sum_{j=1}^{\infty} (Tf \,|\, \varphi_j) \varphi_j(s)$$

が成り立つ. ここで, 右辺の級数は $[0,1]$ 上で一様絶対収束する.

証明 (第 1 段) T がヒルベルト・シュミットであることは, $\{e_n\}$ を H の正規直交基底とすると, $\{\bar{e}_n\}$ も同様であるから, パーセヴァルの等式により

$$\sum_{n=1}^{\infty} \|T\bar{e}_n\|^2 = \sum_{n=1}^{\infty}\sum_{m=1}^{\infty} |(T\bar{e}_n \,|\, e_m)|^2 = \sum_{n,m=1}^{\infty} |(K \,|\, e_n \otimes e_m)|^2 = \|K\|_2^2 < \infty$$

と計算すればわかる. 最後の $\|K\|_2$ は $L^2(\Omega)$ のノルムである. ここでは関数 $e_n \otimes e_m(s,t) = e_n(s)e_m(t)$ が $L^2(\Omega)$ の正規直交基底であることも利用した.

(第 2 段) 作用素 T がコンパクトであることは第 1 段と定理 6.36 からわかる. また, 例 4.12 (b) のように直接の証明もできる.

(第 3 段) 自己共役であること, すなわち $(Tf \,|\, g) = (f \,|\, Tg)$ は単純な積分の計算であるから読者の演習とする.

(第 4 段) 固有関数展開の公式 (6.31) の右辺は一様絶対収束することを示そう. $f \in C[0,1]$ を任意に取って固定する. まず, (6.31) の右辺が $[0,1]$ 上で一様絶対収束することを示す. そのため, 右辺の各項を

$$(Tf \,|\, \varphi_j)\varphi_j(s) = (f \,|\, T\varphi_j)\varphi_j(s) = (f \,|\, \mu_j\varphi_j)\varphi_j(s) = (f \,|\, \varphi_j) \cdot \mu_j\varphi_j(s)$$

のように変形し, ベッセルの不等式

$$\sum_{j=1}^{\infty} |\mu_j\varphi_j(s)|^2 = \sum_{j=1}^{\infty} |(K(s,\cdot) \,|\, \bar{\varphi}_j)|^2 \le \|K(s,\cdot)\|^2$$

をシュワルツの不等式と合わせれば, 任意の $n \le m$ に対して次が得られる :

$$(6.32) \qquad \sum_{j=n}^{m} |(Tf \,|\, \varphi_j)| \cdot |\varphi_j(s)| = \sum_{j=n}^{m} |(f \,|\, \varphi_j)| \cdot |\mu_j\varphi_j(s)|$$

$$\le \left(\sum_{j=n}^{m} |(f \,|\, \varphi_j)|^2\right)^{1/2} \cdot \|K(s,\cdot)\|.$$

ここで，f に関するベッセルの不等式

$$\sum_{j=1}^{\infty} |(f \mid \varphi_j)|^2 \le \|f\|^2$$

を使えば，(6.32) の右辺の第一因数は $m, n \to \infty$ のとき 0 に収束する．また，$K(s, t)$ は有界であるから，第二因数は s について一様に有界である．従って，(6.32) の左辺は $m, n \to \infty$ のとき $[0, 1]$ 上で一様に 0 に収束する．すなわち，(6.31) の右辺は $[0, 1]$ 上で一様絶対収束することがわかった．

なお，公式 (6.31) の等号は定理 6.33 の一般論に含まれている． $\square$

演習問題

6.1 M をヒルベルト空間 H の閉部分空間とし，P を M への直交射影とする．このとき，$T \in \mathscr{B}(H)$ について次を示せ：

  (1) M は T で不変であるためには $TP = PTP$ が必要十分である．

  (2) M が T を約するためには $PT = TP$ が必要十分である．

6.2 $A \in \mathscr{B}(H)$ を自己共役とするとき，λ が $\sigma(A)$ の孤立点ならば λ は A の固有値であることを示せ．

6.3 E をヒルベルト空間 H 上のスペクトル測度 (定義 6.16) とするとき次を示せ：

  (1) $\omega_1, \omega_2 \in \mathfrak{B}(\mathbb{R})$ が互いに素ならば $E(\omega_1)$ と $E(\omega_2)$ は直交する．

  (2) 任意の $\omega_1, \omega_2 \in \mathfrak{B}(\mathbb{R})$ に対して $E(\omega_1)E(\omega_2) = E(\omega_2)E(\omega_1) = E(\omega_1 \cap \omega_2)$．

6.4 $A \in \mathscr{B}(H)$ は自己共役とし，K は A で不変な H の閉部分空間とする．このときは，任意の有界なボレル関数 $f \in B(\sigma(A))$ に対して $f(A)|_K = f(A|_K)$ を示せ．

6.5 U を H 上のユニタリー作用素とし，P を H の U 不変な元全体のなす部分空間への直交射影とする．このとき，任意の $x \in H$ に対して $\frac{1}{n}\sum_{k=0}^{n-1} U^k x$ $(n = 1, 2, \ldots)$ は Px にノルム収束することを示せ (フォン・ノイマンの**平均エルゴード定理**)．

6.6 正数 α に対して $K(s, t) = |s - t|^{-1+\alpha}$ $(0 \le s, t \le 1)$ とおき，

$$Tf(s) = \int_0^1 K(s, t) f(t)\, dt \qquad (f \in L^2([0, 1]))$$

と定義する．このとき次を証明せよ：

  (1) T は $L^2([0, 1])$ 上で有界である．

  (2) T はコンパクトである．

  (3) T がヒルベルト・シュミットであるためには $\alpha > 1/2$ が必要十分である．

第 7 章

非有界自己共役作用素

本章では非有界自己共役作用素の基礎について解説する．非有界というと難しいものを想像しがちであるが，基礎数学の微分はその代表であるから，非有界作用素は実は日頃使われているものである．自己共役作用素に限ってみても，現代の数学の多くの場面に登場するが，微分作用素に適用することによってこの概念の本当の深さに触れることができるといえる．

§7.1 では非有界作用素の基本，特にグラフの扱い方をやや詳しく説明する．§7.2 では非有界作用素のスペクトルとレゾルベントの一般論を述べる．§7.3 からが本論で，非有界な対称作用素と自己共役作用素の基礎を詳しく説明する．特に，自己共役作用素のスペクトルは空でない閉集合であることが示される．§7.4 では任意の閉作用素 T に対して T^*T は正の自己共役作用素であることを示すフォン・ノイマンの定理を証明し，それを利用した簡単な応用を述べる．§7.5 では非有界な自己共役作用素からユニタリー作用素を作り出すケーリー変換の理論を概説する．

7.1. 非有界作用素の基礎概念

ヒルベルト空間上の非有界作用素について基本的な概念の解説から始めよう．有界な作用素は連続であるから，連続でない作用素 T に対しては $\|x_n\| \le 1$ であるが $\|Ax_n\| \to \infty$ $(n \to \infty)$ を満たすベクトルの列 $\{x_n\}$ が存在する．連続でない作用素はこの意味で**非有界**と呼ばれる．数学で代表的な作用素の一つである微分がこの例である．非有界作用素は有界な場合に比べて手がかりが少なくて難しいが，重要な研究課題である．

113

7.1.1. 作用素の定義 H, K をヒルベルト空間とする. $T: H \to K$ が**線型作用素**であるとは, H の部分空間 $\mathcal{D}(T)$ から K への線型作用素を表すこととする. ここで $\mathcal{D}(T)$ は H の部分空間で T の**定義域**と呼ばれる. これは作用素ごとに変わってもよい. 以下では, 有界の場合と同様に, 単に作用素とも呼ぶ. 特に, $K = H$ のときは T を H 上の作用素という. まず, 計算法を説明する.

相等 作用素 $S, T: H \to K$ が次を満たすとき S を T の**拡大**といって, $T \subseteq S$ (または, $S \supseteq T$) と書く:

(1) $\mathcal{D}(T) \subseteq \mathcal{D}(S)$,

(2) すべての $x \in \mathcal{D}(T)$ に対して $Tx = Sx$.

さらに, $T \subseteq S$ かつ $S \subseteq T$ のとき $S = T$ と定義する.

和 二つの作用素 $S, T: H \to K$ の和 $S + T$ は次で定義される:

(1) $\mathcal{D}(S + T) = \mathcal{D}(S) \cap \mathcal{D}(T)$,

(2) $x \in \mathcal{D}(S + T)$ に対して $(S + T)(x) = Sx + Tx$.

差も同様である. 従って, 一般に $T - T \subseteq 0$ (0 は零作用素) である.

スカラー倍 作用素 $T: H \to K$ とスカラー α に対してスカラー倍 αT は $\mathcal{D}(\alpha T) = \mathcal{D}(T)$ および $(\alpha T)(x) = \alpha(Tx)$ で定義される.

積 L もヒルベルト空間であるとき, 作用素 $S: H \to K$ と $T: K \to L$ の積 TS を次で定義する:

(1) $\mathcal{D}(TS) = \{ x \in \mathcal{D}(S) \mid Sx \in \mathcal{D}(T) \}$,

(2) $x \in \mathcal{D}(TS)$ に対して $(TS)(x) = T(Sx)$.

可逆性 作用素 $T: H \to K$ に対し, その**核** $\mathcal{N}(T)$ と**値域** $\mathcal{R}(T)$ をそれぞれ

$$\mathcal{N}(T) = \{ x \in \mathcal{D}(T) \mid Tx = 0 \}, \quad \mathcal{R}(T) = \{ Tx \mid x \in \mathcal{D}(T) \}$$

で定義する. もし $\mathcal{N}(T) = \{0\}$ ならば, T は単射で逆 $Tx \mapsto x$ は $\mathcal{R}(T) \subseteq K$ から $\mathcal{D}(T) \subseteq H$ への作用素である. これを T^{-1} と書き T の逆という.

定義域の稠密性 ヒルベルト空間上の作用素 T を議論する際には, T の定義域 $\mathcal{D}(T)$ が H で稠密であると都合がいい場合が多い. このような場合, T は**稠密な定義域を持つ**, または**稠密に定義されている**という.

7.1.2. 作用素のグラフ 作用素のグラフを定義するため，§ 1.1.4 に従ってヒルベルト空間の直和 $H \oplus_2 K$ を導入する．これは H と K の直積

$$H \times K = \{ (x, y) \mid x \in H, y \in K \}$$

に和とスカラー倍および内積をそれぞれ次で定義したものである：

$$(x_1, y_1) + (x_2, y_2) = (x_1 + x_2, y_1 + y_2),$$
$$\alpha(x_1, x_2) = (\alpha x_1, \alpha x_2) \qquad (\alpha \in \mathbb{C}),$$
$$((x_1, y_1) \mid (x_2, y_2)) = (x_1 \mid x_2)_H + (y_1 \mid y_2)_K.$$

ここで，$(\cdot \mid \cdot)_H$ と $(\cdot \mid \cdot)_K$ はそれぞれ H と K の内積を表す．この区別は文脈からわかるから以下では一々断らないことにする．

さて，§7.1.1 の意味での線型作用素 $T : H \to K$ のグラフを

$$(7.1) \qquad G(T) = \{ (x, Tx) \in H \oplus K \mid x \in \mathcal{D}(T) \}$$

で定義する．T は線型であるから，グラフ $G(T)$ は明らかに $H \oplus_2 K$ の部分空間である．実際，次で特徴付けられる．

補題 7.1 $H \oplus K$ の部分集合 G が線型作用素のグラフであるためには

(a) G は $H \oplus K$ の線型部分空間である，

(b) $(0, y) \in G$ ならば $y = 0$，

が成り立つことが必要かつ十分である．なお，条件 (b) は一価性の保証である．

証明 G は作用素 T のグラフ $G(T)$ であるとすると，条件 (a) は T の線型性から定義に従って計算すればわかる．また，$(0, y) \in G(T)$ ならば $y = T(0) = 0$ となるから (b) も成り立つ．逆に，G が条件 (a), (b) を満たすと仮定し，$D = \{ x \in H \mid (x, y) \in G \}$ とおく．もし $(x, y_1), (x, y_2) \in G$ ならば $(x, y_1) - (x, y_2) = (0, y_1 - y_2) \in G$ であるから，条件 (b) により $y_1 = y_2$ を得る．従って，任意の $x \in D$ に対して，$(x, y) \in G$ を満たす $y \in K$ が唯一つ存在するから，$T(x) = y$ として写像 $T : D \to K$ が定義される．T が線型で $G(T) = G$ を満たすことは (a) からわかる． $\square$

7.1.3. 閉作用素 線型作用素 $T : H \to K$ のグラフ $G(T)$ はヒルベルト空間 $H \oplus_2 K$ の部分空間であるが，これが閉集合のときが特に重要である．

定義 7.2 $T\colon H \to K$ のグラフ $\boldsymbol{G}(T)$ が $H \oplus_2 K$ の閉集合ならば T を**閉作用素**であるという.また,閉作用素 $S\colon H \to K$ で $T \subseteq S$ を満たすものがあるとき,T を**可閉作用素**であるという.

ほとんど自明な事実から始める.

補題 7.3 すべての有界作用素 $T\colon H \to K$ $(\mathcal{D}(T) = H)$ は閉作用素である.

証明 点列 $(x_n, y_n) \in \boldsymbol{G}(T)$ が $(x, y) \in H \oplus K$ に収束すると仮定する.このときは,$x_n \to x$ であるから,T の連続性から $y_n = Tx_n \to Tx$ を得る.一方,$y_n \to y$ であるから $Tx = y$.すなわち,$(x, y) \in \boldsymbol{G}(T)$ が成り立つから,$\boldsymbol{G}(T)$ は閉集合である. □

補題 7.4 T が可閉ならば,$\boldsymbol{G}(T)$ の閉包 $\overline{\boldsymbol{G}(T)}$ をグラフとする作用素 $\overline{T}$ が存在する.これを T の**閉包**と呼ぶ.

証明 可閉作用素の定義により $T \subseteq S$ を満たす閉作用素 S が存在する.このとき,グラフについては $\boldsymbol{G}(T) \subseteq \boldsymbol{G}(S)$ を満たすが,$\boldsymbol{G}(S)$ は閉集合であるから,$\overline{\boldsymbol{G}(T)} \subseteq \boldsymbol{G}(S)$ が成り立つ.$\boldsymbol{G}(T)$ は $H \oplus K$ の部分空間であるから,その閉包 $\overline{\boldsymbol{G}(T)}$ は閉部分空間である.また,$\boldsymbol{G}(S)$ は補題 7.1 (b) の性質を持つから,その一部分である $\overline{\boldsymbol{G}(T)}$ も同様の性質を持つ.よって,補題 7.1 により $\overline{\boldsymbol{G}(T)}$ をグラフとする作用素が存在する. □

我々はグラフの操作のため直和 $H \oplus_2 K$ の座標の二種類の交換 $\boldsymbol{U}$ と $\boldsymbol{V}$ を

$$(7.2) \qquad \boldsymbol{U}(x, y) = (y, x), \quad \boldsymbol{V}(x, y) = (y, -x)$$

で定義する.これらは $H \oplus_2 K$ と $K \oplus_2 H$ の間の等長同型であり,特に以下で説明する共役作用素の定義やこれに関連する $H \oplus_2 H$ の直交分解を通して閉作用素の解析に重要な役割を演じる.

補題 7.5 $T\colon H \to K$ が単射ならば次が成り立つ:

(a) $\boldsymbol{G}(T^{-1}) = \boldsymbol{U}(\boldsymbol{G}(T))$

(b) T が閉ならば T^{-1} も同様である.逆も正しい.

(c) $\mathcal{R}(T) = K$ かつ T^{-1} が有界ならば,T は閉である.

証明 (c) のみを示すと，$T^{-1}\colon K \to H$ は有界であるから，補題 7.3 により閉である．従って，(b) により $T = (T^{-1})^{-1}$ も閉である． $\square$

線型作用素 $T\colon H \to K$ に対して $\mathcal{D}(T)$ 上に新しい内積 $(\,\cdot\,|\,\cdot\,)_T$ を

$$(x_1 \,|\, x_2)_T = (x_1 \,|\, x_2) + (Tx_1 \,|\, Tx_2) \qquad (x_1, x_2 \in H)$$

によって定義する．これはグラフ $\boldsymbol{G}(T)$ 上の内積を対応 $x \mapsto (x, Tx)$ によって $\mathcal{D}(T)$ に移したもので，この結果得られる $\mathcal{D}(T)$ 上のノルム $\|x\|_T$ を $\mathcal{D}(T)$ の**グラフノルム**と呼ぶ．これは $\|x\|_T^2 = \|x\|^2 + \|Tx\|^2$ を満たすから，対応 $x \mapsto (x, Tx)$ は $\mathcal{D}(T)$ から $\boldsymbol{G}(T)$ への等長同型である．

補題 7.6 線型作用素 $T\colon H \to K$ が閉作用素であるためには $\mathcal{D}(T)$ がグラフノルム $\|\cdot\|_T$ に関して完備であることが必要十分である．

証明 T が閉作用素ならば T のグラフ $\boldsymbol{G}(T)$ は直和 $H \oplus_2 K$ の閉部分空間である．$H \oplus_2 K$ は完備であるから，その閉部分空間 $\boldsymbol{G}(T)$ も完備である．ところが，グラフノルムを持つ $\mathcal{D}(T)$ は $H \oplus_2 K$ の部分空間としての $\boldsymbol{G}(T)$ と等長同型であるから，$\mathcal{D}(T)$ もグラフノルムで完備である．逆も同様である． $\square$

7.1.4. 共役作用素 グラフの次の応用として，一般の線型作用素の共役を定義しよう．有界作用素 $T \in \mathcal{B}(H)$ に対してはその共役 T^* を

$$(Tx \,|\, y) = (x \,|\, T^*y) \qquad (x, y \in H)$$

で定義した．作用素のグラフの立場で考えれば，上の式は

$$(y, T^*y) \perp (Tx, -x) = \boldsymbol{V}(x, Tx)$$

となるから，共役作用素 T^* のグラフは T のグラフ $\boldsymbol{G}(T)$ の歪対称変換 $\boldsymbol{V}(\boldsymbol{G}(T))$ の直交補空間に一致する．すなわち，$\boldsymbol{G}(T^*) = [\boldsymbol{V}(\boldsymbol{G}(T))]^\perp$．この事実は非有界作用素にも通用する．実際，次が成り立つ：

定理 7.7 T が H で稠密に定義された線型作用素ならば，$[\boldsymbol{V}(\boldsymbol{G}(T))]^\perp$ をグラフとする H 上の閉線型作用素が一意に存在する．

証明 $\boldsymbol{G}^* = [\boldsymbol{V}(\boldsymbol{G}(T))]^\perp$ とおく．ヒルベルト空間において直交補空間は必ず閉部分空間であるから，$\boldsymbol{G}^*$ は $H \oplus_2 H$ の閉部分空間である．従って，$\boldsymbol{G}^*$ が

閉作用素のグラフであるためには，補題 7.1 により $(0, y) \in \boldsymbol{G}^*$ から $y = 0$ が
わかればよい．今 $(0, y) \in \boldsymbol{G}^*$ とすると，すべての $x \in \mathcal{D}(T)$ に対して $(0, y)$
は $\boldsymbol{V}(x, Tx) = (Tx, -x)$ と直交するから，$(y \,|\, x) = (0 \,|\, Tx) = 0$ を得るが，
$\mathcal{D}(T)$ は H で稠密であるから，$y = 0$．これが示すべきことであった． $\square$

定義 7.8 H で稠密に定義された作用素 T に対し $[\boldsymbol{V}(\boldsymbol{G}(T))]^\perp$ をグラフとす
る作用素 (定理 7.7) を T の**共役**と呼び T^* と表す．これは次を満たす：

$$(7.3) \qquad (Tx \,|\, y) = (x \,|\, T^*y) \qquad (x \in \mathcal{D}(T),\, y \in \mathcal{D}(T^*)).$$

定理 7.9 T を稠密に定義された作用素とする．このとき，

(a) 共役 T^* は存在し，閉である．

(b) 作用素 S が $T \subseteq S$ を満たせば，$T^* \supseteq S^*$．

(c) 任意の $\lambda \in \mathbb{C}$ に対して $(\lambda I - T)^* = \bar{\lambda} I - T^*$．

(d) 任意の $\lambda \in \mathbb{C}$ に対して $\mathcal{N}(\bar{\lambda} I - T^*) = \mathcal{R}(\lambda I - T)^\perp$．

(e) 次の直交分解公式が成り立つ：

$$(7.4) \qquad H \oplus_2 H = \boldsymbol{V}(\overline{\boldsymbol{G}(T)}) \oplus \boldsymbol{G}(T^*) = \overline{\boldsymbol{G}(T)} \oplus \boldsymbol{V}(\boldsymbol{G}(T^*)).$$

証明 (a) 定理 7.7 と定義 7.8 から明らかである．

(b) $T \subseteq S$ ならば，$\boldsymbol{G}(T) \subseteq \boldsymbol{G}(S)$ であるから，$\mathcal{D}(S)$ も稠密で S^* は存在
する．さらに，$\boldsymbol{G}(T^*) = [\boldsymbol{V}(\boldsymbol{G}(T))]^\perp \supseteq [\boldsymbol{V}(\boldsymbol{G}(S))]^\perp = \boldsymbol{G}(S^*)$．

(c) $x \in \mathcal{D}(\lambda I - T) = \mathcal{D}(T),\, y \in \mathcal{D}(T^*)$ に対して

$$
\begin{aligned}
((\lambda I - T)x \,|\, y) &= (\lambda x \,|\, y) - (Tx \,|\, y) = (x \,|\, \bar{\lambda} y) - (x \,|\, T^*y) \\
&= (x \,|\, \bar{\lambda} y - T^*y) = (x \,|\, (\bar{\lambda} I - T^*)y)
\end{aligned}
$$

を得るから，$\bar{\lambda} I - T^* \subseteq (\lambda I - T)^*$ が成り立つ．逆については，$S = \lambda I - T$
として前半を適用すれば，$\bar{\lambda} I - S^* \subseteq (\lambda I - S)^* = T^*$ となって $(\lambda I - T)^* =$
$S^* = \bar{\lambda} I - (\bar{\lambda} I - S^*) \subseteq \bar{\lambda} I - T^*$ が得られる．故に $(\lambda I - T)^* = \bar{\lambda} I - T^*$．

(d) もし $y \in \mathcal{N}(\bar{\lambda} I - T^*)$ ならば，$y \in \mathcal{D}(T^*)$ かつ $(\bar{\lambda} I - T^*)y = 0$ であ
るから，任意の $x \in \mathcal{D}(T)$ に対して，$0 = (x \,|\, (\bar{\lambda} I - T^*)y) = ((\lambda I - T)x \,|\, y)$
を得る．よって $y \in \mathcal{R}(\lambda I - T)^\perp$ となり，$\mathcal{N}(\bar{\lambda} I - T^*) \subseteq \mathcal{R}(\lambda I - T)^\perp$．逆
に，$y \in \mathcal{R}(\lambda I - T)^\perp$ ならば，すべての $x \in \mathcal{D}(T)$ に対して $((\lambda I - T)x \,|\, y) =$
$0 = (x \,|\, 0)$ を満たすから，$y \in \mathcal{D}((\lambda I - T)^*)$ かつ $(\lambda I - T)^*y = 0$ を得る．

ここで, $(\lambda I - T)^* = \bar{\lambda} I - T^*$ であるから, $y \in \mathcal{N}(\bar{\lambda} I - T^*)$. すなわち, $\mathcal{R}(\lambda I - T)^{\perp} \subseteq \mathcal{N}(\bar{\lambda} I - T^*)$. 故に $\mathcal{N}(\bar{\lambda} I - T^*) = \mathcal{R}(\lambda I - T)^{\perp}$.

(e) ヒルベルト空間の直交分解定理 ([**B3**, 定理 5.5]) によりヒルベルト空間の部分空間 M のノルム位相に関する閉包は M の二重直交補空間 $M^{\perp\perp}$ に等しいから, $\boldsymbol{G}(T^*) = [\boldsymbol{V}(\boldsymbol{G}(T))]^{\perp}$ と $\boldsymbol{V}$ のユニタリー性より,

$$\boldsymbol{G}(T^*)^{\perp} = [\boldsymbol{V}(\boldsymbol{G}(T))]^{\perp\perp} = \overline{\boldsymbol{V}(\boldsymbol{G}(T))} = \boldsymbol{V}(\overline{\boldsymbol{G}(T)})$$

が得られる. これから直交分解の公式は明らかである. □

補題 7.10 稠密に定義された作用素 T が可閉であるためにはその共役 T^* が稠密な定義域を持つことが必要十分である. この場合 $T^{**} = \bar{T}$ が成り立つ.

証明 $\mathcal{D}(T)$ は稠密であるから, 共役 T^* は存在する. まず T が可閉とすると, $\overline{\boldsymbol{G}(T)}$ は作用素のグラフである. もし仮に $\mathcal{D}(T^*)$ が稠密でなければ, $\mathcal{D}(T^*)^{\perp}$ は零でない $z \in H$ を含むが, (7.4) により $(0, z) \in (\boldsymbol{V}(\boldsymbol{G}(T^*)))^{\perp} = \overline{\boldsymbol{G}(T)}$ となって補題 7.1 に反する. 逆に, $\mathcal{D}(T^*)$ が稠密ならば, T^{**} が存在して $\boldsymbol{G}(T^{**}) = (\boldsymbol{V}(\boldsymbol{G}(T^*)))^{\perp} = \overline{\boldsymbol{G}(T)}$ を満たすから, $\overline{\boldsymbol{G}(T)}$ は作用素のグラフである. 故に T は可閉で $\bar{T} = T^{**}$ が成り立つ. □

定理 7.11 T を稠密に定義された閉作用素とする. このとき,

(a) 次の直交分解の公式が成り立つ:

$$(7.5) \qquad H \oplus_2 H = \boldsymbol{V}(\boldsymbol{G}(T)) \oplus \boldsymbol{G}(T^*) = \boldsymbol{G}(T) \oplus \boldsymbol{V}(\boldsymbol{G}(T^*)).$$

(b) $\mathcal{D}(T^*)$ は稠密で $T^{**} = T$ が成り立つ.

7.2. スペクトルとレゾルベント

非有界作用素のスペクトルとレゾルベントの一般論を述べる.

7.2.1. スペクトル T をヒルベルト空間 H 上の (非有界) 作用素とする.

定義 7.12 $\lambda I - T$ が $\mathcal{B}(H)$ に属する逆を持つような複素数 λ 全体の集合 $\rho(T)$ を T の**レゾルベント集合**と呼ぶ. また, $\rho(T)$ 上の関数 $R(\lambda; T) = (\lambda I - T)^{-1}$ を T の**レゾルベント**と呼ぶ. さらに, T のレゾルベント集合 $\rho(T)$ の $\mathbb{C}$ での補集合 $\sigma(T)$ を T の**スペクトル**と呼ぶ.

定理 7.13　作用素 T のレゾルベント集合 $\rho(T)$ が空でなければ，T は閉である．

証明　$\rho(T) \neq \emptyset$ を仮定する．$\lambda \in \rho(T)$ とすると，$(\lambda I - T)^{-1}$ は H 全体で定義された有界作用素であるから，補題 7.5 (c) により $\lambda I - T$ は閉である．もし $\lambda = 0$ ならば，$-T$ が閉であるから T も同様である．最後に $\lambda \neq 0$ のときは，$x_n \in \mathcal{D}(T)$ を $(x_n, Tx_n) \to (x, y)$ と取ると，$(x_n, (\lambda I - T)x_n) \to (x, \lambda x - y)$ が得られる．$\lambda I - T$ は閉であるから，$x \in \mathcal{D}(\lambda I - T)$ かつ $(\lambda I - T)x = \lambda x - y$ がわかる．従って，$x \in \mathcal{D}(T)$ かつ $Tx = y$ で，T はやはり閉である．　　□

この結果によりスペクトル理論に登場する非有界作用素は閉であると仮定してよい．閉グラフ定理により非有界な閉作用素の定義域は H に一致しない．

7.2.2. 閉作用素の基本性質　閉作用素についてはさらに次がわかる．

定理 7.14　T を H 上稠密に定義された閉作用素とする．

(a)　T のレゾルベント集合 $\rho(T)$ は $\lambda I - T$ が $\mathcal{D}(T)$ から H への全単射であるような $\lambda \in \mathbb{C}$ の全体と一致する．

(b)　$\lambda \in \rho(T)$ と $\bar{\lambda} \in \rho(T^*)$ は同等で $R(\lambda; T)^* = R(\bar{\lambda}; T^*)$ が成り立つ．

(c)　$\lambda \in \mathbb{C}$ に対し，$\lambda \in \sigma(T)$ であるためには $\bar{\lambda} \in \sigma(T^*)$ が必要十分である．

証明　(a)　$\lambda I - T$ は $\mathcal{D}(T)$ から H への全単射とすると，補題 7.5 により $(\lambda I - T)^{-1}$ は H を定義域とする閉作用素であることがわかる．従って，閉グラフ定理により $(\lambda I - T)^{-1}$ は有界である．故に $\lambda \in \rho(T)$．逆は明らかである．

(b)　$\lambda \in \rho(T)$ を仮定する．まず，$x \in H, y \in \mathcal{D}(T^*)$ に対して

$$(x \mid y) = ((\lambda I - T)R(\lambda; T)x \mid y) = (x \mid R(\lambda; T)^*(\bar{\lambda}I - T^*)y)$$

より $R(\lambda; T)^*(\bar{\lambda}I - T^*) = I_{\mathcal{D}(T^*)}$ となる．また，$x \in \mathcal{D}(T), y \in H$ に対して

$$(x \mid y) = (R(\lambda; T)(\lambda I - T)x \mid y) = (x \mid (\bar{\lambda}I - T^*)R(\lambda; T)^*y)$$

より $(\bar{\lambda}I - T^*)R(\lambda; T)^* = I$ となる．よって，$(\bar{\lambda}I - T^*)^{-1}$ が存在して有界作用素 $R(\lambda; T)^*$ に等しい．故に，$\bar{\lambda} \in \rho(T^*)$ かつ $R(\bar{\lambda}; T^*) = R(\lambda; T)^*$．

逆に，$\bar{\lambda} \in \rho(T^*)$ ならば，今の議論により $\lambda = \bar{\bar{\lambda}} \in \rho(T^{**}) = \rho(T)$ を得る．

(c)　スペクトルはレゾルベント集合の補集合であるから，命題 (b) の前半の対偶を取れば $\lambda \in \sigma(T)$ と $\bar{\lambda} \in \sigma(T^*)$ が同等であることがわかる．　　□

7.2 スペクトルとレゾルベント

定理 7.15 T を H 上稠密に定義された閉作用素で $\rho(T) \neq \emptyset$ を仮定する.

(a) T のレゾルベント集合 $\rho(T)$ は $\mathbb{C}$ の開集合であり,関数 $R(\lambda; T)$ は $\rho(T)$ (の各成分) 上で定義され $\mathscr{B}(H)$ に値を取る正則関数である.

(b) $\lambda, \mu \in \rho(T)$ に対し $R(\lambda; T)$ と $R(\mu; T)$ は可換で次を満たす:

$$R(\lambda; T) - R(\mu; T) = (\lambda - \mu) R(\lambda; T) R(\mu; T) \quad (\text{レゾルベント方程式}).$$

(c) $R(\lambda; T)$ は $\rho(T)$ 上で (ノルム位相で) 微分可能で次を満たす:

$$\frac{d}{d\lambda} R(\lambda; T) = -R(\lambda; T)^2.$$

証明 (a) λ を $\rho(T)$ を任意に固定すると,任意の $\mu \in \mathbb{C}$ に対して

$$(\mu I - T) R(\lambda; T) = I + (\mu - \lambda) R(\lambda; T)$$

と変形できる. 従って,もし $|\mu - \lambda| < \|R(\lambda; T)\|^{-1}$ ならば定理 3.2 により上式の右辺は可逆となるから,$\mu \in \rho(T)$ かつ

$$R(\mu; T) = R(\lambda; T)(I + (\mu - \lambda) R(\lambda; T))^{-1}$$

がわかる. すなわち,λ を中心とする半径 $\|R(\lambda; T)\|^{-1}$ の開円板は $\rho(T)$ に含まれる. $\lambda \in \rho(T)$ は任意であるから,$\rho(T)$ は開集合である. 正則であることは (c) からわかる. なお,ベクトル値正則関数については付録 §A.2 を見よ.

(b), (c) は定理 3.7 と同様である. $\qquad\square$

定理 7.16 T は前定理と同様ならばスペクトル $\sigma(T)$ は空でない閉集合である.

証明 背理法で証明する. $\sigma(T) = \emptyset$ とすると,$R(\lambda; T)$ は $\mathbb{C}$ 全体で正則である. 任意に $x, y \in H$ を固定して,$f(\lambda) = (R(\lambda; T)x \mid y)$ とおくと $f(\lambda)$ は $\mathbb{C}$ 上で正則である. $z = R(\lambda; T)x$ とおくと,$x = (\lambda I - T)z$ より $\|x\| = \|(\lambda I - T)z\| \geq |\lambda|\|z\| - \|Tz\|$ となり,十分大きな λ に対して

$$|f(\lambda)| \leq \|y\|\|z\| \leq \|y\| \frac{\|x\| + \|Tz\|}{|\lambda|}$$

が成り立つ. 従って,$|f(\lambda)| \to 0 \ (\lambda \to \infty)$ を得る. これから,整関数 $f(\lambda)$ は恒等的に零であることがわかる. $x, y \in H$ は任意であるから $R(\lambda; T) = 0$ を得るが,これはレゾルベントの定義に反する. 故に,$\sigma(T) \neq \emptyset$. $\sigma(T)$ が閉集合であることはその補集合 $\rho(T)$ が開集合であることからわかる. $\qquad\square$

T を H 上で稠密に定義された閉作用素で $\rho(T) \neq \emptyset$ とする. このとき, $\lambda I - T$ が $\mathcal{D}(T)$ 上で単射ではない λ の全体を $\sigma_p(T)$ とおき, T の**点スペクトル**と呼ぶ. $\lambda I - T$ が $\mathcal{D}(T)$ 上で単射なときは, $\lambda I - T$ の値域が H で稠密であるが H に等しくはない λ の全体を $\sigma_c(T)$ と書き, $\lambda I - T$ の値域が H で稠密ではない λ の全体を $\sigma_r(T)$ と書く. $\sigma_c(T)$ と $\sigma_r(T)$ をそれぞれ T の**連続**および**剰余スペクトル**という. また, **近似点スペクトル** $\sigma_{ap}(T)$ も有界作用素の場合と同様で, $\lambda \in \sigma_{ap}(T)$ とは $\mathcal{D}(T)$ 内の単位ベクトルの列 $\{x_n\}$ で $\|(\lambda I - T)x_n\| \to 0$ $(n \to \infty)$ を満たすものが存在することをいう.

定理 7.17 T の近似点スペクトル $\sigma_{ap}(T)$ は $\sigma(T)$ の境界を含む閉集合である.

証明 $\lambda_0 \in \partial\sigma(T)$ とし, λ_0 に収束する点列 $\mu_n \in \rho(T)$ を取れば

$$(7.6) \qquad \lim_{n \to \infty} \|R(\mu_n; T)\| = +\infty$$

が成り立つ. もしこれが誤りならば, $\sup_n \|R(\mu_n; T)\| < +\infty$ を満たす $\{\mu_n\}$ が存在する. この上限を M とおくと, $|\lambda_0 - \mu_n| < M^{-1}$ を満たす n を取れば,

$$(\lambda_0 I - T)R(\mu_n; T) = I + (\lambda_0 - \mu_n)R(\mu_n; T)$$

が成り立つ. ところが, $\|(\lambda_0 - \mu_n)R(\mu_n; T)\| < 1$ であるから, 上式の右辺は H 上で可逆である. 従って, $\lambda_0 I - T$ は $\mathcal{D}(T)$ から H への全単射となるが, 定理 7.14 (a) により $\lambda_0 \in \rho(T)$ となり矛盾である. 故に (7.6) は正しい.

さて, (7.6) により $x_n \in \mathcal{D}(T)$ で $\|x_n\| = 1$ かつ $\|R(\mu_n; T)x_n\| \to \infty$ を満たすものが存在する. $y_n = R(\mu_n; T)x_n / \|R(\mu_n; T)x_n\|$ $(n \geq 1)$ とおけば, $\|y_n\| = 1$ かつ $\|(\mu_n I - T)y_n\| = 1/\|R(\mu_n; T)x_n\| \to 0$ がわかる. よって,

$$\|(\lambda_0 I - T)y_n\| = \|(\lambda_0 - \mu_n)y_n + (\mu_n I - T)y_n\| \to 0$$

から $\lambda_0 \in \sigma_{ap}(T) \subseteq \sigma(T)$ がわかる.

なお, $\sigma_{ap}(T)$ が閉であることは有界な場合 (定理 3.15) と同様に示される. $\qquad\square$

7.3. 対称作用素と自己共役作用素

本節では非有界作用素に対して対称性と自己共役性を定義し基本性質を述べる. 本節で考察する作用素は特に断らない限り**稠密に定義されている**とする.

7.3 対称作用素と自己共役作用素　　123

7.3.1. 対称作用素　定義から始めよう.

定義 7.18　H 上の線型作用素 T が**対称**であるとは

(1)　定義域 $\mathcal{D}(T)$ は H で稠密である,

(2)　$T \subseteq T^*$, すなわち $x \in \mathcal{D}(T)$ ならば $x \in \mathcal{D}(T^*)$ かつ $T^*x = Tx$

の二条件を満たすことをいう.

まず, 対称作用素は有界の場合と同じように次で特徴づけられる.

定理 7.19　稠密に定義された線型作用素 T が対称であるためにはすべての $x \in \mathcal{D}(T)$ に対して $(Tx \mid x)$ が実数であることが必要十分である.

証明　有界作用素の場合 (定理 2.10) と同様であるから省略する.　　　□

系　稠密に定義された T が対称であることは次の各条件と同値である:

(a)　$\|(T+iI)x\|^2 = \|Tx\|^2 + \|x\|^2$　$(\forall x \in \mathcal{D}(T))$.

(b)　$\|(T-iI)x\|^2 = \|Tx\|^2 + \|x\|^2$　$(\forall x \in \mathcal{D}(T))$.

(c)　虚部が零でない一つの $\lambda \in \mathbb{C}$ に対して次を満たす:

$$\|(T+\lambda I)x\|^2 = \|(T+(\mathrm{Re}\,\lambda)I)x\|^2 + (\mathrm{Im}\,\lambda)^2\|x\|^2 \quad (\forall x \in \mathcal{D}(T)).$$

(d)　条件 (c) はすべての虚部が零でない $\lambda \in \mathbb{C}$ に対して成り立つ.

定理 7.19 とその系の諸条件を使えば次の性質が簡単にわかる:

定理 7.20　対称作用素 T に対して次が成り立つ:

(a)　$\mathcal{N}(T+iI) = \mathcal{N}(T-iI) = \{0\}$.

(b)　H の部分空間 $\mathcal{R}(T+iI)$ から $H \oplus_2 H$ の部分空間 $\boldsymbol{G}(T)$ への写像 $\pi_+ : (T+iI)x \mapsto (x, Tx)$ $(x \in \mathcal{D}(T))$ は等距離同型である.

(c)　T が閉であるためには $T+iI$ の値域 $\mathcal{R}(T+iI)$ が H の閉部分空間であることが必要十分である. $T-iI$ としても同様である.

証明　(a)　$x \in \mathcal{N}(T+iI)$ ならば $x \in \mathcal{D}(T)$ かつ $(T+iI)x = 0$ であるから, 定理 7.19 の系の条件 (a) から $x = 0$ を得る. $T-iI$ についても同様である.

(b)　定理 7.19 の系の条件 (a) の左辺は $(T+iI)x \in \mathcal{R}(T+iI)$ のノルムの二乗, 右辺は $(x, Tx) \in \boldsymbol{G}(T)$ のノルムの二乗であるから, この条件は π_+ が等距離同型であることを示す.

(c) T が閉ならば $G(T)$ は $H \oplus_2 H$ の閉部分空間であるから完備である．従って，(b) によりこれと等長同型な $\mathcal{R}(T + iI)$ も完備であるから，H の閉部分空間である．この逆も正しい．$T - iI$ についても同様である． $\square$

定理 7.21 対称作用素は可閉である．対称作用素の閉包はまた対称である．実際，T が対称ならば，T の閉包 $\bar{T}\,(= T^{**})$ は対称な閉作用素である．

証明 T を対称であるとする．定義により $T \subseteq T^*$ であるが，T^* は閉であるから，T は可閉である．また，$\mathcal{D}(T) \subseteq \mathcal{D}(T^*)$ であるから，$\mathcal{D}(T^*)$ は稠密である．従って，補題 7.10 により T^{**} は閉で $\bar{T}$ に等しい．さらに，定理 7.9 (b) により $T^{**} \subseteq T^*$ から $T^{**} \subseteq T^{***}$ を得るから，T^{**} も対称である． $\square$

7.3.2. 自己共役作用素

定義 7.22 T が**自己共役**であるとは，稠密に定義され $T = T^*$ を満たすことをいう．さらに，自己共役作用素 T がすべての $x \in \mathcal{D}(T)$ に対して $(Tx \,|\, x) \geq 0$ を満たすとき，T は**正**または**正値**であるといい，$T \geq 0$ と表す．

T が自己共役であるとは T が対称でかつ $\mathcal{D}(T) = \mathcal{D}(T^*)$ を満たすことである．次の定理は対称作用素が自己共役になるための基本的な条件を与える．

定理 7.23 対称作用素 T について次は同値である：

(a) T は自己共役である．

(b) T は閉作用素で，$\mathcal{N}(T^* + iI) = \mathcal{N}(T^* - iI) = \{0\}$ を満たす．

(c) $\mathcal{R}(T + iI) = \mathcal{R}(T - iI) = H$ が成り立つ．

証明 (a) $\Longrightarrow$ (b)　T は自己共役であると仮定すると，定理 7.9 (a) により T^* は閉であるから T も同様である．さらに，定理 7.20 (a) により，$\mathcal{N}(T^* + iI) = \mathcal{N}(T + iI) = \{0\}$ と $\mathcal{N}(T^* - iI) = \mathcal{N}(T - iI) = \{0\}$ を得る．

(b) $\Longrightarrow$ (c)　(b) を仮定する．まず T は閉であるから，定理 7.20 (c) により $\mathcal{R}(T \pm iI)$ は H の閉部分空間である．また，定理 7.9 (d) を参照すれば $\mathcal{R}(T + iI)^{\perp} = \mathcal{N}(T^* - iI) = \{0\}$ であるから，$\mathcal{R}(T + iI)$ は H で稠密である．故に $\mathcal{R}(T + iI) = H$．$\mathcal{R}(T - iI)$ についても同様である．

(c) $\implies$ (a) 最後に (c) を仮定する. T は対称であるから, (a) を示すためには $\mathcal{D}(T^*) \subseteq \mathcal{D}(T)$ がわかれば十分である. もし $y \in \mathcal{D}(T^*)$ を任意に取れば, $\mathcal{R}(T + iI) = H$ より $(T^* + iI)y = (T + iI)x$ を満たす $x \in \mathcal{D}(T)$ が存在する. 従って, $T \subseteq T^*$ を利用して $(T^* + iI)(y - x) = 0$ が導かれる. ところが定理 7.9 (d) により $\mathcal{N}(T^* + iI) = \mathcal{R}(T - iI)^\perp = H^\perp = \{0\}$ であるから, $y - x = 0$. すなわち, $y = x \in \mathcal{D}(T)$. これですべての証明が終った. $\square$

自己共役ではない対称作用素でも拡大して自己共役にできることがある.

補題 7.24 対称作用素 T が自己共役ではないとき, もし A が T の自己共役な拡大ならば, $T \subseteq \bar{T} \subseteq A = A^* \subset T^*$ が成り立つ.

作用素 T の自己共役な拡大が唯一つのとき, T を**本質的自己共役**であるという. 従って, 閉包 $\bar{T}$ が自己共役な対称作用素 T は本質的自己共役である. 本質的自己共役でなくても自己共役な拡大を持つ例を §7.5.3 で述べる.

定理 7.25 A が自己共役, T が対称のとき, $A \subseteq T$ ならば $A = T$.

証明 定理 7.9 (b) により $T^* \subseteq A^* = A \subseteq T$ を得るから, $A = T$. $\square$

対称作用素 T の定義域が H 全体ならば, T は定義域が H 全体に等しい閉作用素であるから, 閉グラフ定理 ([**B3**, 定理 4.19]) によって連続となる.

定理 7.26 (ヘリンガー・テープリッツ) T を対称作用素とする. このとき, $\mathcal{D}(T) = H$ ならば T は有界である. すなわち, H 全体で定義された非有界な対称作用素は存在しない.

7.3.3. 自己共役作用素のスペクトル ヒルベルト空間上の非有界作用素のスペクトルとレゾルベントは §7.2.1 で説明したが, 自己共役作用素については有界な場合と同様な事実が成り立つことを示す. そのため, まず次に注意する.

補題 7.27 対称閉作用素 T と虚部が零でない複素数 λ について次が成り立つ:
(a) $\mathcal{N}(T - \lambda I) = \{0\}$.
(b) $\mathcal{R}(T - \lambda I)$ は閉である. 特に, T が自己共役ならば, $\mathcal{R}(T - \lambda I) = H$.

証明は定理 7.20, 7.23 と同様である. これから次の基本定理がわかる.

定理 7.28 A が自己共役ならば，$\sigma(A)$ は $\mathbb{R}$ の空でない閉部分集合である．

証明 まず A は対称な閉作用素であることに注意する．従って，補題 7.27 が適用できるから，$\mathrm{Im}\,\lambda \neq 0$ ならば，$\lambda I - A$ は $\mathcal{D}(A)$ から H への全単射となり，定理 7.14 (a) により $\lambda \in \rho(A)$ である．よって $\sigma(A) \subseteq \mathbb{R}$ であるが，定理 7.16 の仮定が満たされるから，これは空でない． □

系 自己共役な A については $\sigma(A) = \sigma_{ap}(A)$ かつ $\sigma_r(A) = \emptyset$ が成り立つ．

証明 $\sigma(A) \subseteq \mathbb{R}$ より $\sigma(A)$ の点はすべて $\sigma(A)$ の境界点であるから，定理 7.17 により $\sigma(A) = \sigma_{ap}(A)$．また，$\lambda \in \sigma_r(A)$ とすると，λ は実数であるから定理 7.9 (d) より $\mathcal{N}(\lambda I - A) = \mathcal{R}(\lambda I - A)^\perp \neq \{0\}$ を得る．これから $\lambda \in \sigma_p(A)$ がわかるが，これは $\lambda \in \sigma_r(A)$ と矛盾する． □

7.4. フォン・ノイマンの着想

非有界作用素の議論を有界の場合に還元するのがフォン・ノイマンの着想である．

7.4.1. フォン・ノイマンの定理　まず定理を述べよう．

定理 7.29 (フォン・ノイマン) T が稠密に定義された閉作用素ならば T^*T は正の自己共役作用素で $I + T^*T$ は可逆である．

この定理は本章と次章で本質的な役割を演じる．まず補題から始める．

補題 7.30 T は H 上の線型作用素で定義域 $\mathcal{D}(T)$ と値域 $\mathcal{R}(T)$ は H で稠密であり，$T : \mathcal{D}(T) \to \mathcal{R}(T)$ は一対一であるとする．このとき次が成り立つ：

(a) $\boldsymbol{G}((T^{-1})^*) = \boldsymbol{U}(\boldsymbol{G}(T^*))$．ただし，$\boldsymbol{U}$ は (7.2) で定義した変換である．

(b) T が対称 (または，自己共役) ならば T^{-1} も同様である．

証明 (a) $S = T^{-1}$ とおくと $\boldsymbol{G}(S) = \boldsymbol{U}(\boldsymbol{G}(T))$ であるから，

$$\boldsymbol{G}(S^*) = (\boldsymbol{V}\boldsymbol{G}(S))^\perp = (\boldsymbol{V}\boldsymbol{U}(\boldsymbol{G}(T)))^\perp = \boldsymbol{U}((\boldsymbol{V}\boldsymbol{G}(T))^\perp) = \boldsymbol{U}(\boldsymbol{G}(T^*)).$$

(b) T が対称ならば $\boldsymbol{G}(T) \subseteq \boldsymbol{G}(T^*)$ が成り立つから，(a) により次を得る：

$$\boldsymbol{G}(S) = \boldsymbol{U}(\boldsymbol{G}(T)) \subseteq \boldsymbol{U}(\boldsymbol{G}(T^*)) = \boldsymbol{G}(S^*).$$

故に，$S = T^{-1}$ は対称である．自己共役についても同様である． □

7.4 フォン・ノイマンの着想

定理 7.29 の証明　理解を助けるために証明を 3 段に分ける.

（第 1 段）　閉作用素に関する直交分解 (7.5) により, 任意の $z \in H$ に対し

$$(7.7) \qquad (z, 0) = (x, Tx) + \boldsymbol{V}(y, T^*y) = (x, Tx) + (T^*y, -y)$$

を満たす $x \in \mathcal{D}(T)$ および $y \in \mathcal{D}(T^*)$ が一意に存在する. これによって

$$Bz = x, \quad Cz = y$$

と定義する. 直交分解の一意性から B, C は H 全体で定義され, それぞれ $\mathcal{D}(T), \mathcal{D}(T^*)$ に値を取る線型作用素である. 直和空間のノルムの定義から

$$\|z\|^2 = \|x\|^2 + \|Tx\|^2 + \|y\|^2 + \|T^*y\|^2$$
$$\geq \|Bz\|^2 + \|Cz\|^2$$

であるから $\|B\| \leq 1, \|C\| \leq 1$ がわかる. (7.7) を成分ごとに書けば

$$z = x + T^*y, \quad 0 = Tx - y$$

となる. これに B と C の定義を代入すれば H 全体で定義された公式

$$(7.8) \qquad I = B + T^*C, \quad 0 = TB - C$$

が得られる. 従って $\mathcal{R}(B) \subseteq \mathcal{D}(T^*T)$ がわかる. これを整理したのが次である:

$$(7.9) \qquad C = TB, \quad I = (I + T^*T)B.$$

これを用いて $I + T^*T$ の性質をさらに詳しく調べる.

（第 2 段）　任意の $x \in \mathcal{D}(T^*T)$ に対して

$$(7.10) \qquad ((I + T^*T)x \mid x) = (x \mid x) + (Tx \mid Tx) = \|x\|^2 + \|Tx\|^2$$

が成り立つから, $I + T^*T$ は単射かつ正である. さらに $I + T^*T$ は可逆で $B = (I + T^*T)^{-1}$ が成り立つ. 実際, 等式 (7.9) から $\mathcal{R}(B) \subseteq \mathcal{D}(T^*T)$ および $(I + T^*T)\mathcal{R}(B) = H$ がわかる. 一方, $(I + T^*T)\mathcal{D}(T^*T) = H$ で $I + T^*T$ は単射であるから $\mathcal{R}(B) = \mathcal{D}(T^*T)$ が従う. 故に $B = (I + T^*T)^{-1}$ は正しい.

（第 3 段）　最後に T^*T が自己共役であることを示す. まず $I + T^*T$ は正であるから, その逆 B も同様である. 従って B は有界な自己共役作用素である. 今 B は単射であるから値域 $\mathcal{R}(B)$ は H で稠密である. 実際, もし $y \in H$ が $\mathcal{R}(B)$ に直交したとすれば, すべての $x \in H$ に対して $0 = (Bx \mid y) = (x \mid By)$

となるから，$By = 0$ となって $y = 0$ が得られるからである．上で示したように $\mathcal{D}(T^*T) = \mathcal{R}(B)$ であるから，$\mathcal{D}(T^*T)$ は H で稠密である．従って，$I + T^*T$ は稠密な定義域と値域を持つ作用素でその逆 B は自己共役であるから，補題 7.30 により $I + T^*T$ も同様である．よって，$T^*T = (I + T^*T) - I$ も自己共役である．$T^*T \geq 0$ であることは，(7.10) の計算からわかる． □

閉作用素 T の定義域 $\mathcal{D}(T)$ の部分空間 D が T に対する**芯**であるとは $T|_D$ の作用素閉包が T に等しいことをいう．これは D がグラフノルムに関して $\mathcal{D}(T)$ で稠密であることと同値である．上の議論を参照すれば次がわかる．

系 T は稠密な定義域を持つ閉作用素とするとき，$D = \mathcal{D}(T^*T)$ は T に対する芯である．

証明 $y \in \mathcal{D}(T)$ がグラフ内積 $(\cdot \,|\, \cdot)_T$ について D に直交するとすれば，上の証明内の記号を使えば，$D = \mathcal{R}(B)$ であるから，すべての $x \in H$ に対して

$$0 = (Bx \,|\, y)_T = ((Bx, TBx) \,|\, (y, Ty)) = ((I + T^*T)Bx \,|\, y) = (x \,|\, y)$$

となるから $y = 0$ を得る．故に D は $\mathcal{D}(T)$ で稠密である． □

7.4.2. 正規作用素 * ヒルベルト空間 H 上で稠密に定義された閉作用素 T が $T^*T = TT^*$ を満たすとき**正規**であるという．定理 7.29 の系により $D = \mathcal{D}(T^*T) = \mathcal{D}(TT^*)$ は T および T^* の芯である．今，$x \in D$ とすれば，

$$\|x\|^2 + \|Tx\|^2 = ((I + T^*T)x \,|\, x) = ((I + TT^*)x \,|\, x) = \|x\|^2 + \|T^*x\|^2$$

となるから，D 上で $\|x\|_T = \|x\|_{T^*}$ が成り立つ．従って，D のそれぞれについての閉包を取れば $\mathcal{D}(T) = \mathcal{D}(T^*)$ を得る．よって，また $D = \mathcal{D}(T^2) = \mathcal{D}(T^{*2})$ がわかる．

定理 7.31 T が正規作用素ならば，$B = (I + T^*T)^{-1}$ として $BT \subseteq TB$.

証明 $x \in \mathcal{D}(T)$ を任意に取り $y = Bx$ とおく．このときは定理 7.29 の証明から $y \in D$ を得るから $(I + T^*T)y = x$ より $T^*Ty = x - y \in \mathcal{D}(T)$．よって

$$Tx = Ty + TT^*Ty = (I + TT^*)Ty = (I + T^*T)Ty.$$

これは $Ty \in \mathcal{D}(I + T^*T)$ を示すから，$B(I + T^*T)$ が $\mathcal{D}(T^*T)$ 上の恒等写像であることに注意すれば $B(I + T^*T)Ty = Ty$ が成り立つ．よって，上の両辺に B を作用させれば $BTx = Ty = TBx$ がわかる．故に $BT \subseteq TB$. □

7.5. ケーリー変換

自己共役作用素をユニタリー作用素に変換するケーリー変換を説明しよう.

7.5.1. ケーリー変換　複素関数論において一次分数関数の一つで

$$(7.11) \qquad \zeta = \Phi(z) = \frac{z-i}{z+i}$$

で定義されるものは上半平面 $\operatorname{Im} z > 0$ を単位円板 $|\zeta| < 1$ に写す等角写像で**ケーリー変換**と呼ばれる. A を有界な自己共役作用素とすれば連続関数法により $U = \Phi(A)$ は定義される. 実軸上では $\overline{\Phi(t)} = \Phi(t)^{-1}$ であるから, $U^* = U^{-1}$ が成り立つ. すなわち, U はユニタリー作用素である. 以下では同様な構成を非有界な作用素について行う.

定理 7.32　自己共役作用素 A に対し

$$U : (A + iI)x \mapsto (A - iI)x \qquad (x \in \mathcal{D}(A))$$

はユニタリー作用素である.

証明　定理 7.19 の系と定理 7.23 より $\|Ux\| = \|x\|$ $(x \in H)$ かつ U が全射であることがわかる. 従って, U は全単射であり逆写像 U^{-1} を持つ. さて,

$$(x \,|\, x) = \|x\|^2 = \|Ux\|^2 = (Ux \,|\, Ux) = (U^*Ux \,|\, x)$$

であるから, $((U^*U - I)x \,|\, x) = 0$ $(\forall x \in H)$. $U^*U - I$ は自己共役であるから, 定理 2.11 により $\|U^*U - 1\| = 0$ を得る. 故に $U^*U = I$. よって, 両辺に右から U^{-1} を掛ければ $U^* = U^{-1}$ となる. 故に U はユニタリーである. $\qquad \square$

定義 7.33　前定理で定めた U を A の**ケーリー変換**と呼び, 次の記号で表す:

$$U = (A - iI)(A + iI)^{-1}.$$

定理 7.34　自己共役作用素 A とそのケーリー変換 U に対し

$$UA = AU, \quad U^*A = AU^*$$

が成り立つ.

証明　$AU \subseteq UA$ を示せば十分であることに注意する．実際これが成り立てば，両辺の共役を取って，定理 7.9 (b) により $AU^* = (UA)^* \subseteq (AU)^* = U^*A$ が成り立つ．従って，両側から U を掛けて $UA \subseteq AU$ が得られるからである．また，第一の等式の共役が第二の等式である．さて，$AU \subseteq UA$ を示そう．このために，$x \in \mathcal{D}(A)$ と $y \in \mathcal{D}(AU)$ を任意に取る．まず，$Uy \in \mathcal{D}(A)$ より

$$((A+iI)x \,|\, y) = (U^*(A-iI)x \,|\, y)$$
$$= ((A-iI)x \,|\, Uy) = (x \,|\, (A+iI)Uy).$$

よって，$y \in \mathcal{D}((A+iI)^*) = \mathcal{D}(A-iI) = \mathcal{D}(A)$ と $(A+iI)^*y = (A+iI)Uy$ がわかる．この後者を逆向きに計算すると，U の定義を思い出せば

$$(A+iI)Uy = (A+iI)^*y = (A-iI)y = U(A+iI)y$$

となって，求める結果 $AUy = UAy$ が得られた．　　　　□

　さらに，A のケーリー変換から A を次のように再現することができる．

定理 7.35　U を自己共役作用素 A のケーリー変換とすると次が成り立つ：
  (a) $\mathcal{N}(I-U) = \{0\}$ かつ $\mathcal{R}(I-U) = \mathcal{D}(A)$.
  (b) $A = i(I+U)(I-U)^{-1}$.

証明　(a)　任意に $z \in \mathcal{N}(I-U)$ を取ると，定理 7.23 (c) により $\mathcal{R}(A+iI) = H$ であるから，$z = (A+iI)x$ を満たす $x \in \mathcal{D}(A)$ が存在する．従って，

$$0 = (I-U)z = (A+iI)x - (A-iI)x = 2ix$$

より $x = 0$ を得るから，$z = (A+iI)x = 0$. 故に $\mathcal{N}(I-U) = \{0\}$.
　次に，任意の $x \in \mathcal{D}(A)$ に対しては，$U(A+iI)x = (A-iI)x$ から

$$(I-U)(A+iI)x = (A+iI)x - (A-iI)x = 2ix \in \mathcal{D}(A)$$

を得るから，$\mathcal{R}(I-U) = \mathcal{D}(A)$ が成り立つ．
　(b)　上の計算からすべての $x \in \mathcal{D}(A)$ に対して

$$(I-U)^{-1}x = (2i)^{-1}(A+iI)x$$

が成り立つことがわかる．また，

$$(I+U)(A+iI)x = (A+iI)x + (A-iI)x = 2Ax$$

から，$x \in \mathcal{D}(A)$ に対し，

$$i(I+U)(I-U)^{-1}x = \frac{1}{2}(I+U)(A+iI)x = Ax.$$

故に，$A = i(I+U)(I-U)^{-1}$ が成り立つ． □

7.5.2. 対称作用素のケーリー変換[*] 上で述べたケーリー変換は実は一般の対称作用素に対して定義できる．T を H 上の対称作用素とする．このときは，定理 7.21 により閉包 $\bar{T}$ も対称で，従って $\bar{T}^* = T^*$ が成り立つ．定理 7.20 (c) により $\mathfrak{R}(\bar{T} \pm iI)$ は H の閉部分空間であり，さらに定理 7.19 の系により

$$\|(\bar{T}+iI)x\| = \|(\bar{T}-iI)x\| \qquad (x \in \mathcal{D}(\bar{T}))$$

であるから，

$$U_T \colon (\bar{T}+iI)x \mapsto (\bar{T}-iI)x \qquad (x \in \mathcal{D}(\bar{T}))$$

により $\mathfrak{R}(\bar{T}+iI)$ を $\mathfrak{R}(\bar{T}-iI)$ に等長に写す作用素が定義される．U_T を T の**ケーリー変換**と呼ぶ．対称作用素 T の**不足指数** $n_\pm(T)$ を次の公式で定義する：

$$n_+(T) = \dim(\mathcal{D}(U_T)^\perp), \quad n_-(T) = \dim(\mathfrak{R}(U_T)^\perp).$$

定理 7.36 対称作用素 T に対し次は同値である：

(a) T は自己共役作用素に拡張される．

(b) T のケーリー変換 U_T はユニタリー作用素に拡張される．

(c) T の不足指数は相等しい．すなわち，$n_+(T) = n_-(T)$．

7.5.3. 微分作用素の自己共役拡張[*] 以上の考察を最も基本的な微分作用素の場合に当てはめてみよう．$H = L^2([0,1])$ として一階の微分作用素

$$(7.12) \qquad\qquad T = -i\frac{d}{dx} \colon f \mapsto -if'$$

を考える．これは量子力学で運動量作用素と解釈されるものである．定義域は

$$(7.13) \qquad\qquad \mathcal{D}(T) = \{\, f \in C^1([0,1]) \mid f(0) = f(1) = 0 \,\}$$

とする．ここで，$C^1([0,1])$ は区間 $[0,1]$ 上の 1 回連続微分可能な複素数値関数の全体とする．任意の $f \in \mathcal{D}(T)$ に対し Tf は $[0,1]$ 上の連続関数として H の元であるから T は H 上の作用素である．もし $f, g \in \mathcal{D}(T)$ ならば，

$$(Tf \mid g) = -\int_0^1 if'(x)\overline{g(x)}\,dx = \int_0^1 f(x)\overline{(-ig'(x))}\,dx = (f \mid Tg)$$

であるから，T は対称である．この計算はすべての $g \in C^1([0,1])$ に対して正しいから，$\mathcal{D}(T^*) \supseteq C^1([0,1])$ が成り立つ．特に $g(x) = e^x$ に対しては

$$T^* e^x = -i \frac{d}{dx} e^x = -i e^x$$

であるから，e^x は純虚数 $-i$ を固有値とする T^* の固有関数である．さらに計算すれば，

$$(T^* g \,|\, g) = \int_0^1 (-i e^x) e^x \, dx = -\frac{i}{2}(e^2 - 1)$$

であるから，定理 7.19 により T^* は対称ではない．

次に，T が自己共役作用素に拡張できるかどうかを調べる．

補題 7.37　$\mathcal{D}(U_T)^\perp = \mathrm{span}[e^{-x}]$, $\mathcal{R}(U_T)^\perp = \mathrm{span}[e^x]$.

証明　$\boldsymbol{G}(T)$ は $\boldsymbol{G}(\bar{T})$ で稠密であるから，$\mathcal{R}(T + iI)$ は $\mathcal{R}(\bar{T} + iI)$ で稠密である．従って，$\mathcal{D}(U_T)^\perp = \mathcal{R}(\bar{T} + iI)^\perp = \mathcal{R}(T + iI)^\perp$ を得る．これから $u \in \mathcal{D}(U_T)^\perp$ ならば，

$$0 = ((T + iI)f \,|\, u) = (-i(f' - f) \,|\, u) = -(f \,|\, i(u' + u)) \qquad (\forall f \in \mathcal{D}(T))$$

が成り立つ．ただし，$u \in C^1([0,1])$ を仮定した．f は任意であるから，$(0,1)$ 上では $u' + u = 0$ が成り立つ．これを解いて $u = C e^{-x}$（C は定数）が得られる．$\mathcal{R}(U_T) = \mathcal{R}(\bar{T} - iI)$ についても同様である．なお，以下の注意を見られたい．　　　□

注意 7.38　正確には，方程式 $u' + u = 0$ は $u \in L^2([0,1])$ として（弱微分の意味で）解くべきかも知れない．それでも超関数の理論によれば，普通の（C^∞ 級の）解しかないので，解は e^{-x} の定数倍のみである．

補題 7.37 により T のケーリー変換 U_T は 1 次元空間 $\mathrm{span}[e^{-x}]$ から $\mathrm{span}[e^x]$ へのユニタリー変換を補うことで H のユニタリー変換に拡張できる．従って，定理 7.36 により微分作用素 T は自己共役作用素に拡張できる．これを具体的に求めよう．

まず，$\mathrm{span}[e^{-x}]$ から $\mathrm{span}[e^x]$ へ線型変換は e^{2x} の掛け算で与えられる．さらに，

$$\|e^{-x}\| = \sqrt{(1 - e^{-2})/2}, \quad \|e^x\| = \sqrt{(e^2 - 1)/2} = e \cdot \|e^{-x}\|$$

であるから，等長にするには e^{-1} を掛ければよい．さらに残るのは絶対値 1 の定数倍だけであるから，求める作用素は関数 $z e^{2x-1}$（z は絶対値 1 の複素定数）による掛け算作用素である．よって，求めるユニタリー拡大は z をパラメーターとして

$$U_z f = \begin{cases} U_T f & (f \in \mathcal{R}(\bar{T} + iI)), \\ z e^{2x-1} f & (f \in \mathcal{R}(\bar{T} + iI)^\perp) \end{cases}$$

7.5 ケーリー変換 133

と表される. 後は定理 7.35 によって自己共役作用素に戻せばよい. すなわち,

$$T_z = i(I + U_z)(I - U_z)^{-1}$$

であるから, $\mathcal{D}(T_z)$ を U_z の定義域によって二つに分けて考えれば, z に無関係な部分は $\mathcal{D}(\bar{T}) = (I - U_T)\mathcal{D}(U_T)$ であり, z と共に変化する追加の部分は

$$(1 - ze^{2x-1})\operatorname{span}[e^{-x}] = \operatorname{span}[e^{-x} - ze^{x-1}]$$

となる. ここで生成する関数は定数倍の差は同じであるから, $ze^x - e^{1-x}$ などと書くこともできる. 元の T に戻ってみれば次のようにいうこともできる.

定理 7.39 (7.12), (7.13) で与えられる作用素 T の自己共役拡大は絶対値 1 の複素数 z をパラメーターとする族 $\{T_z\}$ をなす. ここで, T_z は定義域 $\mathcal{D}(T)$ に関数 $f_z(x) = ze^x - e^{1-x}$ の定数倍を加えたものに T を拡張してから作用素閉包を取ることで得られる. なお, すべての周期関数への拡大は $z = -1$ の場合に当たる.

例 7.40 上記の考察で $z = -1$ の場合は T の周期関数への拡大であるといった. これをもう少し調べよう. 上の記号で

$$f_{-1}(x) = (-1) \cdot e^x - e^{1-x} = -2\sqrt{e}\cosh(x - 1/2)$$

は周期 1 の関数であるから, $\mathcal{D}(T)$ に f_{-1} を添加することはすべての定数関数を添加することと同じである. 従って, 拡大された作用素 T_{-1} を改めて T と書けば次となる:

$$T = -i\frac{d}{dx}: f \mapsto -if',$$
$$\mathcal{D}(T) = \{ f \in C^1([0,1]) \mid f(0) = f(1) \}.$$

(7.14)

定理 7.39 によれば, この T の作用素閉包は自己共役である. すなわち, T は本質的自己共役である. この場合はフーリエ変換を利用すればわかりやすい形になる. 実際, $f \in \mathcal{D}(T)$ を二回連続微分可能に制限して

$$f \in C^2([0,1]), \quad f(0) = f(1), \quad f'(0) = f'(1)$$

とすれば, f は次のように一様収束するフーリエ級数に展開できる:

$$f = \sum_{n=-\infty}^{\infty} \widehat{f}(n)e^{2\pi inx} \qquad \left(\widehat{f}(n) := \int_0^1 f(x)e^{-2\pi inx}\, dx\right).$$

実際, 部分積分で $\widehat{f}(n) = O(n^{-2})$ $(n \to \pm\infty)$ がわかるから, ノルム収束するフーリエ級数は同じ極限に一様収束する. また, 部分積分により

$$\widehat{Tf}(n) = \int_0^1 (-if'(x))e^{-2\pi inx}\, dx = n\int_0^1 f(x)e^{-2\pi inx}\, dx = n\widehat{f}(n)$$

がわかる．ワイエルシュトラスの定理により $[0,1]$ 上の（$e^{2\pi ix}$ を変数とする）複素三角多項式の全体 $\mathscr{P}_{[0,1]}$ は上のような f を一様近似するから，$\{\,(f, Tf) \mid f \in \mathscr{P}_{[0,1]}\,\}$ は T のグラフ $G(T)$ で稠密である．フーリエ変換して考えれば，

$$\{\,(\{\widehat{f}(n)\}, \{n\widehat{f}(n)\}) \mid \text{有限個の } n \text{ 以外は } \widehat{f}(n) = 0\,\}$$

となるから，このグラフ閉包は

$$\sum_{n=-\infty}^{\infty} |n\widehat{f}(n)|^2 < \infty$$

を満たす関数 $f \in L^2([0,1])$ に対するもので，$\bar{T}$ のフーリエ像は $n \in \mathbb{Z}$ を対角成分とする対角行列となる．

演習問題

7.1 ヒルベルト空間 H の部分空間の稠密性について次を示せ：

(1) H が有限次元ならばすべての真部分空間は稠密にならない．

(2) $H = L^2([0,1], dt)$ のとき，多項式の部分空間 $\mathbb{C}[t]$ は稠密である．

(3) $H = \ell^2(\mathbb{N})$ のとき，有限項のみが 0 でない数列全体の部分空間は稠密である．

7.2 T が閉作用素ならば T の核 $\mathcal{N}(T)$ は閉部分空間であることを示せ．

7.3 A は稠密に定義された作用素，$B \in \mathscr{B}(H)$ は可逆とすれば，$(AB)^* = B^*A^*$ および $(BA)^* = A^*B^*$ が成り立つことを示せ．

7.4 対称作用素 T が本質的に自己共役であるためには T^* が対称であることが必要十分であることを示せ．

7.5 T をヒルベルト空間 H 上の閉作用素，A を有界な自己共役作用素で $AT \subseteq TA$ を満たすと仮定する．このとき，任意の $f \in C(\sigma(A))$ に対して $f(A)T \subseteq Tf(A)$ が成り立つことを示せ．

7.6 D_0 を $f \in C^1([0,1])$, $f(0) = 0$, に対して $D_0 f(t) = f'(t)$ で定義する．

(1) D_0 は $\mathcal{D}(D_0) = \{f \in C^1([0,1]) \mid f(0) = 0\}$ から $C([0,1])$ への全単射であり，逆は $V_0 f(s) = \int_0^s f(t)\, dt$ $(f \in C([0,1]))$ であることを示せ．

(2) D_0 は可閉であり，V_0 の $L^2([0,1])$ への連続拡張を V とするとき，D_0 の作用素閉包 D は V^{-1} に等しいことを示せ．

(3) $\mathcal{D}(D)$ は $[0,1]$ 上の絶対連続な関数 f で $f(0) = 0$ かつ $f' \in L^2([0,1])$ を満たすものの全体であることを示せ．

(4) $\sigma(D) = \emptyset$ を示せ．

第 8 章

非有界自己共役作用素のスペクトル分解

本章の主題は非有界自己共役作用素のスペクトル分解定理である. §8.1 では「有界自己共役作用素の直和から非有界自己共役作用素を構成できる」という F. リースとロルチの補題を述べる. §8.2 ではこのリース・ロルチの補題と前章のフォン・ノイマンの考察を組み合わせて非有界自己共役作用素のスペクトル分解定理を導き出す. この方法は最短経路ではないが, 構成的で直感的である. §8.3 ではスペクトル分解定理の応用として作用素の分数冪, 自己共役作用素の極分解, スペクトル測度の一意性等を述べる.

8.1. 自己共役作用素のリース・ロルチ表現

F. リースとロルチは非有界な自己共役作用素のスペクトル分解定理を有界作用素への直交分解に関する一つの補題の上に組み立てた. これを説明しよう.

8.1.1. ヒルベルト空間の直交分解 基本的な定義から始める.

定義 8.1 $\{H_k, P_k\}_{k\in\mathbb{N}}$ がヒルベルト空間 H の**直交分解**であるとは, $\{H_k\}_{k\in\mathbb{N}}$ は互いに直交する H の閉部分空間であり, 各 P_k は H から H_k への直交射影ですべての $x \in H$ に対して $\sum_{k=1}^{\infty} P_k x = x$ を満たすことをいう.

補題 8.2 $\{H_k, P_k\}_{k\in\mathbb{N}}$ を H の直交分解とする. このとき次が成り立つ:

(a) すべての $x \in H$ に対して $\|x\|^2 = \sum_{k=1}^{\infty} \|P_k x\|^2$.

(b) $y_k \in H_k$ $(k \in \mathbb{N})$ が $\sum_{k=1}^{\infty} \|y_k\|^2 < \infty$ を満たすならば, 級数 $\sum_{k=1}^{\infty} y_k$ は収束し, その極限を y とすれば, すべての k に対して $P_k y = y_k$.

証明 (a) H_k は互いに直交しているから，任意の $x \in H$ に対して

$$\|x - \sum_{k=1}^{n} P_k x\|^2 = \|x\|^2 - \sum_{k=1}^{n} \|P_k x\|^2$$

が成り立つ．ここで $\sum_{k=1}^{n} P_k x \to x \ (n \to \infty)$ に注意すれば (a) がわかる．

(b) y_i が (b) の条件を満たすと仮定する．このときは，$s_n = \sum_{k=1}^{n} y_k$ とおけば，(a) の公式により

$$\|s_n - s_m\|^2 = \sum_{i=1}^{\infty} \|P_i(s_n - s_m)\|^2 = \sum_{k=m+1}^{n} \|y_k\|^2 \qquad (m < n)$$

となる．従って，$m, n \to \infty$ のとき右辺は 0 に収束するから，$\{s_n\}$ はコーシー列である．この極限を y とおけば，$P_k y = y_k$ を示すことはやさしい． $\square$

8.1.2. リース・ロルチの補題とその帰結 リース・ロルチの方法は有界な自己共役作用素の任意の直和から非有界自己共役作用素が構成できることを示すリース・ロルチの補題に基づくものであり，本章の基本的な考え方である．

定理 8.3 (リース・ロルチの補題) $\{H_k, P_k\}_{k \in \mathbb{N}}$ を H の直交分解とし，各 $k \geq 1$ に対して A_k を H_k 上の有界な自己共役作用素とする．このとき，H 上の自己共役作用素 A で各 k に対して $H_k \subseteq \mathcal{D}(A)$ かつ $A|_{H_k} = A_k$ を満たすものが一意に存在する．実際，この作用素は次で定義される：

$$(8.1) \qquad \mathcal{D}(A) = \Big\{ x \in H \ \Big| \ \sum_{k=1}^{\infty} \|A_k P_k x\|^2 < \infty \Big\},$$

$$(8.2) \qquad Ax = \sum_{k=1}^{\infty} A_k P_k x \qquad (x \in \mathcal{D}(A)).$$

この A を $\{A_k\}$ の直和と呼ぶ．この定理は単純で証明も難しくないが，本質を突いていて非常に使いやすい．

定義 8.4 H 上の作用素 A に対し，H の直交分解 $\{H_k, P_k\}_{k \in \mathbb{N}}$ が A を**約する**とはすべての k に対し $H_k \subseteq \mathcal{D}(A)$ かつ $AH_k \subseteq H_k$ を満たすことをいう．さらに，A を約する H の直交分解 $\{H_k, P_k\}_{k \in \mathbb{N}}$ が (A に関して) **可換性の性質**を持つとは，$SA \subseteq AS$ を満たすすべての $S \in \mathscr{B}(H)$ とすべての $k \in \mathbb{N}$ に対して $SP_k = P_k S$ を満たすことをいう．

8.1 自己共役作用素のリース・ロルチ表現 137

定理 8.3 をフォン・ノイマンの定理 (定理 7.29) と合わせると，次が得られる．これもリース・ロルチがスペクトル分解定理の証明の中で示したことである．

定理 8.5 (リース・ロルチ) A を H 上の自己共役作用素とする．このとき，A を約する H の直交分解で可換性の性質を持つものが存在する．

8.1.3. リース・ロルチの定理の証明 まず定理 8.3 を証明する．

定理 8.3 の証明 $x \in \mathcal{D}(A)$ とすれば，各 k に対し $A_k P_k x \in H_k$ であるから，補題 8.2 (b) により級数 $\sum_{k=1}^{\infty} A_k P_k x$ は収束する．すなわち，和 Ax は定義される．$\mathcal{D}(A)$ が部分空間であり A が線型であることも同様にしてわかる．さらに，$\mathcal{D}(A)$ は H で稠密である．実際，各 k に対して $H_k \subset \mathcal{D}(A)$ であり，従ってその有限和 $K_n = \sum_{k=1}^{n} H_k$ も $\mathcal{D}(A)$ に含まれるからである．

次に，この A が自己共役であることを示そう．まず，$x, y \in \mathcal{D}(A)$ に対し，
$$\left(\sum_{k=1}^{\infty} A_k P_k x \,\middle|\, y \right) = \sum_{k=1}^{\infty} (A_k P_k x \,|\, y) = \sum_{k=1}^{\infty} (x \,|\, A_k P_k y) = \left(x \,\middle|\, \sum_{k=1}^{\infty} A_k P_k y \right),$$
すなわち，$(Ax \,|\, y) = (x \,|\, Ay)$ が成り立つから，A は対称である．従って，A が自己共役であることを示すには $\mathcal{D}(A^*) \subseteq \mathcal{D}(A)$ がわかればよい．そこで，任意に $y \in \mathcal{D}(A^*)$ を取って固定する．このとき，各 k について
$$(A_k P_k x \,|\, y) = (A P_k x \,|\, y) = (P_k x \,|\, A^* y) = (P_k x \,|\, P_k A^* y),$$
$$(A_k P_k x \,|\, y) = (P_k A_k P_k x \,|\, y) = (P_k x \,|\, A_k P_k y), \qquad (x \in H)$$
を得る．ここで，$P_k x$ は H_k 全体を動くから，二つの式を比較すれば，すべての k に対して $A_k P_k y = P_k A^* y$ が成り立つ．これから，補題 8.2 (a) により
$$\sum_{k=1}^{\infty} \|A_k P_k y\|^2 = \sum_{k=1}^{\infty} \|P_k A^* y\|^2 = \|A^* y\|^2 < \infty.$$
よって，$y \in \mathcal{D}(A)$ がわかった．$y \in \mathcal{D}(A^*)$ は任意であったから，$\mathcal{D}(A^*)$ は $\mathcal{D}(A)$ に含まれる．故に，A は自己共役である．

最後に，各 H_k 上で A_k と一致する自己共役作用素は唯一つであることを示す．そのため，B をこのような性質を持つ作用素とする．このとき，B は閉作用素であるから，$\mathcal{D}(B) \supseteq \mathcal{D}(A)$ かつ $\mathcal{D}(A)$ 上では $B = A$ を満たす．すなわち，$A \subseteq B$ であるから，定理 7.25 により $B = A$ でなければならない． $\square$

次に定理 8.5 を証明する．我々はフォン・ノイマンの定理 (定理 7.29) と上のリース・ロルチの補題 (定理 8.3) を組み合わせる．読者の理解のために A を自己共役としてフォン・ノイマンの定理の証明を簡単に辿ることにする．

まず，A のグラフによる $H \oplus_2 H$ の直交分解 (定理 7.11)

$$H \oplus_2 H = \boldsymbol{G}(A) \oplus \boldsymbol{V}(\boldsymbol{G}(A))\cdot$$

を利用すると，任意の $z \in H$ に対して

$$(z, 0) = (x, Ax) + (Ay, -y)$$

を満たす $x, y \in \mathcal{D}(A)$ が一意に決定する．これを解けば

$$(8.3) \qquad\qquad z = x + Ay, \quad 0 = Ax - y$$

を得る．直和の表現の一意性から

$$Bz = x, \quad Cz = y$$

は値域が A の定義域に含まれる縮小作用素を定義する．(8.3) より

$$C = AB, \quad AC = I - B$$

が成り立つ．この等式を見れば，$\mathcal{R}(B) \subseteq \mathcal{D}(A^2)$ かつ

$$(I + A^2)B = I$$

がわかる．定理 7.29 の証明で見たように，B は正値で次を満たす：

$$\mathcal{R}(B) = \mathcal{D}(A^2), \quad B = (I + A^2)^{-1}.$$

特に，$z \in \mathcal{D}(A)$ の場合を考える．(8.3) より $Ay = z - x \in \mathcal{D}(A)$ であるから，(8.3) の各式に A を施せば次を得る：

$$Az = Ax + A^2 y, \quad 0 = A^2 x - Ay.$$

これは $(Az, 0)$ に対する直和分解に当たるから，B, C の定義により

$$B(Az) = Ax = ABz, \quad C(Az) = Ay = ACz.$$

さらに，任意の $z \in H$ に対しては $Bz \in \mathcal{D}(A)$ に注意すれば上の結果より

$$BCz = (BA)Bz = (AB)Bz = CBz.$$

これらを次の公式にまとめておく：

(8.4) $$BA \subseteq AB, \quad CA \subseteq AC, \quad BC = CB.$$

この場合 C は自己共役である．実際，任意の $z \in H$ に対し

$$(Cz \,|\, z) = (ABz \,|\, (I + A^2)Bz) = (ABz \,|\, Bz) + (ABz \,|\, A^2Bz) \in \mathbb{R}$$

が成り立つからである．さらに，$A \geq 0$ ならば $C \geq 0$ もわかる．これで準備はできたので定理 8.5 の証明を述べる．

定理 8.5 の証明　証明を 4 段階に分ける．

（第 1 段）　作用素 B をスペクトル分解する．B は正の縮小作用素であるから，定理 6.19 の系により台が $[0,1]$ に含まれるスペクトル測度 F が存在して

$$B = \int_0^1 \lambda \, dF(\lambda)$$

の形に一意に表される．また，0 は固有値ではないから $F(\{0\}) = 0$ である．

（第 2 段）　H を直交分解するため，$I_n = (1/(n+1), 1/n]$ として

$$P_n = F(I_n) \qquad (n = 1, 2, \dots)$$

とおく．このとき，まず $P_n P_m = 0 \ (n \neq m)$ である．また，$F(\{0\}) = 0$ より

$$\sum_{n=1}^{\infty} P_n = F((0,1]) = F([0,1]) = I$$

を得る．従って，$H_k = P_k H$ とおけば $\{H_k, P_k\}_{k \in \mathbb{N}}$ は H の直交分解である．

（第 3 段）　A は各 H_k 全体で定義され対称であることを示す．そのため，

$$s_k(\lambda) = \lambda^{-1} \cdot \mathbb{1}_{I_k}(\lambda) \qquad (\lambda \in \mathbb{R})$$

とおく．s_k はボレル関数で，$\lambda s_k(\lambda) = \mathbb{1}_{I_k}(\lambda)$ を満たすから，定理 6.19 により

$$Bs_k(B) = \int \lambda \, dF(\lambda) \int_{I_k} \lambda^{-1} \, dF(\lambda) = \int_{I_k} dF(\lambda) = F(I_k) = P_k$$

を得る．これから $\mathcal{R}(P_k) \subseteq \mathcal{R}(B) \subseteq \mathcal{D}(A)$ であるから，$H_k \subseteq \mathcal{D}(A)$ かつ

(8.5) $$AP_k = ABs_k(B) = Cs_k(B).$$

(8.4) により C は B と可換であるから, C は $s_k(B)$ とも可換である (定理 6.15 (h)). よって, 上式に右から $P_k = Bs_k(B)$ を掛ければ, 次が成り立つ:

$$AP_k = AP_k^2 = Cs_k(B)Bs_k(B) = s_k(B)CBs_k(B)$$
$$= s_k(B)BCs_k(B) = P_kAP_k.$$

よって, $AH_k \subseteq H_k$ を得る. 故に, 直交分解 $\{H_k, P_k\}_{k\in\mathbb{N}}$ は A を約する.

なお, AP_k は H_k 全体で定義されて対称であるから自己共役である.

(第 4 段) $S \in \mathscr{B}(H)$ は A と可換であると仮定する. このとき $B(I + A^2)$ は $\mathfrak{D}(A^2)$ 上の恒等作用素であるから,

$$BS = BS(I + A^2)B = B(I + A^2)SB = SB$$

となり, S は B と可換である. 一般論 (定理 6.15 (h)) により S は B の関数とも可換であるから, B のスペクトル測度 F とも可換である. 特に, $P_k = F(I_k)$ とも可換である. よって, $SH_k = SP_kH = P_kSH \subseteq H_k$ が成り立つ. □

8.1.4. 非有界自己共役作用素の構成

リース・ロルチの補題による非有界な自己共役作用素構成の典型を次に示そう.

例 8.6 $H = L^2(\mathbb{R})$ とする. $\mathbb{R}$ 上の実数値連続関数 f に対し, H 上に f による掛け算作用素 $M_f: h \mapsto fh$ $(h \in H)$ を定義しよう. f が有界なときは, 例 3.26 で示したような計算で M_f は有界な自己共役作用素であることを証明できる. 従って, f は非有界な実数値連続関数とする. このとき,

$$M_f: h \to fh, \quad \mathfrak{D}(M_f) = \{\, h \in L^2(\mathbb{R}) \mid fh \in L^2(\mathbb{R}) \,\}$$

で定める作用素は自己共役である. これを示すため, 数直線 $\mathbb{R}$ を半開区間 $I_k = (k, k+1]$ $(k \in \mathbb{Z})$ の合併に分割する. また, 各 k について $L^2(I_k)$ の元は I_k の外は恒等的に 0 と定義されていると見なせば H $(= L^2(\mathbb{R}))$ の閉部分空間となる. これを H_k と書く. このとき, $P_k = M_{\mathbb{1}_{I_k}}$ は H から H_k への直交射影で, $\{H_k, P_k\}_{k\in\mathbb{N}}$ は H の直交分解となる.

さて, f を $\mathbb{R}$ 上の非有界な実数値連続関数とする. このとき, 各 k に対して $f_k = \mathbb{1}_{I_k}f$ とおく. すでに定理 6.12 で述べたように, H_k 上の掛け算作用素 M_{f_k} は有界な自己共役作用素である. 従って, リース・ロルチの補題によ

り, $A_k = M_{f_k}$ とおくとき, 各 H_k 上で A_k と一致する H 上の自己共役作用素 A は定理 8.3 の条件で定義される. まず, $h \in \mathcal{D}(A)$ については

$$\sum_k \|A_k P_k h\|^2 = \sum_k \int_{I_k} |f_k(x)h(x)|^2 \, dx = \int_{\mathbb{R}} |f(x)h(x)|^2 \, dx < \infty,$$

すなわち, $fh \in L^2(\mathbb{R})$ が条件である. この条件の下で Ah は次で定義される:

$$Ah = \sum_k A_k P_k h.$$

まず, $N = 1, 2, \ldots$ に対して $u_N = \sum_{k=-N}^{N} A_k P_k h$ とおくと, 明らかに $u_N = \mathbb{1}_{(-N, N+1]} fh$ であるから, $\mathbb{R}$ 上でほとんど到るところ次が成り立つ:

$$|f(x)h(x) - u_N(x)|^2 \le |f(x)h(x)|^2, \quad fh - u_N \to 0 \quad (N \to \infty).$$

従って, ルベーグの有界収束定理により $\|fh - u_N\| \to 0 \ (N \to \infty)$. 故に,

$$Ah = \lim_{N \to \infty} \sum_{k=-N}^{N} A_k P_k h = \lim_{N \to \infty} u_N = fh$$

となり, A は f による掛け算作用素 M_f に等しい. この例の議論は非有界自己共役作用素のスペクトル分解定理の証明の雛形であることを注意しておく.

8.2. スペクトル分解定理

まず §6.3.6 で説明したスペクトル積分の概念を $\mathbb{R}$ 全体の場合に一般化する.

8.2.1. 広義のスペクトル積分　被積分関数と積分範囲の一方または両方が有界でない積分を広義の積分というが, スペクトル測度に関する積分でもこのような場合が必要となる. 以下では, E を $\mathbb{R}$ 上のスペクトル測度とする.

さて, f を $\mathbb{R}$ 上の実数値ボレル関数で有限区間上では有界であるとする. すべての $j \in \mathbb{Z}$ に対して $I_j = (j-1, j]$ として $P_j = E(I_j)$, $H_j = P_j H$ とおき,

$$(8.6) \qquad \Phi_j(f) = \int_{I_j} f(\lambda) \, dE(\lambda) \qquad (j \in \mathbb{Z})$$

と定義する. 積分は §6.3.6 の意味とする. まずスペクトル測度の定義により $\{H_j, P_j\}_{j \in \mathbb{Z}}$ は H の直交分解である. f は I_j 上で有界かつ実数値であるから, $\Phi_j(f)$ は H_j 上の有界な自己共役作用素である. 従って, リース・ロルチ

の補題により，H 上の自己共役作用素で各 H_j 上で $\Phi_j(f)$ と一致するものが唯一つ存在する．この作用素を $\Phi(f)$ と書けば次がわかる．

定理 8.7 (a) $x \in H$ が $\mathcal{D}(\Phi(f))$ に属する条件は

$$\int_{\mathbb{R}} |f(\lambda)|^2 \, d\|E(\lambda)x\|^2 < \infty.$$

(b) 任意の有限な区間 $I_{\alpha,\beta} = (\alpha, \beta]$ に対し $P_{\alpha,\beta} = E(I_{\alpha,\beta})$ とおけば，

$$\Phi(f)x = \int_{I_{\alpha,\beta}} f(\lambda) \, dE(\lambda)x \qquad (x \in P_{\alpha,\beta}H)$$

が成り立つ．なお，$\Phi(f)$ の定義は $\mathbb{R}$ の区切り方には無関係である．

(c) $x \in \mathcal{D}(\Phi(f))$ ならば

$$(8.7) \qquad \Phi(f)x = \lim_{\substack{\alpha \to -\infty \\ \beta \to \infty}} \int_{I_{\alpha,\beta}} f(\lambda) \, dE(\lambda)x.$$

これはリース・ロルチの補題の内容を写しただけであるから簡単に検証する．まず定義域について見れば，§6.3.6 の公式 (6.18) により

$$\|\Phi_j(f)P_jx\|^2 = \int_{I_j} |f(\lambda)|^2 \, d\|E(\lambda)x\|^2$$

であるから，$x \in \mathcal{D}(\Phi(f))$ は

$$(8.8) \qquad \int_{\mathbb{R}} |f(\lambda)|^2 \, d\|E(\lambda)x\|^2 = \sum_{j=-\infty}^{\infty} \int_{I_j} |f(\lambda)|^2 \, d\|E(\lambda)x\|^2 < \infty$$

と同値になる．さらに，$x \in \mathcal{D}(\Phi(f))$ のとき次が成り立つ：

$$\Phi(f)x = \sum_{j=-\infty}^{\infty} \Phi_j(f)P_jx = \lim_{n \to \infty} \sum_{j=-n+1}^{n} \Phi_j(f)P_jx$$
$$= \lim_{n \to \infty} \int_{-n}^{n} f(\lambda) \, dE(\lambda)x.$$

ここで x を $P_{\alpha,\beta}x$ として計算すれば上の公式が得られる．

定義 8.8 E をスペクトル測度，f を $\mathbb{R}$ 上の任意の有限区間上では有界な実数値ボレル関数とする．このとき，定理 8.7 で決まる自己共役作用素 $\Phi(f)$ を f の E による (広義の) **スペクトル積分**と呼び，次の記号で表す：

$$\int_{-\infty}^{\infty} f(\lambda) \, dE(\lambda) \quad \text{または} \quad \int_{\mathbb{R}} f(\lambda) \, dE(\lambda).$$

8.2 スペクトル分解定理 143

8.2.2. スペクトル分解定理　有界な自己共役作用素のスペクトル分解は定理 6.19 の系で示した．非有界な場合にも同じ形の結果が成り立つ：

定理 8.9　非有界な自己共役作用素 A に対し，$\mathbb{R}$ 上のスペクトル測度 E で

$$(8.9) \qquad A = \int_{\mathbb{R}} \lambda \, dE(\lambda)$$

を満たすものが存在する．ただし，A の定義域は次で定められる：

$$(8.10) \qquad \mathcal{D}(A) = \left\{ x \in H \,\middle|\, \int_{\mathbb{R}} |\lambda|^2 \, d\|E(\lambda)x\|^2 < \infty \right\}.$$

系　A が正の自己共役作用素ならば $E((-\infty, 0)) = 0$, すなわち

$$A = \int_0^\infty \lambda \, dE(\lambda).$$

証明　仮に $E((-\infty, 0)) \neq 0$ とすれば，$E((\alpha, \beta)) \neq 0$ を満たす $\alpha < \beta < 0$ を取るとき，零でない $x \in E((\alpha, \beta))H$ に対して次の矛盾を生じる：

$$(Ax \mid x) = \int_\alpha^\beta \lambda \, d\|E(\lambda)x\|^2 \leq \beta \int_\alpha^\beta d\|E(\lambda)x\|^2$$
$$= \beta \|E((\alpha, \beta])x\|^2 = \beta \|x\|^2 < 0. \qquad \square$$

さて，定理 8.9 の証明であるが，定義域 $\mathcal{D}(A)$ の形は定理 8.7 (a) で $f(\lambda) = \lambda$ とおいてみればわかる．スペクトル測度の存在についてはまずリース・ロルチの方法を述べる．さらに，§8.2.3 でフォン・ノイマンの方法を説明したい．

定理 8.9 の証明 (リース・ロルチ)　自己共役作用素 A に対し，A を約する H の直交分解を $\{H_k, P_k\}_{k \in \mathbb{N}}$ とする．これは定理 8.5 により存在する．

(a)　A のスペクトル測度を構成しよう．そのため定理 8.5 の証明の記号を使う．各 AP_k はヒルベルト空間 H_k 上の有界な自己共役作用素である．これに定理 6.17 により対応するスペクトル測度を E_k とする．今，任意に固定した $\omega \in \mathfrak{B}(\mathbb{R})$ に対し，$E_k(\omega)$ は H_k 上の有界な自己共役作用素であるから，リース・ロルチの補題 (定理 8.3) により H_k 上で $E_k(\omega)$ に一致する H 上の自己共役作用素が一意に存在する．これを $E(\omega)$ と書く．実際，$E_k(\omega)$ を H_k の直交補空間上では 0 であるとすれば，次が成り立つ：

$$E(\omega) = \sum_{k=1}^\infty E_k(\omega) \qquad (\omega \in \mathfrak{B}(\mathbb{R})).$$

ここで右辺の和は作用素の強収束である．これがスペクトル測度であることは，直交分解の定義と各 E_k が H_k 上のスペクトル測度であることから簡単な計算で確かめられる．また，$P_k E(\omega) = E(\omega) P_k = E_k(\omega)$ を満たすこともわかる．

(b) E により H を直交分解するため，$I_m = (m-1, m]$ $(m \in \mathbb{Z})$ として

$$Q_m = E(I_m), \quad J_m = \int_{I_m} \lambda \, dE(\lambda)$$

とおく．J_m は $Q_m H$ 上の有界な自己共役作用素であり，定理 8.3 により各 $Q_m H$ 上で J_m と一致する H 上の自己共役作用素 J が一意に存在する．これは定義 8.8 により $\int_{\mathbb{R}} \lambda \, dE(\lambda)$ であるから，$A = J$ を示せば証明は完成する．

(c) さて，$A = J$ を示すためには直交分解 $\{H_k, P_k\}_{k \in \mathbb{N}}$ が J を約し，かつ H_k 上の J の成分が A の成分 $A P_k$ に等しいことを見ればよい．まず，すべての k に対して $H_k \subseteq \mathcal{D}(J)$ であることを示そう．そのため，任意に $k \in \mathbb{N}$ を固定する．このときは，すべての $x \in H$ に対し，

$$\|J_m P_k x\|^2 = \int_{I_m} |\lambda|^2 \, d\|E(\lambda) P_k x\|^2 = \int_{I_m} |\lambda|^2 \, d\|E_k(\lambda) P_k x\|^2$$

を得るから，すべての m について加えれば，

$$\sum_{m=-\infty}^{\infty} \|J_m P_k x\|^2 = \int_{\mathbb{R}} |\lambda|^2 \, d\|E_k(\lambda) P_k x\|^2 = \|A_k P_k x\|^2 < \infty.$$

これから定理 8.3 を参照すれば $P_k x \in \mathcal{D}(J)$ がわかる．さらに，

$$
\begin{aligned}
J P_k x &= \sum_{m=-\infty}^{\infty} J_m P_k x = \sum_{m=-\infty}^{\infty} \int_{I_m} \lambda \, dE(\lambda) P_k x \\
&= \sum_{m=-\infty}^{\infty} \int_{I_m} \lambda \, dE_k(\lambda) P_k x \\
&= \int_{\mathbb{R}} \lambda \, dE_k(\lambda) P_k x = A_k P_k x = A P_k x.
\end{aligned}
$$

すなわち，J は各 H_k 上で A と同じ成分を持つ．故に $J = A$． $\square$

8.2.3. フォン・ノイマンの方法　自己共役作用素のケーリー変換によりユニタリー作用素のスペクトル分解を翻訳するのがフォン・ノイマンの方法である．
　A を自己共役作用素とし，U を A のケーリー変換とする．すなわち，

$$U = (A - iI)(A + iI)^{-1}, \quad A = i(I + U)(I - U)^{-1}.$$

U はユニタリー作用素である. 今, そのスペクトル測度を F とすれば

$$U = \int_{\mathbb{T}} e^{i\theta} \, dF(e^{i\theta})$$

と表される (定理 6.31). 本節の目的はこの公式から A のスペクトル分解 (8.9) を導き出すことである. そのため (7.11) で与えた複素平面のケーリー変換

$$\zeta = \Phi(z) = (z - i)(z + i)^{-1}$$

を利用して円周上のスペクトル測度 F を実軸上のスペクトル測度に変換する.

補題 8.10 任意のボレル集合 $\omega \in \mathfrak{B}(\mathbb{R})$ に対して

$$E(\omega) = F(\Phi(\omega))$$

とおく. E は $\mathfrak{B}(\mathbb{R})$ 上のスペクトル測度である.

証明 $E(\emptyset) = F(\Phi(\emptyset)) = F(\emptyset) = 0$ は明らかである. 定理 7.35 (a) により $I - U$ は一対一であるから, 1 は U の固有値ではない. 従って, 定理 6.24 (b) で見たように, $F(\{1\}) = 0$ を満たすから, $E(\mathbb{R}) = F(\Phi(\mathbb{R})) = F(\mathbb{T} \setminus \{1\}) = I$. E の可算加法性は F の可算加法性からすぐわかる. $\square$

補題 8.11 $\omega \in \mathfrak{B}(\mathbb{R})$ が有界ならば $E(\omega)$ は次を満たす:

(a) $\mathfrak{R}(E(\omega)) = E(\omega)H \subset \mathfrak{R}(I - U) = \mathfrak{D}(A)$.

(b) $I - U$ は $\mathfrak{R}(E(\omega))$ 上で有界な逆作用素を持つ.

(c) $AE(\omega) = E(\omega)AE(\omega)$ は有界な自己共役作用素である.

証明 $\Phi(\omega)$ は 1 の近傍を含まないから,

$$w_\omega(e^{i\theta}) = (1 - e^{i\theta})^{-1} \mathbb{1}_{\Phi(\omega)}(e^{i\theta})$$

とおけば, w_ω は $\mathbb{T}$ 上の有界なボレル関数である. 従って, 定理 6.31 により

$$W_\omega = \int w_\omega(e^{it}) \, dF(e^{it})$$

として $W_\omega \in \mathscr{B}(H)$ が定義される. さらに

$$(1 - e^{i\theta})w_\omega(e^{i\theta}) = w_\omega(e^{i\theta})(1 - e^{i\theta}) = \mathbb{1}_{\Phi(\omega)}(e^{i\theta})$$

であるから, これらを F について積分して定理 6.31 に注意すれば

$$(I - U)W_\omega = W_\omega(I - U) = F(\Phi(\omega)) = E(\omega)$$

がわかる．これは $I-U$ が $\mathcal{R}(E(\omega))=E(\omega)H$ 上の自己同型で W_ω がその有界な逆作用素であることを示す．よって (b) が成り立つ．また，定理 7.35 により $\mathcal{D}(A)=\mathcal{R}(I-U)$ であるから (a) もわかる．最後に (c) を示す．まず，$E(\omega)H \subset \mathcal{D}(A)$ であるから A は $E(\omega)H$ 全体で定義され，

$$AE(\omega)=i\,(I+U)(I-U)^{-1}E(\omega)=i\,(I+U)(I-U)^{-1}F(\Phi(\omega))$$

が成り立つ．上で見たように $E(\omega)H$ は $I-U$ で不変であるから U でも不変であり，W_ω は $E(\omega)H$ 上で $I-U$ の逆であるから，

$$\begin{aligned}
AE(\omega)&=i\,(I+U)(I-U)^{-1}E(\omega)=i\,(I+U)W_\omega E(\omega)\\
&=i\,E(\omega)(I+U)W_\omega E(\omega)=E(\omega)AE(\omega).
\end{aligned}$$

これから $AE(\omega)$ が有界な自己共役作用素であることは簡単にわかる． $\square$

さて，A のスペクトル分解を求める．そのため $J_k=(k-1,k]$ として

$$P_k=F(\Phi(J_k))=E(J_k),\ H_k=P_k H \qquad (k\in\mathbb{Z})$$

と定義する．$\{H_k,P_k\}$ は H の直交分解である．今，

$$\Psi_k(e^{it})=\Phi^{-1}(e^{it})\mathbb{1}_{\Phi(J_k)}(e^{it})=i\,\frac{1+e^{it}}{1-e^{it}}\cdot\mathbb{1}_{\Phi(J_k)}(e^{it}) \qquad (k\in\mathbb{Z})$$

とおく．補題 8.11 により $H_k=E(J_k)H$ 上で $I-U$ は有界な逆 W_{J_k} を持つから $\Psi_k(e^{it})=i\,(1+e^{it})w_{J_k}(e^{it})$ と変形して

$$\Psi_k(U)=i(I+U)W_{J_k}P_k=i(I+U)(I-U)^{-1}P_k=AP_k$$

を得る．一方，Ψ_k は $\mathbb{T}$ 上のボレル関数であるから 定理 6.31 の公式により

$$\begin{aligned}
\Psi_k(U)&=\int_{\mathbb{T}}\Phi^{-1}(e^{it})\mathbb{1}_{\Phi(J_k)}(e^{it})\,dF(e^{it})\\
&=\int_{\Phi(J_k)}\Phi^{-1}(e^{it})\,dF(e^{it})=\int_{J_k}\lambda\,dE(\lambda)
\end{aligned}$$

を得る．最後の等式は測度 E が測度 F の Φ による像であることによる．故に，

$$(8.11) \qquad\qquad AP_k=\int_{J_k}\lambda\,dE(\lambda).$$

以上により，$\{H_k,P_k\}$ は H の直交分解であり，各 AP_k は H_k 上の有界な自己共役作用素であるから，リース・ロルチの補題 (定理 8.3) により各 H_k 上

で AP_k と一致する H 上の自己共役作用素が唯一つ存在して，定理 8.3 で規定された形式を持つ．ところが，A 自身は明らかに各 H_k 上で AP_k と一致するから，A はリース・ロルチの補題で述べた形式を持つ．今，

$$\sum_{k=-\infty}^{\infty} \|AP_k x\|^2 = \sum_{k=-\infty}^{\infty} \int_{J_k} |\lambda|^2 \, d\|E(\lambda)x\|^2 = \int_{\mathbb{R}} |\lambda|^2 \, d\|E(\lambda)x\|^2$$

であるから，定理 8.3 の条件は (8.10) と同等である．最後にスペクトル分解公式については，$x \in \mathcal{D}(A)$ のとき定理 8.3 の公式より

$$Ax = \sum_{k=-\infty}^{\infty} AP_k x = \sum_{k=-\infty}^{\infty} \int_{J_k} \lambda \, dE(\lambda)x = \int_{\mathbb{R}} \lambda \, dE(\lambda)x$$

を得る．これで定理 8.9 の証明が終った．

8.2.4. スペクトル測度の一意性　非有界な自己共役作用素のスペクトル測度の一意性もリース・ロルチの補題を利用して示すことができる．

定理 8.12　非有界な自己共役作用素 A に対し定理 8.9 を満たすスペクトル測度 E は A によって一意に決まる．

証明　F を $\mathbb{R}$ 上のスペクトル測度で

$$A = \int \lambda \, dF(\lambda)$$

を満たすと仮定する．すなわち，$I_j = (j-1, j]$ $(j \in \mathbb{Z})$ として $Q_j = F(I_j)$，$K_j = Q_j H$ とおくとき，直交分解 $\{K_j, Q_j\}_{j \in \mathbb{Z}}$ は A を約し，かつ各 K_j 上で A は $\int_{I_j} \lambda \, dF(\lambda)$ に一致するとする．

このようなスペクトル測度が唯一つであることを示すには，F とは無関係に作ったスペクトル測度に一致することがわかればよい．そのため，$\{H_k, P_k\}_{k \in \mathbb{N}}$ を A を約する H の直交分解で可換性の性質を持つものとする．これは定理 8.5 により存在する．$A_k = A|_{H_k}$ に対応する H_k 上のスペクトル測度を E_k とする．さらに，各 k に対して H_k 上で $E_k(\omega)$ に一致する H 上の自己共役作用素を $E(\omega)$ とおくと，定理 8.9 の証明で示したように E は A に対応するスペクトル測度である．すなわち，$A = \int \lambda \, dE(\lambda)$ が成り立つ．

さて，我々の目標は $F = E$ を示すことである．まず，任意の $j \in \mathbb{Z}$ に対し $Q_j = F(I_j)$ は A と可換であることに注意する．直交分解 $\{H_k, P_k\}$ は可換性

の性質を持っているから $P_k Q_j = Q_j P_k$ が成り立つ．従って，$Q_j + P_k - Q_j P_k$ は直交射影でその値域 $K_j + H_k$ は A で不変な H の閉部分空間である．K_j, H_k および $K_j \cap H_k$ は A で不変な $K_j + H_k$ の部分空間であるから，$A|_{K_j}$ と $A|_{H_k}$ は $K_j \cap H_k$ 上で一致する．今，

$$A|_{K_j} = \int_{I_j} \lambda \, dF(\lambda) = \int \lambda \, dF(\lambda) Q_j,$$

$$A|_{H_k} = \int \lambda \, dE_k(\lambda)$$

であるから，$K_j \cap H_k$ 上では次を得る：

$$AQ_j P_k = A|_{K_j} Q_j P_k = \int \lambda \, dF(\lambda) Q_j P_k$$
$$= A|_{H_k} Q_j P_k = \int \lambda \, dE_k(\lambda) Q_j P_k.$$

定理 6.20 により有界な自己共役作用素のスペクトル測度は一意であるから

$$F(\omega) Q_j P_k = E_k(\omega) Q_j P_k \qquad (j \in \mathbb{Z}, \, k \in \mathbb{N}).$$

H_k 上では $P_k x = \sum_j Q_j P_k x$ であるから

$$F(\omega) P_k x = \sum_j F(\omega) Q_j P_k x = \sum_j E_k(\omega) Q_j P_k x = E_k(\omega) P_k x.$$

すなわち，$F(\omega)$ は H_k 上では $E_k(\omega)$ に一致する．よって，リース・ロルチの補題により $F(\omega) = E(\omega)$ が示された． $\square$

8.3. スペクトル分解の応用

スペクトル分解は応用の広い基本定理である．ここでは基礎的な例を示そう．

8.3.1. スペクトルの判定 非有界な自己共役作用素についても有界な場合 (§6.3.4) と同様のスペクトルの判別法が有効である．

補題 8.13 A を (一般に非有界な) 自己共役作用素，E をそのスペクトル測度とするとき，$\lambda_0 \in \mathbb{R}$ が A のレゾルベント集合 $\rho(A)$ に属するための必要十分条件は $E((\lambda_0 - \varepsilon, \lambda_0 + \varepsilon)) = 0$ を満たす $\varepsilon > 0$ が存在することである．

証明 一般性を失うことなく $\lambda_0 = 0$ と仮定してよい. まず, $E((-\varepsilon, \varepsilon)) = 0$ を満たす $\varepsilon > 0$ が存在したとする. $\{I_j\}_{j \in \mathbb{Z}}$ を $\mathbb{R}$ の有限半開区間への分割で $I_0 = (-\varepsilon/2, \varepsilon/2]$ であるとする. $Q_j = E(I_j)$, $K_j = Q_j H$ $(j \in \mathbb{Z})$ とおけば, $\{K_j, Q_j\}_{j \in \mathbb{Z}}$ は A を約する H の直交分解である. ただし, $K_0 = \{0\}$ である. このとき, $j \neq 0$ ならば I_j 上では $|\lambda| \geq \varepsilon/2$ であるから

$$B_j = \int_{I_j} \frac{1}{\lambda} \, dE(\lambda)$$

は K_j 上の有界自己共役作用素で $\|B_j\| \leq 2/\varepsilon$ を満たす. 今, リース・ロルチの補題によりすべての $j \neq 0$ に対して K_j 上で B_j と一致する自己共役作用素を B とすれば, B は有界で $\|B\| \leq 2/\varepsilon$ を満たすことがわかる. 定義により各 $j \neq 0$ に対して B_j は $A|_{K_j}$ の逆であるから, 直交分解の定義より

$$AB = I, \quad BA = I_{\mathcal{D}(A)}$$

であることがわかる. 従って, $0 \in \rho(A)$.

逆に, このような $\varepsilon > 0$ が存在しないとすると定理 6.20 の証明で示した論法で $\lambda_0 \in \sigma_{ap}(A) \subseteq \sigma(A)$ がわかる. $\qquad \square$

これを利用すれば有界作用素の場合と同様の事実を示すことができる.

定理 8.14 A のスペクトルについては次が成り立つ:

(a) $\lambda \in \mathbb{R}$ が A のスペクトル $\sigma(A)$ に属するための必要十分条件はすべての $\varepsilon > 0$ に対して $E((\lambda - \varepsilon, \lambda + \varepsilon]) \neq 0$ が成り立つことである.

(b) $\lambda \in \mathbb{R}$ が A の固有値であるための必要十分条件は $E(\{\lambda\}) \neq 0$ が成り立つことである.

8.3.2. 作用素の冪 スペクトル分解を使って作用素の冪を定義しよう.

定理 8.15 A が自己共役ならば, すべての $k = 2, 3, \dots$ に対し A^k も自己共役であり, A のスペクトル測度を E とすれば, 次が成り立つ:

$$(8.12) \qquad A^k = \int_{-\infty}^{\infty} \lambda^k \, dE(\lambda) \qquad (k = 1, 2, \dots).$$

証明 等式 (8.12) の右辺を J_k とおく. 定理 8.7 (定義 8.8 参照) で示したように J_k は自己共役であり, 定理 8.9 から $A = J_1$ が成り立つ. 以下は帰納法

を用いることとし，$A^k = J_k$ $(k \geq 1)$ を仮定する．一般に $|\lambda|^{2k} \leq 1 + |\lambda|^{2k+1}$ であるから，$\mathcal{D}(J_{k+1}) \subset \mathcal{D}(J_k)$ であることに注意する．さて，$x \in \mathcal{D}(J_{k+1})$ とすると，$x \in \mathcal{D}(J_k) = \mathcal{D}(A^k)$ であるから，$(Q_n A^k x, A Q_n A^k x) \in \boldsymbol{G}(A)$ がわかる．ただし，$Q_n = E((-n, n])$ $(n \in \mathbb{Z})$ とする．ここで $n \to \infty$ とした極限を考えると，まず $Q_n A^k x \to A^k x$ は明らかである．次に，

$$
\begin{aligned}
A Q_n A^k x &= A Q_n A^k Q_n x = A Q_n (A Q_n)^k Q_n x \\
&= (A Q_n)^{k+1} Q_n x = \int_{-n}^{n} \lambda^{k+1} \, dE(\lambda) Q_n x \\
&= J_{k+1} Q_n x \qquad (n = 1, 2, \dots)
\end{aligned}
$$

のように計算すれば，$A Q_n A^k x \to J_{k+1} x$ がわかる．A のグラフ $\boldsymbol{G}(A)$ は閉集合であるから，$(A^k x, J_{k+1} x) \in \boldsymbol{G}(A)$ を得る．これは $A^k x \in \mathcal{D}(A)$ かつ $J_{k+1} x = A(A^k x) = A^{k+1} x$ を示すから，$x \in \mathcal{D}(A^{k+1})$ と $A^{k+1} x = J_{k+1} x$ が得られた．$x \in \mathcal{D}(J_{k+1})$ は任意であったから，$J_{k+1} \subseteq A^{k+1}$ がわかった．A^{k+1} は明らかに対称であるから，定理 7.25 により $A^{k+1} = J_{k+1}$ を得る．故に帰納法によりすべての k に対して $A^k = J_k$ が成り立つ． □

次に，正作用素の分数冪について考える．分数冪は整数冪とは違って自然な定義がない．ここではスペクトル分解を利用する方法を説明する．

定理 8.16 正の自己共役作用素 A に対し，E をそのスペクトル測度として

$$
A^{1/2} = \int_0^{\infty} \lambda^{1/2} \, dE(\lambda)
$$

と定義する．このとき，$A^{1/2}$ は正の自己共役作用素であり $(A^{1/2})^2 = A$ が成り立つ．さらに，このような正の自己共役作用素は一意に定まる．

証明 まず，等式 $(A^{1/2})^2 = A$ を示す．そのためには前定理の証明と同様に，$A \subseteq (A^{1/2})^2$ がわかればよい．まず，定理 8.9 の系 (143 頁参照) により

$$
A = \int_0^{\infty} \lambda \, dE(\lambda).
$$

定義域については，$\lambda \leq \lambda^2$ $(\lambda \geq 1)$ より $\mathcal{D}(A) \subseteq \mathcal{D}(A^{1/2})$ がわかる．次に，$Q_n = E([0, n])$ $(n \geq 1)$ とおく．このとき，$Q_n H \subset \mathcal{D}(A)$ であり，$A Q_n$ は

Q_nH 上の有界な自己共役作用素で次を満たす：

$$AQ_n = \int_0^n \lambda \, dE(\lambda).$$

従って，定理 6.19 により次がわかる：

$$(AQ_n)^{1/2} = \int_0^n \lambda^{1/2} \, dE(\lambda).$$

さて，$x \in \mathcal{D}(A)$ とすると，$x \in \mathcal{D}(A^{1/2})$ より $Q_n A^{1/2} x \in \mathcal{D}(A) \subset \mathcal{D}(A^{1/2})$ となり $A^{1/2} Q_n A^{1/2} x$ が定義される．従って，$(Q_n A^{1/2} x, A^{1/2} Q_n A^{1/2} x)$ は $A^{1/2}$ のグラフに属する．ここで $n \to \infty$ とすると，まず $Q_n A^{1/2} x \to A^{1/2} x$ は明らかである．次に，$Q_n A^{1/2} \subseteq A^{1/2} Q_n$ に注意すれば，

$$A^{1/2} Q_n A^{1/2} x = A^{1/2} Q_n A^{1/2} Q_n x = \int_0^n \lambda^{1/2} \, dE(\lambda) \int_0^n \lambda^{1/2} \, dE(\lambda) Q_n x$$
$$= \int_0^n \lambda \, dE(\lambda) Q_n x = A Q_n x.$$

従って，$A^{1/2} Q_n A^{1/2} x = A Q_n x \to A x$ が成り立つ．$\boldsymbol{G}(A^{1/2})$ は閉集合であるから，$(A^{1/2} x, A x) \in \boldsymbol{G}(A^{1/2})$. すなわち，$A^{1/2} x \in \mathcal{D}(A^{1/2})$ かつ $A^{1/2}(A^{1/2} x) = A x$ が成り立つ．故に，$A \subseteq (A^{1/2})^2$ が示された．

最後に一意性を示す．そのため，B も $B^2 = A$ を満たす正の自己共役作用素とし，$B = \int_0^\infty \lambda \, dF(\lambda)$ を B のスペクトル分解として，$P'_j = F((j-1,j])$ $(j \geq 0)$ とおく．このとき，BP'_j は $P'_j H$ 上で有界であるから，AP'_j も同様で，$AP'_j = (BP'_j)^2$ が成り立つ．$P'_j H$ は A の定義域に入っているから，$AP'_j = (A^{1/2} P'_j)^2$ も成り立つ．ところが，有界な正作用素の正の平方根は一意であるから，$BP'_j = A^{1/2} P'_j$ $(j \geq 0)$ が成り立つ．リース・ロルチの補題により自己共役な拡大は一意であるから，$B = A^{1/2}$ が得られる． $\square$

8.3.3. 作用素の絶対値　T を H 上稠密に定義された閉作用素とする．フォン・ノイマンの定理 (定理 7.29) により，T^*T は正の自己共役作用素であるから，定理 8.16 により $|T| = (T^*T)^{1/2}$ が定まる．$|T|$ を T の**絶対値**と呼ぶ．

さて，T の定義域 $\mathcal{D}(T)$ 上のグラフノルムを $\|\cdot\|_T$ と書く (§7.1.3 参照)．補題 7.6 により $\mathcal{D}(T)$ はグラフノルムに関して完備である．また，定理 7.29 の系により $D = \mathcal{D}(T^*T)$ は T の芯である．この事実を利用して次を示そう．

補題 8.17 H 上稠密に定義された閉作用素 T に対し，次が成り立つ.

(a) $\mathcal{D}(|T|) = \mathcal{D}(T)$,

(b) $\|Tx\| = \||T|x\|$ $(x \in \mathcal{D}(T))$.

証明 $x \in D = \mathcal{D}(T^*T) = \mathcal{D}(|T|^2)$ に対し,

$$\|Tx\|^2 = (Tx \mid Tx) = (T^*Tx \mid x) = (|T|x \mid |T|x) = \||T|x\|^2$$

であるから，二つのグラフノルム $\|x\|_T$ と $\|x\|_{|T|}$ は D 上で一致する．さらに，D は $\mathcal{D}(T)$ および $\mathcal{D}(|T|)$ でグラフノルムに関して稠密であるから，それぞれに関する閉包は一致する．命題 (a), (b) はこの直接の結果である． □

8.3.4. 閉作用素の極分解 前節の考察を応用して稠密に定義された一般の閉作用素を極分解しよう．このため，§5.2.4 で述べた部分等長作用素の概念を利用する．目的の結果は次である.

定理 8.18 T を H 上稠密に定義された閉作用素とする．このとき,

$$T = W|T|$$

を満たす部分等長作用素 W が存在する．また，この分解は

$$T = UA, \quad U: \overline{\mathcal{R}(A)} \to \overline{\mathcal{R}(T)}$$

を満たす部分等長作用素 U と正の自己共役作用素 A に対し，$A = |T|$ かつ $U = W$ が成り立つという意味で一意である.

証明 補題 8.17 (a) により，$\mathcal{D}(|T|) = \mathcal{D}(T)$ であるから,

$$W: |T|x \mapsto Tx \qquad (x \in \mathcal{D}(|T|))$$

は $\mathcal{R}(|T|)$ から $\mathcal{R}(T)$ への線型写像として定まる．また，補題 8.17 (b) により,

$$\|Tx\| = \||T|x\| \qquad (x \in \mathcal{D}(|T|))$$

であるから，W は等長同型である．従って，W を $\overline{\mathcal{R}(|T|)}$ から $\overline{\mathcal{R}(T)}$ への等長同型写像に拡張できる．さらに，$(\overline{\mathcal{R}(|T|)})^\perp = \ker(|T|) = \ker(T) = (\overline{\mathcal{R}(T^*)})^\perp$ 上で $W \equiv 0$ とおけば，W は部分等長作用素であり，$T = W|T|$ が成り立つ.

次に分解の一意性を示す. $T = UA$ であるから $T^* = A^*U^* = AU^*$. このとき, $U^*U = P_{N(U)^\perp} = P_{\overline{\mathcal{R}(A)}}$ から次がわかる:

$$T^*T = AU^*UA = AP_{\overline{\mathcal{R}(A)}}A = A^2.$$

定理 8.16 で示したように, 正の平方根は一意であるから, $A = |T|$ を得る. 最後に, $T = UA = U|T|$ より, $U : |T|x \mapsto Tx$. 故に, $U = W$ を得る. $\square$

8.3.5. 非有界自己共役作用素のボレル関数法 [*] A を非有界自己共役作用素とする. A のスペクトル $\sigma(A)$ は $\mathbb{R}$ の非有界な閉集合である. また, A のスペクトル測度を E とする. 定理 8.12 により E は A によって一意に決まる. さて, 我々の問題は $\sigma(A)$ 上の実数値ボレル関数 f に A を代入して作用素 $f(A)$ を定義することである. これについてはスペクトル測度 E に依存するものとしないものの二つの場合が考えられる. これらを以下で説明する.

E に依存しないボレル関数法 $B(\mathbb{R})$ により $\mathbb{R}$ 上の実数値ボレル関数で有界集合上では有界であるものの全体とする. 簡単のため関数は $\sigma(A)$ の外でも定義されているとする. 目的は $f \in B(\mathbb{R})$ に対して $f(A)$ を定義することで, 我々は二つの定義を述べる.

（定義 A） A を約する H の直交分解 $\{H_k, P_k\}_{k \in \mathbb{N}}$ を任意に取る. 各 k に対して $A_k = A|_{H_k}$ とおくと, A_k は H_k 上で有界かつ自己共役であるから, 定理 6.15 により自己共役な $f(A_k) \in \mathcal{B}(H_k)$ が一意に定まる. 従って, リース・ロルチの補題により H_k 上で $f(A_k)$ に等しい自己共役作用素が一意に存在する. これを $f(A)$ と定義する.

（定義 B） 定義 8.8 (定理 8.7) による f の E によるスペクトル積分 $\Phi(f)$ を $f(A)$ の定義とする. すなわち,

$$(8.13) \qquad (f(A)x \mid x) = \int_{\mathbb{R}} f(\lambda) \, d\|E(\lambda)x\|^2 \qquad (x \in \mathcal{D}(f(A))).$$

補題 8.19 上の二つの定義による $f(A)$ は一致する. 従って, （定義 A）による $f(A)$ は直交分解の選び方に依存しない.

証明 （第 1 段） A の H_k への制限 A_k は H_k 上の有界な自己共役作用素であるから, これに対応するスペクトル測度を E_k とすれば, 定理 6.19 により次が成り立つ:

$$f(A_k) = \int f(\lambda) \, dE_k(\lambda).$$

定理 8.9 の証明で示したように直和の意味で $E = \sum_k E_k$ は A のスペクトル測度であるが, 定理 8.12 により E は A によって一意に決まるから, この E は (定義 B) で用

いた E と同じで，直交分解の選び方によらずに一意に決まるものである．この結果，E は各 P_k と可換であることがわかる．

（第 2 段）　次に f の E によるスペクトル積分 $\Phi(f)$ を考える．定理 8.7 の直前に述べたように，これは $I_j = (j-1, j]$ $(j \in \mathbb{Z})$ としたとき $E(I_j)H$ 上では

$$\Phi_j(f) = \int_{I_j} f(\lambda)\, dE(\lambda)$$

((8.6) 参照) に一致する自己共役作用素として定義された．目標は $\{H_k, P_k\}_{k \in \mathbb{N}}$ が $\Phi(f)$ を約することと，各 H_k 上では $f(A_k)$ に等しいことを示すことである．

（第 3 段）　まず，$H_k \subseteq \mathcal{D}(\Phi(f))$ を示す．任意に $x \in H$ を取れば

$$\begin{aligned}
\sum_j \|\Phi_j(f)E(I_j)P_k x\|^2 &= \sum_j \int_{I_j} |f(\lambda)|^2\, d\|E(\lambda)E(I_j)P_k x\|^2 \\
&= \sum_j \int_{I_j} |f(\lambda)|^2\, d\|E_k(\lambda)P_k x\|^2 \\
&= \int |f(\lambda)|^2\, d\|E_k(\lambda)P_k x\|^2 = \|f(A_k)P_k x\|^2 < \infty
\end{aligned}$$

であるから，$P_k x \in \mathcal{D}(\Phi(f))$ を得る．さらに，

$$\begin{aligned}
\Phi(f)P_k x &= \sum_j \Phi_j(f)E(I_j)P_k x = \sum_j \int_{I_j} f(\lambda)\, dE(\lambda)E(I_j)P_k x \\
&= \sum_j \int_{I_j} f(\lambda)\, dE_k(\lambda)P_k x = \int f(\lambda)\, dE_k(\lambda)P_k x = f(A_k)P_k x
\end{aligned}$$

となるから，$\Phi(f)|_{H_k} = f(A_k)$．リース・ロルチの補題により $\Phi(f)$ は $f(A)$ に等しい．

（第 4 段）　A のスペクトル測度は A によって一意に決まるから，f のスペクトル積分も A と f によって唯一通りに決まる．従って，$f(A)$ も同様である．　　　　□

定理 8.20　A を非有界な自己共役作用素とする．すべての $f \in B(\sigma(A))$ に対して自己共役作用素 $f(A)\colon \mathcal{D}(f(A)) \subseteq H \to H$ が定義される．

(a)　任意の $f, g \in B(\sigma(A))$ と $\alpha, \beta \in \mathbb{R}$ に対して次が成り立つ：

$$\begin{aligned}
(\alpha f + \beta g)(A) &= \alpha f(A) + \beta g(A) & (\mathcal{D}(f(A)) \cap \mathcal{D}(g(A))), \\
[f \cdot g](A) &= f(A)g(A) = g(A)f(A) & (\mathcal{D}([f \cdot g](A))).
\end{aligned}$$

(b)　すべての $f \in B(\sigma(A))$ に対して作用素 $f(A)$ は A と可換である．さらに，A と可換な任意の有界な線型作用素と可換である．

(c)　$\sigma(A)$ 上で $f \geq 0$ を満たす $f \in B(\sigma(A)$ に対して $f(A) \geq 0$ が成り立つ．

8.3 スペクトル分解の応用   155

E **に依存するボレル関数法**　これはリース・ナジー [**B15**, 343 頁以下] に述べられていることである. この場合, ボレル関数 f は A のスペクトル測度 E に関してほとんど到るところ有限であると仮定する. すなわち, $x \in H$ に対して測度 m_x を $m_x(\omega) = \|E(\omega)x\|^2$ $(\omega \in \mathfrak{B}(\mathbb{R}))$ により定義する. このとき, f はすべての $x \in H$ に対する m_x に関してほとんど到るところ有限とする. このとき, 作用素 $f(A)$ を次で定義する:

$$x \in \mathcal{D}(f(A)) \iff \int_{\sigma(A)} |f(t)|^2 \, d\|E(t)x\|^2 < \infty.$$
$$x \in \mathcal{D}(f(A)) \implies (f(A)x \,|\, x) = \int_{\sigma(A)} f(t) \, d\|E(t)x\|^2.$$

これで $f(A)$ の定義が確定することは次でわかる:

補題 8.21　上の条件を満たす f に対して次が成り立つ:
  (a)　定義域 $\mathcal{D}(f(A))$ は H で稠密である.
  (b)　$(f(A)x \,|\, x) = \int_{\sigma(A)} f(t) \, d\|E(t)x\|^2$　$(x \in \mathcal{D}(f(A)))$.

証明　実際, $J_k = \{\lambda \in \sigma(A) \,|\, k-1 < f(\lambda) \le k\}$ $(k \in \mathbb{Z})$ とおけば, J_k は互いに素なボレル集合であるから, $P_k = E(J_k)$ は互いに直交する直交射影である. $H_k = P_k H$ とおく. このとき, 任意の $x \in H$ を取ると, 仮定により $\cup_k J_k$ の補集合は測度 m_x に関して零集合であるから,

$$\sum_k \|P_k x\|^2 = \sum_k \|E(J_k)x\|^2 = \sum_k m_x(J_k) = m_x(\mathbb{R}) = \|x\|^2$$

が成り立つ. よって, $\sum_k P_k x = x$ が成り立つ. $x \in H$ は任意であったから, $\sum_k H_k$ は H で稠密である.

　次に, 各 k に対して H_k 上への制限 $A_k = A|_{H_k}$ を考える. A_k は有界とは限らないが, 関数 f は J_k 上で有界であるから, 定理 8.20 が適用できて H_k 上の有界な作用素 $f(A_k)$ が得られる. そこで, リース・ロルチの補題により各 H_k 上で $f(A_k)$ に等しい自己共役作用素が唯一つ存在する. それを C とおくと, $x \in \mathcal{D}(C)$ は

$$\sum_k \|f(A_k)P_k x\|^2 = \sum_k \int_{J_k} |f(\lambda)|^2 \, d\|E(\lambda)P_k x\|^2 = \int |f(\lambda)|^2 \, d\|E(\lambda)x\|^2$$

が有限であることと同値である．また，$x \in \mathcal{D}(C)$ のとき

$$(Cx \mid x) = \sum_k (f(A_k)P_k x \mid P_k x) = \sum_k \int_{J_k} f(\lambda)\, d\|E(\lambda)P_k x\|^2$$
$$= \int f(\lambda)\, d\|E(\lambda)x\|^2.$$

を得る．これは上で述べた $f(A)$ の定義条件に一致する．故に，$C = f(A)$. □

演習問題

8.1 $\{H_k, P_k\}_{k \in \mathbb{N}}$ を H の直交分解とするとき $S \in \mathcal{B}(H)$ について次は同値であることを示せ．

   (a) $\{H_k, P_k\}_{k \in \mathbb{N}}$ は S を約する．

   (b) すべての k に対して S と P_k は可換である．

8.2 A は H 上の自己共役作用素とする．H の直交分解 $\{H_k, P_k\}_{k \in \mathbb{N}}$ が A を約するならば，P_k は A と可換であることを示せ．

8.3 A を自己共役作用素とし，M を H の閉部分空間とする．P を M への直交射影とするとき，$P\mathcal{D}(A) \subseteq \mathcal{D}(A)$ で $PA \subseteq AP$ を満たすならば，部分空間 M（または P）は A を**約する**という．この意味で M が A を約するとき次を示せ：

   (1) $M^\perp$ も A を約する．

   (2) $\mathcal{D}(A) = \mathcal{D}(A) \cap M + \mathcal{D}(A) \cap M^\perp$ が成り立つ．

8.4 (8.7) の公式は次と同値であることを示せ：

$$(\Phi(f)x \mid x) = \int_{-\infty}^{\infty} f(\lambda)\, d\|E(\lambda)x\|^2 \qquad (x \in \mathcal{D}(\Phi(f))).$$

8.5 $\mu \in \rho(A)$ に対し次が成り立つことを示せ：

   (1) $\displaystyle R(\mu; A) = \int_{-\infty}^{\infty} \frac{1}{\mu - \lambda}\, dE(\lambda).$

   (2) $\displaystyle \|R(\mu; A)x\|^2 = \int_{-\infty}^{\infty} \frac{1}{|\mu - \lambda|^2}\, d\|E(\lambda)x\|^2.$

   (3) $R(\mu; A) - R(\mu_0; A) = (\mu_0 - \mu)R(\mu; A)R(\mu_0; A).$

第 3 部

バナッハ環による解析

第 9 章

バナッハ環の基礎

作用素 T のスペクトルは $\lambda I - T$ に有界な逆がないような複素数 λ 全体の集合と規定された. このヒルベルトの定義はスペクトルが作用素 T の位相代数的な性質であることを示唆していることから, 作用素の作る環が盛んに研究されたが, ゲルファントは作用素環から代数演算とノルムの概念だけを残したノルム環という抽象的な設定がスペクトルを純粋に理解する場として適切なことを示した. この抽象性の故にゲルファントの理論は作用素を越えて広汎な応用を見出した.

この第 3 部ではバナッハ環の立場から作用素のスペクトルを見なおす. 本章では定義と基本的な結果を, 次章ではゲルファント変換の理論を解説する. バナッハ環 $\mathcal{A}$ は作用素の環 $\mathcal{B}(X)$ の基本の演算とノルムの性質だけを受け継いだもので, $\mathbb{C}$ 上の多元環がバナッハ空間でもあり, かつ乗法が連続なものとして定義される. この定義の直接の帰結としてバナッハ環の元の可逆性や逆元の連続性を示す. 次にスペクトルを定義し, 任意の元のスペクトルは空でないというゲルファントの基本定理, スペクトルの存在範囲を精密に与えるブーリン・ゲルファント公式等を説明する.

9.1. 定義と例

バナッハ環の性質はこれまでに作用素の環として具体的に扱ってきたが, 抽象化することで具体例では埋もれがちな本質を引き出すことができる.

9.1.1. 定義 バナッハ空間上の有界線型作用素全体の基本構造は定理 2.4 で述べた. この基本構造を公理としてバナッハ環は定義される.

158

9.1 定義と例 159

定義 9.1 空でない集合 $\mathscr{A}$ が次の公理 (BA_1), (BA_2), (BA_3), (BA_4) を満たすとき $\mathscr{A}$ を**バナッハ環**と呼ぶ. ただし, $a, b, c \in \mathscr{A}$, $\alpha \in \mathbb{C}$ とする.

(BA_1)　$\mathscr{A}$ は複素ベクトル空間である. ただし, 演算は和を $a + b$, スカラー倍を αa と書く.

(BA_2)　$\mathscr{A}$ には元の積 $(a, b) \mapsto ab$ が定義され次を満たす:

(a)　$(ab)c = a(bc)$,

(b)　$a(b + c) = ab + ac$,

(c)　$(a + b)c = ac + bc$,

(d)　$\alpha(ab) = (\alpha a)b = a(\alpha b)$.

(BA_3)　$\mathscr{A}$ にはベクトル空間としてのノルム $\|a\|$ が定義され次を満たす:

(a)　$\|ab\| \leq \|a\|\|b\|$,

(b)　$\mathscr{A}$ はノルムに関して完備である.

(BA_4)　$\mathscr{A}$ は乗法の単位元 e を持つ. すなわち,

$$ea = ae = a \qquad (a \in \mathscr{A})$$

を満たす元 e が存在する. さらに, $\|e\| = 1$ を仮定する.

さらに乗法の可換性を仮定することも多い. すなわち,

(BA_5)　すべての $a, b \in \mathscr{A}$ に対して $ab = ba$.

公理 (BA_5) を満たすバナッハ環を**可換バナッハ環**と呼ぶ. バナッハ環の定義からノルム位相の完備性を除いたものを**ノルム環**と呼ぶ.

注意 9.2　本書のバナッハ環は作用素への応用が第一の目的であるため, 単位元の存在を主な公理として採用したが, (BA_1), (BA_2), (BA_3) までを満たすものをバナッハ環と定義し, (BA_4) も満たすものは**単位バナッハ環**と呼ぶ教科書も多い. 調和解析も視野に入れた場合は例 9.12 に見るように単位元のない環も主役になる. また, 部分環は単位元を含むとは限らないし, 部分環の単位元が全体の単位元と同じとも限らない. それで, 以下本書では単位元のないバナッハ環を閉め出すことはしないが, 自明な議論を避けるため, 基礎となるバナッハ環 $\mathscr{A}$ に対しては $\mathscr{A}^2 = \{ ab \mid a, b \in \mathscr{A} \} \neq \{0\}$ を仮定する.

注意 9.3　本書ではスカラーを複素数に限ったが, 実数をスカラーとするバナッハ環ももちろん重要である. 作用素のスペクトル理論では複素数の枠組みが自然なので, バナッハ環といえば複素バナッハ環を指すことが多い.

9.1.2. イデアルと準同型　与えられたバナッハ環から新しいバナッハ環を作り出す方法を二つ述べよう.

部分環とイデアル　バナッハ環 $\mathscr{A}$ の部分集合 $\mathscr{B}$ が $\mathscr{A}$ の演算について**多元環**をなすとき (公理 $(\mathrm{BA_1})$ と $(\mathrm{BA_2})$ を満たすとき) 部分多元環という. さらにこれに $\mathscr{A}$ のノルムを与えればノルム環となるが, これを $\mathscr{A}$ の部分環と呼ぶ. もしさらに $\mathscr{B}$ が $\mathscr{A}$ の閉集合ならば, バナッハ環となる. この場合, 単位元の条件は課さない. 特に, $\mathscr{A}$ の部分ベクトル空間 $\mathscr{I}$ が任意の $a \in \mathscr{I}$ と $x \in \mathscr{A}$ に対して $xa \in \mathscr{I}$ を満たすとき $\mathscr{I}$ を $\mathscr{A}$ の**左イデアル**と呼ぶ. $xa \in \mathscr{I}$ の代わりに $ax \in \mathscr{I}$ が成り立つとき $\mathscr{I}$ を**右イデアル**と呼ぶ. また, xa と ax の両方が $\mathscr{I}$ に属するときは $\mathscr{I}$ を**両側イデアル**と呼ぶ. 以下では特に断らない限り, イデアルは両側イデアルを指すこととする. イデアル $\mathscr{I}$ がさらに閉集合ならば, **閉イデアル**と呼ぶ.

零元のみ $\{0\}$ は明らかにイデアルで, これを**零イデアル**と呼び, (0) と記す. $\mathscr{A}$ 自身も $\mathscr{A}$ のイデアルである. (0) と $\mathscr{A}$ を $\mathscr{A}$ の**自明なイデアル**と呼ぶ. $\mathscr{A}$ のイデアル $\mathscr{I}$ が $\mathscr{A}$ と異なるとき**真イデアル**と呼ぶ. 特に, $\mathscr{I}$ を真に含む $\mathscr{A}$ のイデアルが $\mathscr{A}$ のみのとき, $\mathscr{I}$ を $\mathscr{A}$ の**極大イデアル**と呼ぶ.

準同型　バナッハ環の特徴を保存する写像が準同型である.

定義 9.4　バナッハ環 $\mathscr{A}$ から第二のバナッハ環 $\mathscr{B}$ への写像 ϕ が

(a)　ϕ は線型写像である,

(b)　ϕ は積を保存する: $\phi(ab) = \phi(a)\phi(b)$ $(a, b \in \mathscr{A})$,

(c)　ϕ は連続である

の3条件を満たすとき ϕ を $\mathscr{A}$ から $\mathscr{B}$ への**準同型写像** (略して準同型) と呼ぶ.

準同型 ϕ の核 $\mathcal{N}(\phi) = \{\, a \in \mathscr{A} \mid \phi(a) = 0 \,\}$ は $\mathscr{A}$ の閉イデアルである. 逆に, $\mathscr{I}$ がバナッハ環 $\mathscr{A}$ の閉イデアルならば, バナッハ空間としての商空間 $\mathscr{A}/\mathscr{I}$ には積とノルムが自然に定義されてバナッハ環となり, $\mathscr{A}$ から $\mathscr{A}/\mathscr{I}$ への標準写像 $a \mapsto a + \mathscr{I}$ の核が $\mathscr{I}$ になる. これらは第 10 章で詳しく説明される.

9.1.3. バナッハ環の例　バナッハ環の標準的な例をあげる. 本書での応用は限られているので, 読者の興味に従って探求を進められることを期待したい.

9.1 定義と例 161

例 9.5 複素数体 $\mathbb{C}$ は絶対値をノルムとしてバナッハ環となる. この場合, 積とスカラー倍は同じ演算であるから, 場合によって使い分けることになる.

例 9.6 ハウスドルフ位相空間 S 上の複素数値有界連続関数 $f(s)$ の全体 $C(S)$ は関数の和, 積, スカラー倍を代数演算とし, **一様ノルム**

$$\|f\| = \sup\{\,|f(s)|\mid s \in S\,\}$$

($\|f\|_S$ とも書く) をノルムとしてバナッハ環をなす. この場合は, $f \in C(S)$ に対して f^* を $f^*(s) = \overline{f(s)}$ (右辺の上線 ¯ は複素共役) と定義すれば, $f \mapsto f^*$ は $C(S)$ 上の対合である (対合については第 11 章を見よ). 特に, S がコンパクトのときの $C(S)$ は第 11 章で説明する可換 C^* 環の標準型である. また, S が局所コンパクトなとき, $f \in C(S)$ が無限遠で 0 になるとは, 任意の $\varepsilon > 0$ に対し $\{\,s \in S\mid |f(s)| \geq \varepsilon\,\}$ がコンパクトであることをいう. このような $f \in C(S)$ の全体を $C_0(S)$ と書く. $C_0(S)$ は $C(S)$ の閉部分環である. $C_0(S)$ 自体は可換な非単位 C^* 環の標準型である.

例 9.7 複素平面の単位開円板を $\mathbb{D} = \{\,z \in \mathbb{C}\mid |z| < 1\,\}$, その閉包 (すなわち, 単位閉円板) を $\overline{\mathbb{D}}$ と書く. $\overline{\mathbb{D}}$ 上で連続かつ $\mathbb{D}$ 上で正則な複素数値関数の全体を $A(\mathbb{D})$ と表す. これは関数の和, 積, スカラー倍を代数演算とし, 一様ノルム

$$\|f\|_{\mathbb{D}} = \max\{\,|f(z)|\mid |z| \leq 1\,\}$$

をノルムとしてバナッハ環をなす. これを**円板環**と呼ぶ.

一方, 正則関数の最大値の原理により $f \in A(\mathbb{D})$ の最大絶対値は $\mathbb{D}$ の境界 $\mathbb{T} = \{\,z \in \mathbb{C}\mid |z| = 1\,\}$ (単位円周) 上にあるから, 一様ノルムの計算では z を $\mathbb{T}$ 上に限ってもよい. すなわち,

$$\|f\|_{\mathbb{D}} = \|f\|_{\mathbb{T}} = \max\{\,|f(z)|\mid |z| = 1\,\}.$$

例 9.8 $(X, \mathcal{M}, \mu)$ を測度空間とする. ただし, X は空でない集合, $\mathcal{M}$ は X の部分集合の作る完全加法族, μ は $\mathcal{M}$ 上の正測度とする. X 上の**本質的有界**な複素数値関数 $f(x)$ の (同値類の) 全体 $L^\infty(\mu)$ は本質的一様ノルム

$$\|f\|_\infty = \inf\{\,M > 0\mid \mu(\{\,s\mid |f(s)| > M\,\}) = 0\,\}$$

に関してバナッハ環をなす.

例 9.9　バナッハ空間 X 上の有界線型作用素の全体 $\mathscr{B}(X)$ は作用素の代数演算と作用素のノルムについてバナッハ環をなす (定理 2.4).

例 9.10　ヒルベルト空間 H 上の有界線型作用素の全体 $\mathscr{B}(H)$ は作用素の代数演算と作用素のノルムについてバナッハ環をなすが, さらに作用素の共役を取る演算 $T \mapsto T^*$ が加わって, **バナッハ * 環** (C^* 環) になる (第 11 章 参照).

例 9.11　整数の集合 $\mathbb{Z}$ 上の絶対総和可能な複素関数 f の全体 $\ell^1(\mathbb{Z})$ は $\|f\| = \sum_{n=-\infty}^{\infty} |f(n)|$ をノルムとしてバナッハ空間をなすが, $f, g \in \ell^1(\mathbb{Z})$ の積を

$$(f * g)(n) = \sum_{k=-\infty}^{\infty} f(k)g(n-k) \qquad (n \in \mathbb{Z})$$

で定義すると, $\ell^1(\mathbb{Z})$ は単位元を持つバナッハ環となる. 積 $*$ を畳込みという. バナッハ環 $\ell^1(\mathbb{Z})$ を $\mathbb{Z}$ の**フーリエ環**と呼ぶことがある.

例 9.12　参考までに単位元のないバナッハ環の例をあげておく. 数直線上の複素数値ルベーグ可積分関数 $f(x)$ の全体を $L^1(\mathbb{R})$ とすると, これはバナッハ空間であるが, さらに関数の**合成積**または**畳込み**

$$f * g(x) = \int_{-\infty}^{\infty} f(x-y)g(y)\,dy$$

を積とすればバナッハ環の公理 $(\mathrm{BA_1})$, $(\mathrm{BA_2})$, $(\mathrm{BA_3})$ および $(\mathrm{BA_5})$ を満たす. これは調和解析に関連するバナッハ環の例としてよくあげられるものである.

例 9.13　$\mathbb{T}$ を単位円または絶対値 1 の複素数全体の作る乗法群とする. $\mathbb{T}$ は準同型写像 $t \mapsto e^{2\pi it}$ により加法群 $\mathbb{R}/\mathbb{Z}$ と位相同型に対応する. この対応により $\mathbb{R}$ 上のルベーグ測度 dt は $\mathbb{T}$ 上のハール測度を定義する. $\mathbb{T}$ 上の関数 $F(z)$ $(z \in \mathbb{T})$ は $f(t) = F(e^{2\pi it})$ により $\mathbb{R}$ 上の (周期 1 の) 関数と見なされる. 特に, $f \in L^1([0,1))$ を $f(t) = F(e^{2\pi it})$ により $\mathbb{T}$ 上の関数と見なし, これを利用して $L^1([0,1))$ の関数の**合成積**または**畳込み** $f * g$ を次で定義する:

$$f * g(t) = \int_0^1 f(t-s)g(s)\,ds.$$

$L^1([0,1))$ はこれを積としてバナッハ環の公理 $(\mathrm{BA_1})$, $(\mathrm{BA_2})$, $(\mathrm{BA_3})$ および $(\mathrm{BA_5})$ を満たすが, 単位元はない. これがフーリエ級数の枠組みである.

9.1.4. 単位元の添加　最後の二つの例のように，重要なバナッハ環には単位元がないものもあるから，単位元がなくても通用する理論を作ることは大切である．一方，スペクトル理論のように単位元があると話が円滑に進む場合も多い．ここでは，一般のノルム環に単位元を追加する方法を示そう．$\mathscr{A}$ を $(\mathrm{BA_4})$ を仮定しないノルム環とする．このとき，$\mathbb{C}$ と $\mathscr{A}$ の直積

$$\mathbb{C} \times \mathscr{A} = \{ (\alpha, a) \mid \alpha \in \mathbb{C}, a \in \mathscr{A} \}$$

に和，スカラー倍，積の三つの代数演算を次にように定義する：

　　和　$(\alpha, a) + (\beta, b) = (\alpha + \beta, a + b),$

　　スカラー倍　$\alpha(\beta, b) = (\alpha\beta, \alpha b),$

　　積　$(\alpha, a)(\beta, b) = (\alpha\beta, \alpha b + \beta a + ab).$

この演算で $\mathbb{C} \times \mathscr{A}$ は $(1, 0)$ を単位元とする多元環となる．これを $\widetilde{\mathscr{A}}$ と書く．対応 $a \mapsto (0, a)$ は $\mathscr{A}$ から $\widetilde{\mathscr{A}}$ の中への多元環の同型写像である．我々は $(\alpha, 0)$ と α を同一視し，$(0, a)$ と $\mathscr{A}$ の元 a を同一視すれば次を得る：

$$(\alpha, a) = (\alpha, 0) + (0, a) = \alpha + a.$$

$\widetilde{\mathscr{A}}$ を $\mathscr{A}$ に単位元 1 を**添加**した環と呼ぶ．ノルムについては次を要求する：

　　ノルム　$\|(\alpha, 0)\| = |\alpha|,\ \|(0, a)\| = \|a\|$ が成り立ち，さらに乗法的になるものとする．例えば，$\|(\alpha, a)\| = |\alpha| + \|a\|$ がこの性質を持つ．

　この構成により $\mathscr{A}$ は $\widetilde{\mathscr{A}}$ の (極大) 両側イデアルとなる．もし $\mathscr{A}$ がバナッハ環ならば，$\mathscr{A}$ を余次元 1 の部分空間とする $\widetilde{\mathscr{A}}$ も完備で，従ってバナッハ環となる．しかし，$\mathscr{A}$ が単位元 e を持つとき，e は $\widetilde{\mathscr{A}}$ の単位元にはならない．

9.2. 基本性質

ここではバナッハ環の公理からすぐ導き出せる性質をいくつか説明しよう．以下では $\mathscr{A}$ を一般のバナッハ環，すなわち定義 9.1 の公理 $(\mathrm{BA_1}),(\mathrm{BA_2}),(\mathrm{BA_3})$ および $(\mathrm{BA_4})$ を満たすものと仮定する．

9.2.1. ノルム不等式の効用　バナッハ環のノルム不等式 $(\mathrm{BA_3})(a)$ の効用として，絶対収束級数の基本性質を示そう．バナッハ環 $\mathscr{A}$ 内の級数 $\sum_{n=1}^{\infty} a_n$ は $\sum_{n=1}^{\infty} \|a_n\| < \infty$ が成り立つとき**絶対収束**するという．

定理 9.14 バナッハ環 $\mathscr{A}$ について次が成り立つ：

(a) $\mathscr{A}$ の積 ab $(a, b \in \mathscr{A})$ は 2 変数の関数として連続である．すなわち，$a_n \to a$ かつ $b_n \to b$ ならば $a_n b_n \to ab$ が成り立つ．

(b) 絶対収束級数は収束し，和の順序を変えても結果は変わらない．また，二つの絶対収束級数は積を作ることができる．この場合，それぞれの部分和の積は計算順序によらずそれぞれの級数の和の積に収束する．和も同様である．

証明 (a) $a_n \to a$ であるから，十分大きな N に対し，$\|a_n - a\| \le 1$ $(n \ge N)$ を満たす．従って，$n \ge N$ のとき，次が成り立つ：

$$\begin{aligned}
\|a_n b_n - ab\| &= \|a_n(b_n - b) + (a_n - a)b\| \\
&\le \|a_n\|\|b_n - b\| + \|a_n - a\|\|b\| \\
&\le (\|a\| + 1)\|b_n - b\| + \|a_n - a\|\|b\|.
\end{aligned}$$

最終辺は $n \to \infty$ のとき 0 に収束するから，$a_n b_n \to ab$ が得られる．

(b) $\sum_{n=1}^{\infty} a_n$ を絶対収束級数とし，$s_n = \sum_{k=1}^{n} a_k$ をこの順序の部分和とする．このとき，$m, n \ge N$ ならば $\|s_m - s_n\| \le 2\sum_{k=N}^{\infty} \|a_k\| \to 0$ $(N \to \infty)$ となるから，$\{s_n\}$ は $\mathscr{A}$ のコーシー列である．$\mathscr{A}$ は完備であるから，点列 $\{s_n\}$ は収束する．その極限を s とおく．次に，$\mathbb{N}$ の任意の有限部分集合 F に対し $s_F = \sum_{k \in F} a_k$ とおく．もし $F \supset \{1, 2, \ldots, N\}$ とすれば，

$$\|s - s_F\| \le \|s - s_N\| + \sum_{k > N} \|a_k\| \to 0 \qquad (N \to \infty)$$

となるから，部分和の有向列 $\{\, s_F \mid F \subset \mathbb{N} \,\}$ は唯一の極限 s を持つ．

最後に，$a = \sum_n a_n$ と $b = \sum_n b_n$ を絶対収束級数とする．級数の積はそれぞれの項の積 $a_m b_n$ $(m, n \in \mathbb{N})$ の全体をある順序で加えたものであるが，

$$\sum_{m,n=1}^{\infty} \|a_m b_n\| \le \sum_{m,n=1}^{\infty} \|a_m\|\|b_n\| \le \sum_{m=1}^{\infty} \|a_m\| \sum_{n=1}^{\infty} \|b_n\| < \infty$$

であるから，級数 $\sum_{m,n} a_m b_n$ は絶対収束する．従って，この級数の和は足し方の順序によらない．特に，

$$\sum_{m,n} a_m b_n = \lim \sum_{j=1}^{n} a_j \sum_{k=1}^{n} b_k = ab.$$

これが求めるものであった．和についても同様である． $\qquad\square$

9.2 基本性質　　　　165

9.2.2. 可逆性　定理 9.14 の応用としてバナッハ環の元の可逆性を検証する.

定理 9.15　$a \in \mathscr{A}$ が $\|e - a\| < 1$ を満たせば, a は逆元を持つ. 実際,

$$(9.1) \qquad a^{-1} = e + (e - a) + (e - a)^2 + \cdots$$

が成り立つ. すなわち, 右辺の級数 (この形の級数を**ノイマン級数**と呼ぶ) は収束して逆元 a^{-1} を与える. また, ノルムについては次が成り立つ:

$$(9.2) \qquad \|a\|^{-1} \leq \|a^{-1}\| \leq (1 - \|e - a\|)^{-1}.$$

証明　式 (9.1) の右辺はノルムの性質 (定義 9.1 (BA$_3$)(a)) により

$$\sum_{n=1}^{\infty} \|(e-a)^n\| \leq \sum_{n=1}^{\infty} \|e-a\|^n = \frac{1}{1 - \|e - a\|} < \infty$$

が成り立つから, 絶対収束する. この和を a' とすれば, 定理 9.14 により, この和や積の計算では項の順序を変えても結果は変わらないから,

$$\begin{aligned}
aa' &= (e - (e - a)) \lim_{n\to\infty} [e + (e - a) + \cdots + (e - a)^n] \\
&= \lim_{n\to\infty} \left[e + \sum_{k-1}^{n} (e-a)^k - \sum_{k=1}^{n+1} (e-a)^k \right] \\
&= e - \lim_{n\to\infty} (e-a)^{n+1} = e.
\end{aligned}$$

$a'a = e$ も同様であるから, $aa' = a'a = e$. 故に, a' は a の逆元 a^{-1} に等しい. 不等式 (9.2) については, 第一の不等号は $1 = \|e\| = \|aa^{-1}\| \leq \|a\|\|a^{-1}\|$ からわかる. 第二の方は (9.1) の右辺の級数のノルムの計算であって, この証明の最初の計算に含まれている. これで証明が終った.　　　□

系 1　$\mathscr{A}$ の可逆な元の全体を $GL(\mathscr{A})$ と書くと次が成り立つ.

（a）　$GL(\mathscr{A})$ は $\mathscr{A}$ の開集合である. 実際, 任意の $a \in GL(\mathscr{A})$ と $b \in \mathscr{A}$ に対し, $\|b - a\| < \|a^{-1}\|^{-1}$ ならば $b \in GL(\mathscr{A})$.

（b）　a^{-1} は $GL(\mathscr{A})$ 上で a の連続関数である. すなわち, $a_n \in GL(\mathscr{A})$ が $a \in GL(\mathscr{A})$ に収束すれば, $a_n^{-1} \to a^{-1}$.

証明　(a)　条件を満たす $a \in GL(\mathscr{A}), b \in \mathscr{A}$ に対しては,

$$\|e - a^{-1}b\| = \|a^{-1}(a - b)\| \leq \|a^{-1}\|\|a - b\| < 1$$

であるから，定理により $a^{-1}b \in GL(\mathscr{A})$ を得る．従って，$b = a \cdot (a^{-1}b)$ と分解してみれば，$(a^{-1}b)^{-1}a^{-1}$ が b の逆元であることがわかる．

(b) まず，$a = e$ で連続であることを示そう．そのため，$a_n \to e$ とすると，十分大きな番号に対して $\|a_n - e\| < \dfrac{1}{2}$ が成り立つ．このときは，

$$\|a_n^{-1}\| = \|e + (e - a_n) + (e - a_n)^2 + \cdots\| \leq 1 + \frac{1}{2} + \frac{1}{4} + \cdots = 2.$$

従って，点列 $\{a_n^{-1}\}$ は有界であるから，$K = \sup_n \|a_n^{-1}\|$ とおけば，

$$\|e - a_n^{-1}\| = \|a_n^{-1}(a_n - e)\| \leq K\|a_n - e\| \to 0 \qquad (n \to \infty).$$

故に，$a_n^{-1} \to e$．一般の場合は，$a_n a^{-1} \to aa^{-1} = e$ であるから，前半により $aa_n^{-1} = (a_n a^{-1})^{-1} \to e$ が得られる．故に，$a_n^{-1} \to a^{-1}$ がわかる． $\square$

次は $\lambda e - a$ の形の元の可逆性で，これはスペクトルの取り扱いで役に立つ．

系 2 $a \in \mathscr{A}$ とする．もし $\lambda \in \mathbb{C}$ が $|\lambda| > \|a\|$ を満たせば $\lambda e - a$ は可逆で

$$(9.3) \qquad \frac{1}{\|\lambda e - a\|} \leq \|(\lambda e - a)^{-1}\| \leq \frac{1}{|\lambda| - \|a\|}.$$

証明 $\|e - (e - \lambda^{-1}a)\| = \|\lambda^{-1}a\| < 1$ であるから，定理により $e - \lambda^{-1}a$ は逆元を持つ．よって，$\lambda e - a = \lambda(e - \lambda^{-1}a)$ も同様である． $\square$

9.3. スペクトル

行列や作用素のスペクトルの概念をそのままバナッハ環に持ち込むことができる．以下では，$\mathscr{A}$ を単位元 e を持つバナッハ環とする．

9.3.1. 定義と基本性質 任意に与えられた $a \in \mathscr{A}$ に対し，複素変数 λ の関数 $\lambda e - a$ を考える．我々は $\lambda e - a$ が $\mathscr{A}$ で可逆か否かで λ を二つに分ける．

定義 9.16 $\lambda e - a$ が可逆な λ の全体を $\rho(a)$ と書き，a の**レゾルベント集合**と呼ぶ．$\lambda \in \rho(a)$ のとき，

$$(9.4) \qquad R(\lambda; a) = (\lambda e - a)^{-1}$$

と書いて a の**レゾルベント**と呼ぶ．また，$\lambda e - a$ が可逆でない λ の全体を $\sigma(a)$ と書き，a の**スペクトル**と呼ぶ．

レゾルベントとスペクトルはどんな環で考えるかで変わってくるから，$\sigma(a)$, $\rho(a)$ の代わりにそれぞれ $\sigma_{\mathscr{A}}(a)$, $\rho_{\mathscr{A}}(a)$ と考える環を添えて書くこともある．

補題 9.17 $a \in \mathscr{A}$ のレゾルベント集合 $\rho(a)$ は開集合である．また，a のスペクトル $\sigma(a)$ は半径 $\|a\|$ の閉円板 $\{|\lambda| \leq \|a\|\}$ に含まれる閉集合である．

証明 $f(\lambda) = \lambda e - a$ とおけば，f は複素平面 $\mathbb{C}$ から $\mathscr{A}$ の中への連続関数で，$\lambda \in \rho(a)$ は $f(\lambda) \in GL(\mathscr{A})$ と同等である．従って，$\rho(a)$ は f による $GL(\mathscr{A})$ の逆像であるが，定理 9.15 の系 1 により $GL(\mathscr{A})$ は開集合であるから，$\rho(a)$ も同様である．また，定理 9.15 の系 2 により $\rho(a)$ は $\{|\lambda| > \|a\|\}$ を含むから，$\sigma(a)$ は $\{|\lambda| \leq \|a\|\}$ に含まれる． $\square$

定理 9.18 (a) $a \in \mathscr{A}$ のレゾルベント $R(\lambda; a)$ は $\rho(a)$ 上の連続関数である．

(b) 任意の $\lambda, \lambda_0 \in \rho(a)$ に対して次の**レゾルベント方程式**が成り立つ：

$$(9.5) \qquad R(\lambda; a) - R(\lambda_0; a) = (\lambda_0 - \lambda)R(\lambda; a)R(\lambda_0; a).$$

(c) $R(\lambda; a)$ は $\rho(a)$ 上で（ノルム位相で）微分可能で次を満たす：

$$(9.6) \qquad \frac{d}{d\lambda}R(\lambda; a) = -R(\lambda; a)^2.$$

証明 (a) $R(\lambda; a)$ は $\mathbb{C}$ 上の連続関数 $\lambda \mapsto \lambda e - a$ と $GL(\mathscr{A})$ 上の連続関数 $x \mapsto x^{-1}$ の合成関数であるから連続である．

(b) $\lambda, \lambda_0 \in \rho(a)$ に対して

$$(\lambda e - a)(\lambda_0 e - a)\{(\lambda e - a)^{-1} - (\lambda_0 e - a)^{-1}\} = (\lambda_0 - \lambda)e.$$

この両辺に $(\lambda e - a)^{-1}(\lambda_0 e - a)^{-1}$ を掛けて

$$(\lambda e - a)^{-1} - (\lambda_0 e - a)^{-1} = (\lambda_0 - \lambda)(\lambda e - a)^{-1}(\lambda_0 e - a)^{-1}.$$

これが求めるものである．

(c) $\lambda, \lambda_0 \in \rho(a)$, $\lambda \neq \lambda_0$ とすれば，レゾルベント方程式を利用して

$$\lim_{\lambda \to \lambda_0} \frac{1}{\lambda - \lambda_0}\{R(\lambda; a) - R(\lambda_0; a)\}$$
$$= -R(\lambda_0; a)^2 - \lim_{\lambda \to \lambda_0} R(\lambda_0; a)\{R(\lambda; a) - R(\lambda_0; a)\}$$
$$= -R(\lambda_0; a)^2$$

を得る．最後の極限は $R(\lambda; a)$ の連続性による． $\square$

9.3.2. スペクトルの存在　バナッハ環の理論において関数論の威力を示す結果の一つがスペクトルの存在である.

定理 9.19 (ゲルファント)　任意の $a \in \mathscr{A}$ のスペクトル $\sigma(a)$ は空ではない.

定理 3.8 では作用素のスペクトルが空でないことを示したが, その証明において T と $\mathscr{B}(X)$ をそれぞれ a と $\mathscr{A}$ に代えて書き換えればこの定理にゲルファントが与えた証明になる. ここでは次のブーリン・ゲルファント公式の証明の中でスペクトルの存在も確かめるのでこの証明は繰り返さない.

系　任意の $\zeta \in \rho(a)$ に対し, $d(\zeta, \sigma(a))$ を ζ と $\sigma(a)$ の距離とすれば,

$$d(\zeta, \sigma(a)) \geq \|R(\zeta; a)\|^{-1} \quad \text{または} \quad \|R(\zeta; a)\| \geq d(\zeta, \sigma(a))^{-1}$$

が成り立つ. 従って, $R(\zeta; a)$ は ζ がレゾルベント集合 $\rho(a)$ の境界 $\partial\rho(a)$ に近づくとき発散する. すなわち, $\partial\rho(a)$ は正則関数 $R(\zeta; a)$ の自然境界である.

証明　$\zeta \in \rho(a)$ として $|\zeta' - \zeta| < \|R(\zeta; a)\|^{-1}$ を仮定すると, $\zeta e - a \in GL(\mathscr{A})$ かつ $|\zeta' - \zeta| < \|(\zeta e - a)^{-1}\|^{-1}$ であるから, 定理 9.15 の系 1 (a) により,

$$\zeta' e - a = (\zeta' - \zeta)e + (\zeta e - a) \in GL(\mathscr{A})$$

を得るから, $\zeta' \in \rho(a)$ がわかる. 従って, ζ を中心とする半径 $\|R(\zeta; a)\|^{-1}$ の開円板は $\rho(a)$ に含まれる. 故に, $\|R(\zeta; a)\|^{-1} \leq d(\zeta, \sigma(a))$. □

9.3.3. スペクトル半径　$a \in \mathscr{A}$ のスペクトル半径を

$$r(a) = \max\{\, |\lambda| \mid \lambda \in \sigma(a) \,\}$$

で定義する. スペクトル $\sigma(a)$ はゲルファントの定理 (定理 9.19) により空ではないコンパクト集合であるから, $r(a)$ は確定で次が成り立つ.

定理 9.20 (ブーリン・ゲルファント公式)　$a \in \mathscr{A}$ について次が成り立つ:

$$(9.7) \qquad\qquad r(a) = \lim_{n \to \infty} \|a^n\|^{1/n}.$$

注意 9.21　$r(a)$ が有限値であることには $\sigma(a)$ が空でないという意味も含まれている.

補題 9.22　任意の $a \in \mathscr{A}$ に対して

$$(9.8) \qquad \inf\{\, \|a^n\|^{1/n} \mid n \geq 0 \,\} = \lim_{n \to \infty} \|a^n\|^{1/n} \leq \|a\|.$$

証明 左辺の量を ν とおく. ε を任意の正数として, $\|a^m\|^{1/m} < \nu + \varepsilon$ を満たす番号 m を一つ固定する. 今, $n = pm + q$ (p, q は非負の整数で $0 \le q < m$) と書けば, $\|a^k\| \le \|a\|^k$ ($k = 1, 2, \dots$) であるから次が成り立つ:

$$\|a^n\|^{1/n} = \|a^{pm+q}\|^{1/n} \le \|a^m\|^{(1/m)\cdot(pm/n)}\|a\|^{q/n} \le (\nu + \varepsilon)^{pm/n}\|a\|^{q/n}.$$

ここで $n \to \infty$ とすれば, $pm/n \to 1$ かつ $q/n \to 0$ であるから,

$$\nu \le \liminf_{n\to\infty} \|a^n\|^{1/n} \le \limsup_{n\to\infty} \|a^n\|^{1/n} \le \nu + \varepsilon.$$

ε は任意であったから, 求める等式が得られる. 最後の不等号は $\|a^n\| \le \|a\|^n$ から明らかである. $\square$

定理 9.20 の証明 $a = 0$ のときは $\sigma(0) = \{0\}$ は明らかで, $r(0) = 0 = \|0\|$ がわかる. よって, 以下では $a \ne 0$ を仮定する. (9.8) の左辺の量を ν とおく.

(第 1 段) まず a のレゾルベント $R(\lambda; a)$ は $|\lambda| > \nu$ で正則であることを確かめる. そのため, $R(\lambda; a)$ をノイマン級数に形式的に展開する:

$$(9.9) \qquad R(\lambda; a) = (\lambda e - a)^{-1} = \lambda^{-1}(e - \lambda^{-1}a)^{-1} = \frac{1}{\lambda}\sum_{k=0}^{\infty} \frac{1}{\lambda^k}a^k.$$

今, 正数 r, r' を $r > r' > \nu$ となるように任意に固定すると, 十分大きなすべての n に対して $\|a^n\|^{1/n} < r'$ が成り立つ. 従って, $|\lambda| \ge r$ ならば,

$$\|\lambda^{-n}a^n\| \le |\lambda|^{-n}r'^n \le \left(\frac{r'}{r}\right)^n$$

となり, ノイマン級数は $|\lambda| \ge r$ でノルム収束することがわかる. よって, $R(\lambda; a)$ は $|\lambda| > r$ で正則である. r は ν より大きければ何でもよいから, $R(\lambda; a)$ は $|\lambda| > \nu$ で正則である. 故に, $\{|\lambda| > \nu\} \subseteq \rho(a)$ が成り立つ.

(第 2 段) 次に $0 \notin \sigma(a)$ を仮定する. すなわち, a は可逆であるとする. このときは, a の逆元を b とすれば, $e = ab = ba$ であるから, すべての自然数 n に対して $e = a^n b^n$ が成り立つ. 従って,

$$1 = \|e\| \le \|a^n\|\|b^n\| \le \|a^n\|\|b\|^n$$

となり, n 乗根を取って $1 \le \|a^n\|^{1/n}\|b\|$ を得る. (9.8) によって $1 \le \nu\|b\|$ がわかる. これは $\nu > 0$ を示すから, もし $\nu = 0$ ならば $0 \in \sigma(a)$ でなければなら

ない. 第 1 段 により $\rho(a)$ は $|\lambda| > \nu = 0$ を含むから, 結局 $\rho(a) = \{|\lambda| > 0\}$ と $\sigma(a) = \{0\}$ が得られた.

(第 3 段) $\nu > 0$ を仮定する. 第 1 段 により $\rho(a)$ は $\{|\lambda| > \nu\}$ を含むが, 任意の $0 < \varepsilon < \nu$ に対しては $\{|\lambda| > \nu - \varepsilon\}$ を含まないことを背理法によって示そう. 実際, $\rho(a)$ が $\{|\lambda| > \nu - \varepsilon\}$ を含んだとすると, $\nu - \varepsilon < r_0 < \nu$ とするとき, $R(\lambda; a)$ は $|\lambda| > \nu - \varepsilon$ で正則であるから, $r_1 > \|a\|$ として

$$\frac{1}{2\pi i} \int_{|\lambda| = r_0} \lambda^n R(\lambda; a)\, d\lambda = \frac{1}{2\pi i} \int_{|\lambda| = r_1} \lambda^n R(\lambda; a)\, d\lambda$$

が成り立つ. この右辺においては $|\lambda| > \|a\|$ であるから, ノルム収束するノイマン級数 (9.9) に展開できて, 項別積分により a^n に等しいことがわかる. 仮定により $R(\lambda; a)$ は $|\lambda| = r_0$ 上で連続であるから $\|R(\lambda; a)\|$ は有界である. 今,

$$C_0 = \max_{|\lambda| = r_0} \|R(\lambda; a)\|$$

とおいて, $\{|\lambda| = r_0\}$ 上の積分を計算すれば,

$$\|a^n\| \leq \frac{1}{2\pi} \int_{|\lambda| = r_0} |\lambda|^n \|R(\lambda; a)\| \, |d\lambda| \leq C_0 r_0^{n+1}$$

を得る. 従って,

$$\nu = \lim_{n \to \infty} \|a^n\|^{1/n} \leq \limsup_{n \to \infty} C_0^{1/n} r_0^{(n+1)/n} = r_0$$

となるが, これは r_0 の取り方に反する. すなわち, レゾルベント集合 $\rho(a)$ は $\{|\lambda| > \nu\}$ を含むが, 任意の $\varepsilon > 0$ に対して $\{|\lambda| > \nu - \varepsilon\}$ を含むことはない. これは円周 $|\lambda| = \nu$ 上に $\rho(a)$ に属さないような点, すなわちスペクトル $\sigma(a)$ の点があることを示す. 換言すれば, $|\lambda| = \nu$ は $\sigma(a)$ の点を含む最大の円周である. 故に $\nu = r(a)$ が示された. $\square$

9.3.4. 準同型とスペクトル　環の準同型によってスペクトルは縮小する.

定理 9.23　$\mathscr{A}$ と $\mathscr{B}$ をバナッハ環とし, $\pi \colon \mathscr{A} \to \mathscr{B}$ を単位元を保つ準同型とする. このとき, 任意の $a \in \mathscr{A}$ に対して $\sigma(\pi(a)) \subseteq \sigma(a)$.

証明　$\lambda \in \rho(a)$ を任意に取れば, $(\lambda e - a)b = e$ を満たす $b \in \mathscr{A}$ が存在する. ここで, 両辺に π を施して $\pi(e) = e$ (右辺の e は $\mathscr{B}$ の単位元) を使えば,

演習問題　　　　　　　　　　　　　　171

$(\lambda e - \pi(a))\pi(b) = e$ を得るから，$\lambda \in \rho(\pi(a))$．これから $\rho(a) \subseteq \rho(\pi(a))$ を得る．両辺の補集合を考えれば求める結果となる．　　　　　　　　　□

演習問題

9.1　バナッハ環の例 $\ell^1(\mathbb{Z})$ (例 9.11) を調べよう．

(1)　任意の関数 $f, g \in \ell^1(\mathbb{Z})$ と任意の $k \in \mathbb{Z}$ に対して $h(n) = f(n)g(k-n)$ $(n \in \mathbb{Z})$ で定義される関数 $h\colon \mathbb{Z} \to \mathbb{C}$ は総和可能であることを示せ．

(2)　任意の $f, g \in \ell^1(\mathbb{Z})$ に対し関数 $f * g\colon \mathbb{Z} \to \mathbb{C}$ を

$$(f * g)(k) = \sum_{n \in \mathbb{Z}} f(n)g(k-n)$$

で定義すると，$f * g \in \ell^1(\mathbb{Z})$ であることを示せ．特に，任意の $f, g \in \ell^1(\mathbb{Z})$ に対し $\|f * g\| \le \|f\|\|g\|$ を満たすことを示せ．

(3)　$\ell^1(\mathbb{Z})$ は $*$ を積としてバナッハ環になることを示せ．

9.2　バナッハ環 $\mathscr{A}$ の零でない元 a について $\|a^n\|/\|a\|^n$ $(n = 1, 2, \dots)$ は単調減少 (非増加) であることを示せ．

9.3　$\mathscr{A}$ をバナッハ環とし，$a \in \mathscr{A}$ とする．このとき，$L_a x = ax$ $(x \in \mathscr{A})$ は $\mathscr{A}$ 上の有界線型作用素を定義することを証明せよ．

9.4　$\mathscr{A}$ をバナッハ環とし，$a, b \in \mathscr{A}$ とする．このとき，$e - ab \in GL(\mathscr{A})$ ならば $e - ba \in GL(\mathscr{A})$ であって，等式

$$(e - ba)^{-1} = e + b(e - ab)^{-1}a$$

が成り立つことを示せ．

9.5　バナッハ環 $\mathscr{A}$ の可逆元 a に対し次が成り立つことを示せ：

$$\sigma(a^{-1}) = \{\, \lambda^{-1} \mid \lambda \in \sigma(a) \,\}.$$

第 10 章

可換バナッハ環のゲルファント変換

可換バナッハ環を連続関数を元とするバナッハ環で表現するゲルファント変換はゲルファントのバナッハ環理論の核心でこれが本章の主題である. これは可換バナッハ環 $\mathscr{A}$ から $\mathscr{A}$ の極大イデアル空間 $\mathfrak{M}(\mathscr{A})$ 上の連続関数環 $C(\mathfrak{M}(\mathscr{A}))$ への準同型表現で, $\mathscr{A}$ のスペクトル特性を正確に反映する.

§10.1 では可換バナッハ環の指標 (乗法的線型汎関数) を調べる. これは自動的に連続になるが, その存在は極大イデアルを通じて明らかにされる. §10.2 はゲルファント理論の核心である極大イデアルの理論で鍵は多元体をなす複素バナッハ環は複素数体と標準同型であるというゲルファント・マズールの定理である. §10.3 以降はゲルファント変換によるスペクトルの透明な理論に当てられる.

10.1. 可換バナッハ環の指標

本節ではゲルファント変換のための舞台の準備から始めよう.

10.1.1. 表現とは 一つの数学的体系 S に対し, 同じ種類の一般にはより具体的な数学的体系 C への構造を保存する対応 $\pi\colon S \to C$ を作ることを S の**表現**と呼ぶ. 我々が関心を持つバナッハ環の場合には具体的な体系 C としてはバナッハ空間またはヒルベルト空間 X 上の有界線型作用素の環 $\mathscr{B}(X)$ が選ばれることが多い. また, バナッハ環の構造は加法, 乗法, スカラー倍の代数演算とノルムによる位相であるから, バナッハ環の表現 $\pi\colon S \to C$ とは連続な多元環の準同型写像である.

表現の基本的な区分について述べる．最も重要なものは既約性である．これは何かの基準でこれ以上単純なものに分解できない表現を指す．また，$\pi: S \to C$ が一対一のときは π を**忠実**な表現という．さらに，いくつかの表現をまとめて考えることも大切である．S の表現の族 $\{\pi_i\}$ が**完全**であるとは，S の相異なる二つの元 a, b に対して $\pi_i(a) \neq \pi_i(b)$ を満たす π_i が存在することをいう．この性質を持つ既約表現の族が存在するとき，S は十分沢山表現を持つという．

10.1.2. 指標　可換バナッハ環 $\mathscr{A}$ の表現を考えよう．すなわち，X を任意のバナッハ空間として有界な準同型写像 $\pi: \mathscr{A} \to \mathscr{B}(X)$ を取る．

定義 10.1　X の (閉とは限らない) 部分空間 F が表現 π に関して不変であるとは，すべての $a \in \mathscr{A}$ に対して $\pi(a)(F) \subseteq F$ を満たすことをいう．もし X の自明でない閉部分空間 F で π に関して不変なものがあるとき，π は可約であるという．可約でない表現を**既約** (または，**位相的既約**) であるという．さらに，自明でない部分空間 F で π に関して不変であるものが (閉であってもなくても) 一切ないならば，表現 π は**狭義の既約**であるという．

補題 10.2　$\mathscr{A}$ を可換なバナッハ環とし，$\pi: \mathscr{A} \to \mathscr{B}(X)$ を $\mathscr{A}$ の表現とする．もし π が狭義の既約ならば，X は 1 次元である．逆はもちろん正しい．

証明　任意の $a \in \mathscr{A}$ に対し $\lambda \in \sigma(\pi(a))$ ならば $\pi(a) = \lambda I$ が成り立つ．ただし，I は恒等作用素である．もし $\lambda I - \pi(a) \neq 0$ とすれば，$\lambda I - \pi(a)$ の核 $N = \mathcal{N}(\lambda I - \pi(a))$ は X の閉部分空間で X とは異なる．$\mathscr{A}$ は可換であるから，任意の $x \in N$ に対して $(\lambda I - \pi(a))\pi(b)x = \pi(b)(\lambda I - \pi(a))x = 0$ $(b \in \mathscr{A})$ を得る．すなわち，N は π に関して不変であるが，π は既約であるから，$N = \{0\}$．従って，$\lambda I - \pi(a)$ は単射である．仮定から，$\lambda I - \pi(a)$ は可逆ではないから，値域 $F = \mathcal{R}(\lambda I - \pi(a))$ は X に一致しない．よって，$\{0\} \subsetneq F \subsetneq X$．$\mathscr{A}$ の可換性から F は π に関して不変であるが，これは π が狭義の既約であることに反する．故に，$\pi(a) = \lambda I$ が示された．$a \in \mathscr{A}$ は任意であったから，すべての $a \in \mathscr{A}$ に対して $\pi(a)$ は I の定数倍に等しい．従って，X のすべての部分空間は π によって不変となる．π は狭義の既約であったから，X には自明でない部分空間はない．故に，X の次元は 1 である．　　□

以下では，$\mathscr{A}$ の 1 次元表現を考察する．これを ϕ と書く．これは $\mathscr{A}$ 上の複素数値関数であって，任意の $a, b \in \mathscr{A}$ と $\alpha \in \mathbb{C}$ に対して

(i)　$\phi(a + b) = \phi(a) + \phi(b), \quad \phi(\alpha a) = \alpha \phi(a),$

(ii)　$\phi(ab) = \phi(a)\phi(b)$

を満たすものである．これを $\mathscr{A}$ 上の**乗法的線型汎関数**と呼ぶ．自明な汎関数 $\phi \equiv 0$ は明らかに乗法的線型汎関数であるが，本質的なのはそれ以外のものである．そのため，$\phi \not\equiv 0$ である場合に特別な名前をつける．

定義 10.3　$\mathscr{A}$ 上の自明でない乗法的線型汎関数を $\mathscr{A}$ の**指標**または**複素準同型**と呼ぶ．$\mathscr{A}$ の指標の全体を $\Delta(\mathscr{A})$ と書き $\mathscr{A}$ の**指標空間**と呼ぶ．

ϕ を $\mathscr{A}$ の指標とすると，単位元 e に対して $\phi(e) = 1$ が成り立つ．実際，すべての $a \in \mathscr{A}$ に対して $\phi(a) = \phi(ae) = \phi(a)\phi(e)$ となるから，もし $\phi \not\equiv 0$ ならば，$\phi(e) = 1$ でなければならない．また，指標については連続性を要求しないことに注意する．次に示すように自然に連続となるからである．

定理 10.4　バナッハ環 $\mathscr{A}$ の指標 ϕ は $\|\phi\| = 1$ を満たす．

証明　背理法により $\|\phi\| > 1$ と仮定すると，$|\phi(a)| > \|a\|$ を満たす元 $a \in \mathscr{A}$ が存在する．このとき，$b = a/\phi(a)$ とおけば $\|b\| < 1$ であるから，定理 9.15 の系 2 により $e - b$ は可逆である．ところが，$\phi(e - b) = \phi(e) - \phi(b) = 0$ となって矛盾である．故に，$\|\phi\| \leq 1$．さらに，$\phi(e) = 1$ であるから，$\|\phi\| = 1$．　□

定理 10.14 で示すように $\Delta(\mathscr{A})$ は空でない．ここではこれを認めてその特徴を調べておく．前定理により $\Delta(\mathscr{A})$ を $\mathscr{A}$ のバナッハ空間としての双対空間 $\mathscr{A}'$ の閉単位球 $\bar{B}_{\mathscr{A}'}$ の部分集合であると見なして位相を導入することができる．

定理 10.5　$\mathscr{A}$ の指標空間 $\Delta(\mathscr{A})$ は汎弱位相 $\sigma(\mathscr{A}', \mathscr{A})$ でコンパクトである．

証明　$\phi \in \bar{B}_{\mathscr{A}'}$ が指標であるためには $\phi(ab) = \phi(a)\phi(b) \ (a, b \in \mathscr{A})$ および $\phi(e) = 1$ が成り立つことが必要十分である．今，$\Delta(\mathscr{A})$ の汎弱閉包の点を g_0 とすれば，g_0 の任意の汎弱近傍 $U(g_0; a, b, ab; \varepsilon)$ (記号は定理 1.27 の証明 (184 頁) 参照) は $\Delta(\mathscr{A})$ の点 ϕ_0 を含むから，定理 1.27 の証明と同様にして

$$|g_0(ab) - g_0(a)g_0(b)| < 3\varepsilon$$

10.2 極大イデアル   175

を得るから, $\varepsilon \to 0$ として $g_0(ab) = g_0(a)g_0(b)$ がわかる. $g_0(e) = 1$ につい
ても同様で, $g_0 \in \Delta(\mathscr{A})$ が示された. よって, $\Delta(\mathscr{A})$ は $\bar{B}_{\mathscr{A}'}$ の汎弱閉部分集
合である. $\bar{B}_{\mathscr{A}'}$ は汎弱コンパクトであるから, $\Delta(\mathscr{A})$ も同様である.   □

10.2. 極大イデアル

これまでは指標が存在するとして特徴を調べたが, その存在は自明ではない.
ゲルファント理論ではこれをバナッハ環のイデアルの問題に転換して解決する.
本節では可換バナッハ環 $\mathscr{A}$ のイデアル, 特に極大イデアル, の構造を調べる.
鍵はゲルファント・マズールの定理 (定理 10.10) である.

10.2.1. イデアルと剰余環   イデアルについては §9.1.2 ですでに触れたが,
説明を少し追加する. まず, 任意の真イデアル $\mathscr{I}$ は可逆な元を含まないことに
注意する. 実際, $\mathscr{I}$ が可逆な元を含めば単位元も含むことになるからである.
また, 次は $\mathscr{A}$ が体になる判定条件である.

定理 10.6 $\mathscr{A}$ に自明でないイデアルがなければ, $\mathscr{A}$ の零元以外の元は可逆で
ある. すなわち, $\mathscr{A}$ は体である.

証明   任意の 0 でない $a \in \mathscr{A}$ に対し $\mathscr{I} = \mathscr{A}a = \{ xa \mid x \in \mathscr{A} \}$ とおくと, $\mathscr{I}$
は $\mathscr{A}$ のイデアルであって $a = ea \in \mathscr{I}$ であるから $\mathscr{I} \neq (0)$ がわかる. ところ
が, $\mathscr{A}$ には自明なイデアルしかないから, $\mathscr{I} = \mathscr{A}$ となる. よって, $xa = e$ を満
たす $x \in \mathscr{A}$ が存在するが, これは $x = a^{-1}$ を示すから, a は可逆である.   □

バナッハ環の場合には極限操作との関係も大切である.

定理 10.7   自明でないイデアル $\mathscr{I}$ の閉包 $\bar{\mathscr{I}}$ は自明でないイデアルである.

証明 $\mathscr{I}$ は部分空間であるから, $\bar{\mathscr{I}}$ が閉部分空間であることは明らかであろう.
次に, $a \in \mathscr{A}, b \in \bar{\mathscr{I}}$ とする. このとき, b に収束する点列 $\{b_n\} \subset \mathscr{I}$ が存在す
るが, 各 n に対しては $ab_n \in \mathscr{I}$ であるから, 極限の ab は $\bar{\mathscr{I}}$ に属する. よっ
て, $\bar{\mathscr{I}}$ はイデアルの条件を満たす. 最後に, 真イデアル $\mathscr{I}$ は可逆元を含まな
いから, $\mathscr{I} \subset \mathscr{A} \setminus GL(\mathscr{A})$ が成り立つ. 定理 9.15 の系 1 (a) により $GL(\mathscr{A})$ は
開集合であるから, $\bar{\mathscr{I}} \subset \mathscr{A} \setminus GL(\mathscr{A})$. 従って, $\bar{\mathscr{I}} \neq \mathscr{A}$.   □

次に，バナッハ環 $\mathscr{A}$ のイデアル $\mathscr{I}$ による剰余環を考える．$\mathscr{I}$ は $\mathscr{A}$ の部分空間であるから，§1.1.4 の方法で商ベクトル空間 $\mathscr{A}/\mathscr{I}$ が定義できる．さらに

$$(a + \mathscr{I})(b + \mathscr{I}) = ab + \mathscr{I}$$

によって乗法が定義され，次が成り立つ．

補題 10.8 $\mathscr{A}/\mathscr{I}$ は剰余類の演算に関して $\mathbb{C}$ 上の多元環で，零元は $\mathscr{I}$ に一致する．もし $\mathscr{A}$ が単位的ならば $\mathscr{A}/\mathscr{I}$ も同様で $e + \mathscr{I}$ が単位元である．

多元環 $\mathscr{A}/\mathscr{I}$ を $\mathscr{A}$ のイデアル $\mathscr{I}$ による**剰余環**と呼ぶ．もし $\mathscr{I}$ が閉イデアルならば，$\mathscr{A}/\mathscr{I}$ にノルムを定義できてバナッハ環となる．すなわち，

定理 10.9 $\mathscr{I}$ を $\mathscr{A}$ の閉イデアルとする．このとき，任意の $a \in \mathscr{A}$ に対して

$$(10.1) \qquad \|a + \mathscr{I}\| = \inf\{\, \|a + x\| \mid x \in \mathscr{I} \,\}$$

と定義すれば，これは $\mathscr{A}/\mathscr{I}$ のノルムで剰余環 $\mathscr{A}/\mathscr{I}$ はバナッハ環である．

証明 $\mathscr{A}/\mathscr{I}$ をノルム空間 $\mathscr{A}$ の閉部分空間 $\mathscr{I}$ による商空間と見なせば，(10.1) はベクトル空間 $\mathscr{A}/\mathscr{I}$ 上のノルムである ([**B3**, 20 頁および演習問題 6.2] 参照)．バナッハ環の性質 (BA_3) および (BA_4) は読者の演習に残す． $\qquad\square$

10.2.2. ゲルファント・マズールの定理 バナッハ環のゲルファント理論を支える鍵の一つが次で，マズールの定理と呼ばれるものの特別の場合である．この定理ではバナッハ環の可換性は必要がない．

定理 10.10 (ゲルファント・マズール) 複素バナッハ環が**多元体** (可換とは限らない体) ならば，複素数体にノルムを込めて同型である．

証明 (ゲルファント) 複素バナッハ環 $\mathscr{A}$ は多元体 (非可換体) であると仮定し，$\mathscr{A}$ は単位元 e のスカラー倍 λe ($\lambda \in \mathbb{C}$) のみからなることを示そう．そのため，これら以外の元があったとしてそれを a と書く．このとき，すべての $\lambda \in \mathbb{C}$ に対して $\lambda e - a \neq 0$ であるから，逆元 $(\lambda e - a)^{-1}$ が存在する．

さて，f を $\mathscr{A}$ のバナッハ空間としての共役空間 $\mathscr{A}'$ の元として，

$$F(\lambda) = \langle (\lambda e - a)^{-1},\, f \rangle = \langle R(\lambda; a),\, f \rangle$$

とおく．定理 9.18 (c) により $R(\lambda; a)$ はノルム位相で微分可能であるから，$F(\lambda)$ は複素数値関数として微分可能である．$\lambda \in \mathbb{C}$ は何でもよいから，$F(\lambda)$ は整関数である．さらに，不等式 (9.3) (166 頁参照) より $|\lambda| > \|a\|$ のとき

$$|F(\lambda)| = |\langle (\lambda e - a)^{-1}, f \rangle| \le \|(\lambda e - a)^{-1}\| \|f\| \le \frac{\|f\|}{|\lambda| - \|a\|}$$

が成り立つ．従って，$F(\lambda)$ は有界でしかも $F(\lambda) \to 0$ $(\lambda \to \infty)$ を満たす．複素関数論のリウヴィルの定理により有界な整関数は定数関数であるから，$F(\lambda)$ は恒等的に 0 に等しい．$f \in \mathscr{A}'$ は任意であったから，$(\lambda e - a)^{-1} = 0$ となるが，逆元は 0 にならないから矛盾である．故に，$\mathscr{A}$ は $\mathbb{C}e$ に一致する． $\square$

10.2.3. 極大イデアル $\mathscr{A}$ は可換バナッハ環で $\mathbb{C}$ とは異なると仮定する．ゲルファント・マズールの定理により $\mathscr{A}$ は体ではないから，定理 10.6 により $\mathscr{A}$ は自明でないイデアルを含むが，さらに次が成り立つ．

定理 10.11 $\mathbb{C}$ と異なる可換バナッハ環は極大イデアルを含む．実際，任意の自明でないイデアルに対しそれを含む極大イデアルが存在する．

証明 $\mathscr{I}$ を任意の自明でないイデアルとし，$\mathscr{I}$ を含む $\mathscr{A}$ の真イデアル全体の集合を $\mathscr{S}$ とする．$\mathscr{S}$ は包含関係 $\subset$ に関して帰納的集合をなす．実際，$\{\mathscr{I}_i \mid i \in I\}$ を $\mathscr{S}$ の全順序部分集合とすると，$\mathscr{I}_* = \bigcup_{i \in I} \mathscr{I}_i$ は $\mathscr{I}$ を含む $\mathscr{A}$ のイデアルであるが，$e \notin \mathscr{I}_*$ であるから $\mathscr{I}_*$ は自明でないイデアルで $\{\mathscr{I}_i\}$ の上限であることがわかる．故に，$\mathscr{S}$ は帰納的順序集合である．ツォルンの補題により $\mathscr{S}$ は極大な元を含む．これを $\mathscr{M}$ と書けば，$\mathscr{M}$ は $\mathscr{I}$ を含む $\mathscr{A}$ の極大イデアルである．実際，$\mathscr{A}$ の真イデアル $\mathscr{M}'$ で $\mathscr{M}$ を含むものがあれば，$\mathscr{M}' \in \mathscr{S}$ かつ $\mathscr{M} \subseteq \mathscr{M}' \subsetneq \mathscr{A}$ であるから，$\mathscr{M}$ の極大性より $\mathscr{M}' = \mathscr{M}$ を得るからである． $\square$

定理 10.12 すべての極大イデアルは閉イデアルである．

証明 $\mathscr{M}$ が極大イデアルならば，定理 10.7 により閉包 $\overline{\mathscr{M}}$ も真イデアルで $\mathscr{M}$ を含むが，$\mathscr{M}$ は極大であるから，$\overline{\mathscr{M}} = \mathscr{M}$． $\square$

定理 10.13 $\mathscr{M}$ がバナッハ環 $\mathscr{A}$ の極大イデアルならば，剰余環 $\mathscr{A}/\mathscr{M}$ は複素数体 $\mathbb{C}$ と標準的に同型である．

証明 背理法で証明する. $\mathscr{A}/\mathscr{M}$ が自明でないイデアルを含むと仮定し, それ
を $\widetilde{\mathscr{I}}$ として $\mathscr{M}' = \{\, x \in \mathscr{A} \mid x + \mathscr{M} \in \widetilde{\mathscr{I}} \,\}$ とおく. このとき, $\mathscr{M}'$ は $\mathscr{A}$ のイデ
アルであって $\mathscr{M} \subsetneq \mathscr{M}' \subsetneq \mathscr{A}$ を満たすことがわかる. これは $\mathscr{M}$ の極大性に反
するから, $\mathscr{A}/\mathscr{M}$ は自明でないイデアルを含まない. 従って, 定理 10.6 により
$\mathscr{A}/\mathscr{M}$ は体である. 故に, 定理 10.10 により $\mathscr{A}/\mathscr{M}$ は $\mathbb{C}$ と同型である. □

10.2.4. 指標の存在 これだけ準備すれば可換バナッハ環が指標を持つこと
を証明できる. すなわち, 次が成り立つ:

定理 10.14 可換バナッハ環 $\mathscr{A}$ は指標を持つ. すなわち, $\Delta(\mathscr{A}) \neq \emptyset$.

証明 $\mathscr{A}$ が $\mathbb{C}$ に一致する場合は, 恒等対応 $\mathrm{Id} \colon \mathscr{A} \to \mathbb{C}$ は明らかに指標であ
る. 次に, $\mathscr{A}$ が $\mathbb{C}$ と異なるときは, 定理 10.11 により $\mathscr{A}$ は極大イデアルを含
む. その一つを $\mathscr{M}$ とすると, 商環 $\mathscr{A}/\mathscr{M}$ は前定理により複素数体 $\mathbb{C}$ に同型
である. 従って, 自然な対応 $\mathscr{A} \to \mathscr{A}/\mathscr{M} \cong \mathbb{C}$ は $\mathscr{A}$ の指標を定義する. □

10.3. ゲルファント変換

前節ではバナッハ環 $\mathscr{A}$ の指標を求めるために $\mathscr{A}$ の極大イデアルを利用したが,
指標よりは $\mathscr{A}$ の代数構造に密着している極大イデアルの方が $\mathscr{A}$ の性質をより
よく反映していると期待される. 本節では極大イデアルを $\mathscr{A}$ の下にある点と
いった見方に基づく $\mathscr{A}$ の関数表現を説明する.

10.3.1. 極大イデアル空間 $\mathscr{A}$ を $\mathbb{C}$ とは異なる可換バナッハ環とし, $\mathscr{A}$ の
極大イデアルの全体を $\mathfrak{M}(\mathscr{A})$ と書く. 定理 10.11 により $\mathfrak{M}(\mathscr{A})$ は空ではない.

定理 10.15 (a) 任意の $\mathscr{M} \in \mathfrak{M}(\mathscr{A})$ に対して自然な準同型

$$\phi_{\mathscr{M}} \colon \mathscr{A} \ni a \mapsto a + \mathscr{M} \in \mathscr{A}/\mathscr{M} \cong \mathbb{C}$$

は $\mathscr{A}$ の指標である. すなわち, $\phi_{\mathscr{M}} \in \Delta(\mathscr{A})$.

(b) 任意の指標 $\phi \in \Delta(\mathscr{A})$ に対してその核

$$\mathscr{M}_{\phi} = \mathcal{N}(\phi) = \{\, x \in \mathscr{A} \mid \phi(x) = 0 \,\}$$

は $\mathscr{A}$ の極大イデアルである. すなわち, $\mathscr{M}_{\phi} \in \mathfrak{M}(\mathscr{A})$.

(c) 写像 $\mathscr{M} \mapsto \phi_{\mathscr{M}}$ と $\phi \mapsto \mathscr{M}_{\phi}$ は互いに逆の一対一対応である.

10.3 ゲルファント変換

証明 (a) これは定理 10.13 で示したことである.

(b) $\phi \in \Delta(\mathscr{A})$ は $\mathscr{A}$ を $\mathbb{C}$ の上に写すから, $\mathscr{M}_\phi = \{x \in \mathscr{A} \mid \phi(x) = 0\}$ は $\mathscr{A}$ の (余次元 1 の) 超平面である. よって, $\mathscr{A}$ とは異なる. $\mathscr{M}_\phi$ がイデアルであることは, 任意の $a \in \mathscr{A}$, $x \in \mathscr{M}_\phi$ に対して $\phi(ax) = \phi(a)\phi(x) = 0$ より $ax \in \mathscr{M}_\phi$ となることからわかる. $\mathscr{M}_\phi$ は余次元 1 であるから, これを真に含むベクトル空間は $\mathscr{A}$ 自身しかない. 故に, $\mathscr{M}_\phi$ は極大である.

(c) これは構成法から明らかであろう. $\qquad\square$

この結果により $\mathscr{A}$ の極大イデアル $\mathscr{M} \in \mathfrak{M}(\mathscr{A})$ と指標 $\phi_\mathscr{M} \in \Delta(\mathscr{A})$ を対応させることにより, $\mathfrak{M}(\mathscr{A})$ と $\Delta(\mathscr{A})$ を同一視できる. $\Delta(\mathscr{A})$ には $\mathscr{A}$ の共役空間 $\mathscr{A}'$ の閉単位球の部分集合としての汎弱位相 $\sigma(\mathscr{A}', \mathscr{A})$ が与えられていたから, $\mathfrak{M}(\mathscr{A})$ にもこの同一視で位相を導入する.

定義 10.16 $\mathscr{A}\ (\neq \mathbb{C})$ の極大イデアルの集合 $\mathfrak{M}(\mathscr{A})$ に指標空間 $\Delta(\mathscr{A})$ との同一視による位相を与えてできる位相空間を $\mathscr{A}$ の**極大イデアル空間**と呼ぶ.

位相について詳しく述べれば, $\mathfrak{M}(\mathscr{A})$ の有向点族 $\{\mathscr{M}_i, i \in D, \leq\}$ (有向点族については [**B2**, 第 10 章] 参照) が $\mathscr{M} \in \mathfrak{M}(\mathscr{A})$ に収束するとは, 対応する指標の有向点族 $\{\phi_{\mathscr{M}_i}, i \in D, \leq\}$ が汎弱位相 $\sigma(\mathscr{A}', \mathscr{A})$ で $\phi_\mathscr{M}$ に収束することである. さらに言い換えれば, すべての $a \in \mathscr{A}$ に対して, 複素数の有向点族 $\{a + \mathscr{M}_i, i \in D, \leq\}$ が $a + \mathscr{M}$ に収束することである.

定理 10.17 $\mathbb{C}$ とは異なるバナッハ環 $\mathscr{A}$ の極大イデアル空間 $\mathfrak{M}(\mathscr{A})$ はコンパクト・ハウスドルフ空間である.

証明 これは定理 10.5 を言い換えただけである. $\qquad\square$

10.3.2. ゲルファント変換 可換バナッハ環 $\mathscr{A}$ を極大イデアル空間 $\mathfrak{M}(\mathscr{A})$ 上の関数として表現する問題を考える. その前に, 定理 10.13 で与えた同型対応 $\mathscr{A}/\mathscr{M} \cong \mathbb{C}$ の解釈を述べておく. $\mathscr{A}$ の極大イデアル $\mathscr{M}$ に対して $\mathscr{M}$ のすべての剰余類 $a + \mathscr{M}\ (a \in \mathscr{A})$ は必ず $\lambda e\ (\lambda \in \mathbb{C})$ の形の元を唯一つ含む. この関係 $a + \mathscr{M} \leftrightarrow \lambda$ で剰余環 $\mathscr{A}/\mathscr{M}$ と複素数体 $\mathbb{C}$ は一対一に対応し, バナッハ環として同じ計算規則に従い, かつ $\|a + \mathscr{M}\| = |\lambda|$ も成り立つ. この意味で剰余環 $\mathscr{A}/\mathscr{M}$ と $\mathbb{C}$ は同一視できるのである.

定義 10.18　任意に $a \in \mathscr{A}$ を固定する．$\mathscr{A}$ の各極大イデアル $\mathscr{M}$ に対して

$$(10.2) \qquad\qquad \widehat{a}(\mathscr{M}) = a + \mathscr{M} \in \mathscr{A}/\mathscr{M} \cong \mathbb{C}$$

とおく．この式で定義される $\mathfrak{M}(\mathscr{A})$ 上の複素数値関数 $\widehat{a}$ を a の**ゲルファント変換**と呼ぶ．$\mathscr{A}$ の元 a を $\widehat{a} \in C(\mathfrak{M}(\mathscr{A}))$ (次の定理参照) に結びつける対応を $\mathscr{A}$ の**ゲルファント表現**と呼び，Γ (または $\Gamma_{\mathscr{A}}$) と書く．すなわち，

$$\Gamma a = \widehat{a} \qquad (a \in \mathscr{A}).$$

また，$\widehat{a}$ の全体を $\widehat{\mathscr{A}}$ と書き，$\mathscr{A}$ のゲルファント変換と呼ぶ．

定理 10.19　$\mathscr{A}$ のゲルファント表現について次が成り立つ：

   (a)　単位元 $e \in \mathscr{A}$ のゲルファント変換 $\widehat{e}$ は恒等的に 1 に等しい．

   (b)　$a \in \mathscr{A}$ に対し $\widehat{a}$ は極大イデアル空間 $\mathfrak{M}(\mathscr{A})$ 上の連続関数である．

   (c)　変換 $a \mapsto \widehat{a}$ は $\mathscr{A}$ から $C(\mathfrak{M}(\mathscr{A}))$ の中への多元環の準同型である．

   (d)　$a \in \mathscr{A}$ に対して $\|\widehat{a}\|_\infty = \max\{\,|\widehat{a}(\mathscr{M})| \mid \mathscr{M} \in \mathfrak{M}(\mathscr{A})\,\} \leq \|a\|$.

証明　(a)　任意の $\mathscr{M} \in \mathfrak{M}(\mathscr{A})$ に対して $\widehat{e}(\mathscr{M}) = \phi_{\mathscr{M}}(e) = 1$.

   (b)　共役空間 $\mathscr{A}'$ の汎弱位相 $\sigma(\mathscr{A}', \mathscr{A})$ はすべての $a \in \mathscr{A}$ に対し関数 $\varphi \mapsto \langle a, \varphi \rangle$ $(\varphi \in \mathscr{A}')$ を連続にするような $\mathscr{A}'$ の位相の中で最も弱いものとして定義された (第 1 章 §1.2.6 参照). 従って，定義域を指標空間 $\Delta(\mathscr{A}) \subset \mathscr{A}'$ に限ってももちろん連続である．ところが，$\mathfrak{M}(\mathscr{A})$ と $\Delta(\mathscr{A})$ は自然な対応 $\mathscr{M} \to \phi_{\mathscr{M}}$ で同相であるから，$\mathscr{M} \to \widehat{a}(\mathscr{M}) = \phi_{\mathscr{M}}(a)$ は連続である．

   (c)　$a \in \mathscr{A}$ に対して $\widehat{a}(\mathscr{M}) = \phi_{\mathscr{M}}(a)$ $(\mathscr{M} \in \mathfrak{M}(\mathscr{A}))$ であるから，対応 $a \mapsto \widehat{a}$ が多元環の準同型であることは指標の性質を単純に書きなおせばわかる．

   (d)　定理 10.4 により $\|\phi_{\mathscr{M}}\| = 1$. 従って，$|\widehat{a}(\mathscr{M})| = |\phi_{\mathscr{M}}(a)| \leq \|\phi_{\mathscr{M}}\|\|a\| < \|a\|$ が成り立つ．$\mathscr{M} \in \mathfrak{M}(\mathscr{A})$ は任意であったから求める結果が得られる．　□

注意 10.20　以上では，$\mathscr{A}$ のゲルファント変換を極大イデアル空間 $\mathfrak{M}(\mathscr{A})$ の上の関数と考えたが，指標空間 $\Delta(\mathscr{A})$ の上の関数として表現することももちろんできる．すなわち，$a \in \mathscr{A}$ に対して $\Delta(\mathscr{A})$ の上の関数 Γa または $\widehat{a}$ を

$$\Gamma a(\phi) = \widehat{a}(\phi) = \langle a, \phi \rangle \qquad (\phi \in \Delta(\mathscr{A}))$$

によって定義する．このとき，Γ は $\mathscr{A}$ から $C(\Delta(\mathscr{A}))$ の中へのバナッハ環の準同型写像であり，定理 10.19 で述べた性質は極大イデアルを指標に置き換えて成り立つ．

注意 10.21　以上では，$\mathscr{A}$ の極大イデアル $\mathscr{M}$ を $\mathscr{A}$ の元を関数表示するための「点」であると考えた．一方，バナッハ環の表現の問題に戻れば，$\mathscr{A}$ の極大イデアルは $\mathscr{A}$ の複素準同型を構成するための唯一の手段である．

10.4. ゲルファント変換とスペクトル

バナッハ環の元のスペクトルについては §9.3 で基本的な性質を説明した．ここではバナッハ環のゲルファント変換の役割を明らかにする．本節では $\mathscr{A}$ は可換バナッハ環で $\mathbb{C}$ とは異なるものとする．

10.4.1. スペクトルの解釈　$\mathscr{A}$ の元のスペクトルはゲルファント変換を使って精密に表現することができる．

定理 10.22　任意の元 $a \in \mathscr{A}$ のスペクトル $\sigma(a)$ は a のゲルファント変換 $\widehat{a}$ の値域に等しい．

証明　まず $\lambda \in \sigma(a)$ とする．このとき，$\lambda e - a$ は非可逆であるから，もし $\lambda e - a \neq 0$ ならば，$(\lambda e - a)\mathscr{A}$ は自明でないイデアルで，従って定理 10.11 によりこれを含む極大イデアルが存在する．その一つを $\mathscr{M}$ とすると，$\lambda e - a \in \mathscr{M}$ であるから $\phi_{\mathscr{M}}(\lambda e - a) = 0$ であるが，$\phi_{\mathscr{M}}(\lambda e - a) = \lambda - \phi_{\mathscr{M}}(a) = \lambda - \widehat{a}(\mathscr{M})$ であるから，$\lambda = \widehat{a}(\mathscr{M})$ が成り立つ．すなわち，λ は $\widehat{a}$ の値域に含まれる．逆に，$\lambda = \widehat{a}(\mathscr{M})$ を満たす $\mathscr{M} \in \mathfrak{M}(\mathscr{A})$ が存在すれば，$\phi_{\mathscr{M}}(\lambda e - a) = \lambda - \widehat{a}(\mathscr{M}) = 0$ であるから，$\lambda e - a$ は可逆ではない．故に，$\lambda \in \sigma(a)$.　□

系　任意の $a \in \mathscr{A}$ に対して $r(a) = \|\widehat{a}\|_{\infty} = \sup\{\,|\widehat{a}(\mathscr{M})| \mid \mathscr{M} \in \mathfrak{M}(\mathscr{A})\,\}$.

次の定理はゲルファント変換による可逆性の判定法である．見かけは簡単そうであるが，ウィーナーの補題の抽象的証明として有名な結果である．

定理 10.23　$a \in \mathscr{A}$ のゲルファント変換 $\widehat{a}$ が $\mathfrak{M}(\mathscr{A})$ 上で 0 にならなければ，a は可逆である．実際，$b = a^{-1}$ とおけば，$\widehat{b} = 1/\widehat{a}$ が成り立つ．

証明　背理法により a が可逆でなかったと仮定すると $\mathscr{A}a$ は自明でないイデアルであるから，定理 10.11 によりこれを含む極大イデアル $\mathscr{M}$ が存在する．従って，$\widehat{a}(\mathscr{M}) = \phi_{\mathscr{M}}(a) = 0$ となって仮定に反する．後半については，$b = a^{-1}$ とおけば，$ab = e$ であるから，$\widehat{a} \cdot \widehat{b} = 1$ となって，求める結論が得られる．　□

10.4.2. 関数法とスペクトル写像定理 バナッハ空間 X 上の作用素 T に関する関数法は第 5 章で詳しく論じた．その原理はバナッハ環の言葉で記述することによりさらに透明になる．バナッハ空間上の作用素に関する結果 (§§5.1.1, 5.1.3) はそのままバナッハ環の言葉で置き換えられる．

$\mathscr{A}$ をバナッハ環とする．複素平面 $\mathbb{C}$ 上の変数 z の多項式全体の多元環を $\mathbb{C}[z]$ とし，$p \in \mathbb{C}[z]$ を

$$p(z) = \alpha_0 + \alpha_1 z + \cdots + \alpha_n z^n \qquad (n \geq 0, \ \alpha_1, \ldots, \alpha_n \text{ は複素定数})$$

と書くとき，$a \in \mathscr{A}$ の p への代入を

$$p(a) = \alpha_0 e + \alpha_1 a + \cdots + \alpha_n a^n$$

と定義する．ただし，e は $\mathscr{A}$ の単位元である．対応 $p \mapsto p(a)$ は $\mathbb{C}[z]$ から $\mathscr{A}$ への多元環の準同型でスペクトルを保存する．これは作用素の場合と同様であるが念のため繰り返しておく．証明は全く同様である．

定理 10.24 対応 $p \mapsto p(a)$ は $\mathbb{C}[z]$ から $\mathscr{A}$ への写像で次を満たす：

(a) $p \mapsto p(a)$ は $\mathbb{C}[z]$ から $\mathscr{A}$ への多元環の準同型である．すなわち，$p, q \in \mathbb{C}[z]$, $\alpha \in \mathbb{C}$ として次が成り立つ：

 (a1) $(p + q)(a) = p(a) + q(a)$,

 (a2) $(\alpha p)(a) = \alpha p(a)$,

 (a3) $(pq)(a) = p(a)q(a)$.

(b) $\sigma(p(a)) = p(\sigma(a))$.

多項式を一般にしてバナッハ環の元 a のスペクトルの近傍で定義された正則関数に代入することができる．これもバナッハ空間上の作用素の場合と同様である．すなわち，a のスペクトル $\sigma(a)$ の近傍で定義された正則関数の全体を $\mathscr{H}(a)$ とし，$f \in \mathscr{H}(a)$ に対し，開集合 U は境界 C が有限個の長さのあるジョルダン閉曲線で U に対し正の向きを持つものよりなり，$\sigma(a) \subset U \subseteq \bar{U} \subset \mathscr{D}(f)$ を満たすとする．このとき，$\mathscr{A}$ の元 $f(a)$ を

$$f(a) = \frac{1}{2\pi i} \int_C f(\lambda) R(\lambda; a) \, d\lambda$$

で定義する．これについては次が成り立つ．

10.4 ゲルファント変換とスペクトル　183

定理 10.25 (ゲルファント)　$f, g \in \mathscr{H}(a)$ と $\alpha, \beta \in \mathbb{C}$ に対して次が成り立つ:

(a)　$\alpha f + \beta g \in \mathscr{H}(a)$ かつ $(\alpha f + \beta g)(a) = \alpha f(a) + \beta g(a)$.

(b)　$f \cdot g \in \mathscr{H}(a)$ かつ $(f \cdot g)(a) = f(a)g(a)$.

(c)　$f \in \mathscr{H}(a)$ ならば, $\sigma(f(a)) = f(\sigma(a))$.

10.4.3. スペクトルの永続性　スペクトル半径のブーリン・ゲルファント公式 (9.7) は元 a のスペクトルの大きさが a の冪のノルムだけ, すなわち a から生成されたバナッハ部分環からの情報だけで決まることを示している. それならば実際の可逆性はどこまで決められるのかを検討する.

$\mathscr{B}$ をバナッハ環 $\mathscr{A}$ の単位元を共有するバナッハ部分環とする. 可換性は仮定しない. $\mathscr{B}$ の元 a の $\mathscr{B}$ でのスペクトルを $\sigma_{\mathscr{B}}(a)$ と書くと, 次が成り立つ:

定理 10.26 (スペクトルの永続性)　$\mathscr{B}$ をバナッハ環 $\mathscr{A}$ の単位元を共有するバナッハ部分環とする. このとき, $a \in \mathscr{B}$ に対し次が成り立つ:

(a)　$\sigma(a) \subseteq \sigma_{\mathscr{B}}(a)$.

(b)　$\partial \sigma_{\mathscr{B}}(a) \subseteq \sigma(a)$. ただし, ∂S は平面集合 S の境界を表す.

証明　(a)　$\mathscr{B} \subseteq \mathscr{A}$ であって単位元は共通であるから, $\lambda e - a$ の逆元が $\mathscr{A}$ の中になければ, $\mathscr{B}$ の中にもない. これを式で書けばよい.

(b)　$\lambda \in \partial \sigma_{\mathscr{B}}(a)$ とすれば, a の $\mathscr{B}$ の元としてのレゾルベント集合 $\rho_{\mathscr{B}}(a)$ の点列 $\{\lambda_n\}$ で λ に収束するものが存在する. このとき, $\lambda_n e - a$ の逆元 $(\lambda_n e - a)^{-1}$ は $\mathscr{B}$ の元として定理 9.19 の系により

$$\|(\lambda_n e - a)^{-1}\| \geq |\lambda_n - \lambda|^{-1} \to \infty \qquad (n \to \infty)$$

を満たす. ところが, $(\lambda_n e - a)^{-1}$ は $\mathscr{A}$ の元でもあるから, a の $\mathscr{A}$ でのレゾルベントが λ まで連続に延長できないことがわかる. 従って, 正則関数としても延長できないから, $\lambda \in \rho(a)$ はあり得ない. 故に, $\lambda \in \sigma(a)$ である. □

系 1　$\mathscr{A}, \mathscr{B}$ は定理の通りとするとき, $a \in \mathscr{B}$ が $\sigma(a) \subset \mathbb{R}$ を満たすならば, $\sigma_{\mathscr{B}}(a) = \sigma(a)$ が成り立つ.

証明　$\sigma_{\mathscr{B}}(a)$ は有界閉集合であり, 定理の (b) により $\partial \sigma_{\mathscr{B}} \subseteq \sigma(a) \subset \mathbb{R}$ であるから, $\sigma_{\mathscr{B}}(a) \subset \mathbb{R}$ がわかる. 従って, $\sigma_{\mathscr{B}}(a) = \partial \sigma_{\mathscr{B}}(a) \subseteq \sigma(a)$ となり. 定理の (a) より $\sigma_{\mathscr{B}}(a) = \sigma(a)$ が成り立つ. □

系 2 同じ条件の下で, 任意の $a \in \mathscr{B}$ に対し, $\rho(a)$ の有界でない連結成分を Ω_∞, 有界な連結成分を (もしあれば) $\Omega_1, \Omega_2, \ldots$ とすると, $\sigma_{\mathscr{B}}(a)$ は $\sigma(a)$ に等しいかまたは $\sigma(a)$ に何個かの有界成分 Ω_n を追加したものに等しい.

例 10.27 例 9.7 の記号で, $\mathscr{A} = C(\mathbb{T})$, $\mathscr{B} = A(\mathbb{T})$ とする. このとき, $\mathscr{B} \subsetneq \mathscr{A}$ が成り立つ. 今, $a \in \mathscr{B}$ を複素平面 $\mathbb{C}$ の座標関数 z の $\mathbb{T}$ への制限とする. このとき, $\sigma(a) = \mathbb{T}$, $\sigma_{\mathscr{B}}(a) = \overline{\mathbb{D}}$ が成り立つ. すなわち, $\sigma_{\mathscr{B}}(a)$ は $\sigma(a)$ に $\mathbb{C} \setminus \sigma(a)$ の有界な成分, すなわち $\mathbb{D}$, を合併したものに等しい.

バナッハ環 $\mathscr{A}$ の元 a のスペクトルは a と単位元 e から生成される部分環 (これを $[e, a]$ と書く) で考えたもの $\sigma_{[e,a]}(a)$ が一番大きいが, 定理 10.26 により $\sigma_{[e,a]}(a)$ の外周は $\rho(a)$ の非有界な成分 Ω_∞ の境界と一致する.

10.4.4. バナッハ・アラオグルの定理の証明 極大イデアル空間のコンパクト性の証明などに有用なバナッハ・アラオグルの定理の証明を述べておく.

定理 1.27 の証明 X' の閉単位球 $B = \{ f \in X' \mid \|f\| \le 1 \}$ について証明すれば十分である. さて, 各 $f \in B$ を X 上の関数と見なすとき, X の点 x で f が取る値 $f(x)$ は閉円板 $K_x = \{ \zeta \in \mathbb{C} \mid |\zeta| \le \|x\| \}$ に含まれる. 従って, x を媒介変数と思えば, f は円板 K_x の直積 $K = \prod_{x \in X} K_x$ の点 $(f(x))_{x \in X}$ と考えられる. すなわち, $B \subseteq K$.

次に, 直積 K の位相はすべての $x \in X$ に対し x 座標への射影 $\mathrm{pr}_x \colon K \to K_x$ が連続になるような最も弱い位相であったことを思い出そう. 近傍の言葉でいえば, $g_0 = (g_0(x)) \in K$ に対し, 有限個の $x_1, \ldots, x_m \in X$ と正数 ε によって

$$U_K(g_0; x_1, \ldots, x_m; \varepsilon) = \bigcap_{j=1}^m \{ g \in K \mid |g(x_j) - g_0(x_j)| < \varepsilon \}$$

とおくとき, これらの全体が g_0 の基本近傍系をなしている ([**B2**, 90 頁]). これを K の直積位相と呼ぶ. 一方, 定理 1.26 を参照すれば, $f_0 \in B$ の汎弱位相に関する基本近傍系は有限個の $x_1, \ldots, x_m \in X$ と正数 ε によって

$$U(f_0; x_1, \ldots, x_m; \varepsilon) = B \cap (f_0 + U(x_1, \ldots, x_m; \varepsilon))$$
$$= \bigcap_{j=1}^m \{ f \in B \mid |f(x_j) - f_0(x_j)| < \varepsilon \}$$

の全体からなることがわかる. これから

$$U(f_0; x_1, \ldots, x_m; \varepsilon) = B \cap U_K(f_0; x_1, \ldots, x_m; \varepsilon)$$

が得られるから, B の汎弱位相は K の直積位相の相対位相と一致する. 各 K_x はコンパクトであるから, ティホノフの定理により K もコンパクトである ([**B2**, 定理 11.12]). 従って, B が汎弱コンパクトなことを示すには, これが K の閉部分集合であることがわかればよい. そのため, B の K での閉包に属する K の点を任意に取り $g_0 = (g_0(x))_{x \in X}$ とする. このときは, 任意の $x, y \in X$ と $\varepsilon > 0$ に対し $U_K(g_0; x, y, x+y; \varepsilon)$ は g_0 の開近傍であるから, $B \cap U(x, y, x+y; \varepsilon) \neq \emptyset$ が成り立つ. 今, 共通元の一つを f_0 とすれば, $|g_0(x) - f_0(x)| < \varepsilon$, $|g_0(y) - f_0(y)| < \varepsilon$, および $|g_0(x+y) - f_0(x+y)| < \varepsilon$ となるが, $f_0(x) + f_0(y) = f_0(x+y)$ であるから,

$$|g_0(x) + g_0(y) - g_0(x+y)| < 3\varepsilon$$

が得られる. ε は任意であるから, $g_0(x) + g_0(y) = g_0(x+y)$ が成り立つ. 同様にして任意の $x \in X$ と $\alpha \in \mathbb{C}$ に対し $g_0(\alpha x) = \alpha g_0(x)$ もわかる. これで g_0 は X 上の線型汎関数であることが示された. さらに, $g_0 \in K$ よりすべての $x \in X$ に対して $|g_0(x)| \leq \|x\|$ を満たすから, $g_0 \in B$ を得る. 故に, B は K の閉部分集合である. これが示すべきことであった. $\square$

演習問題

10.1 可換バナッハ環 $\mathscr{A}$ についてゲルファント変換 $\mathscr{A} \to \widehat{\mathscr{A}}$ が等長であるための必要十分条件はすべての $a \in \mathscr{A}$ に対して $\|a^2\| = \|a\|^2$ が成り立つことを示せ.

10.2 $n \geq 2$ を整数とする. n 次元空間 $\mathbb{C}^n$ に任意のノルムを与えてノルム空間とし, $\mathscr{A} = \mathscr{B}(\mathbb{C}^n)$ とおく. このとき, $\mathscr{A}$ の両側イデアルは $\{0\}$ と $\mathscr{A}$ のみであることを示せ. これから $\mathscr{A}$ には指標は存在しないことを示せ.

10.3 バナッハ環 $\ell^1(\mathbb{Z})$ (例 9.11, 練習問題 9.1) について次に答えよ.

(1) 各 $\zeta \in \mathbb{T}$ と各 $f \in \ell^1(\mathbb{Z})$ に対し関数 $f_\zeta: \mathbb{Z} \to \mathbb{C}$ を

$$f_\zeta(n) = \zeta^n f(n) \qquad (n \in \mathbb{Z})$$

で定義するとき, $f_\zeta \in \ell^1(\mathbb{Z})$ を示せ. さらに, 固定した ζ について対応

$$\phi_\zeta : \ell^1(\mathbb{Z}) \ni f \mapsto \sum_{n \in \mathbb{Z}} f_\zeta(n) \in \mathbb{C}$$

は $\ell^1(\mathbb{Z})$ の指標であることを示せ.

(2) 逆に $\ell^1(\mathbb{Z})$ の指標は (1) の形に表されることを示せ.

(3) 対応 $\zeta \mapsto \phi_\zeta$ は単位円周 $\mathbb{T}$ から $\ell^1(\mathbb{Z})$ の指標空間 $\Delta(\ell^1(Z))$ への位相同型であることを示せ. 今,

$$\widehat{f}(\zeta) = \sum_{n \in \mathbb{Z}} f(n)\zeta^n \qquad (f \in \ell^1(\mathbb{Z}), \zeta \in \mathbb{T})$$

と定義すれば, $\widehat{f}$ は $\mathbb{T}$ 上の連続関数であることを示せ. また, 対応 $f \mapsto \widehat{f}$ は $\ell^1(\mathbb{Z})$ から $C(\mathbb{T})$ への多元環の準同型であることを示せ. $\widehat{f}$ を f の**フーリエ変換**と呼ぶ. フーリエ変換による $\ell^1(\mathbb{Z})$ の像を $A(\mathbb{T})$ と書く. $A(\mathbb{T})$ は関数の通常の積について多元環をなす. これを $\mathbb{T}$ の**フーリエ環**と呼ぶ.

(4) 対応 $\zeta \mapsto \phi = \phi_\zeta$ により $\mathbb{T}$ と指標空間 $\Delta(\ell^1(\mathbb{Z}))$ を同一視すれば (2) のフーリエ変換は $\ell^1(\mathbb{Z})$ のゲルファント変換に一致することを示せ.

第 11 章

C^* 環

本章ではヒルベルト空間 H 上の作用素への応用を見込んだバナッハ環とし
て C^* 環について述べる．ヒルベルト空間上の作用素の特徴は作用素 T と
その共役 T^* が同じ空間上の作用素として共存することである．すなわち，
$T: H \to H$ については共役作用 $*: T \mapsto T^*$ は一つのバナッハ環 $\mathscr{B}(H)$
の中の演算で，このような状態を実現するバナッハ環が C^* 環である．本
章では，一般の C^* 環についてはノルムの一意性，スペクトルの永続性な
どを証明する．重点は可換な場合で，ゲルファント変換は等長同型である
というゲルファント・ナイマルクの定理が示される．特に，$\mathscr{A}$ の正規元に
ついてはいわゆる関数法とそれに付随するスペクトル写像定理が示される．
本章では特に断らない限り環の可換性は仮定しない．

11.1. 対合を持つノルム環

ヒルベルト空間上の作用素環をモデルとする環の特徴が対合である．

11.1.1. 対合とは まず定義から始めよう．

定義 11.1 複素係数の多元環 $\mathscr{A}$ の各元 a に $\mathscr{A}$ の元 a^* を対応させる関数 $*$
で次の性質を持つものを $\mathscr{A}$ 上の**対合**と呼ぶ．ただし，$a, b \in \mathscr{A}, \alpha \in \mathbb{C}$ とする．

- (a) $(a^*)^* = a$,
- (b) $(a+b)^* = a^* + b^*$, $(\alpha a)^* = \bar{\alpha} a^*$,
- (c) $(ab)^* = b^* a^*$.

対合を持つ複素係数の多元環を $*$ **環**と呼ぶ．

187

これは複素数でその虚部の符号を変える操作や，複素行列で成分を共役複素数に変えてさらに転置する操作の抽象化である．

11.1.2. 基本用語　基本的な用語を用意する．$*$ 環 $\mathscr{A}$ の元 a に対し a^* を a の**共役元**と呼ぶ．特に，$a^* = a$ を満たす元を**自己共役**であるといい，$a^*a = aa^*$ を満たす元を**正規**であるという．また，$\mathscr{A}$ が単位元を持つとき，$u^*u = uu^* = e$ を満たす $u \in \mathscr{A}$ を**ユニタリー**と呼ぶ．なお，$(a^*)^*$ を a^{**} と略して書く．

最も簡単な $*$ 環は複素数体 $\mathbb{C}$ で，複素数をその共役に変える操作 $\alpha \mapsto \bar{\alpha}$ が対合に当たる．α が自己共役とは α が実数ということ，ユニタリーとは $\alpha\bar{\alpha} = 1$ のことである．次は，複素数が実部と虚部に分けられることの抽象化である．

補題 11.2　$*$ 環 $\mathscr{A}$ の任意の元 c は $c = a + ib$ (a, b は $\mathscr{A}$ の自己共役元) の形に一意に表される．

さて，我々の目的はバナッハ環が対合を持つ場合で，一般の定義は次である．

定義 11.3　ノルム環 $\mathscr{A}$ が対合を持つとき**ノルム $*$ 環**と呼ぶ．もし対合がすべての $a \in \mathscr{A}$ に対して $\|a^*\| = \|a\|$ を満たすときは **$*$ ノルム環**と呼ぶ．完備性があるときはそれぞれ**バナッハ $*$ 環**および **$*$ バナッハ環**と呼ぶ．

次に，このような環の間の写像を考える．

定義 11.4　$*$ 環 $\mathscr{A}, \mathscr{B}$ において，環の準同型 (または，同型) $\pi\colon \mathscr{A} \to \mathscr{B}$ が $\pi(a^*) = \pi(a)^*$ を満たすとき **$*$ 準同型** (または，**$*$ 同型**) と呼ぶ．また，線型汎関数 $\varphi\colon \mathscr{A} \to \mathbb{C}$ が $\varphi(a^*) = \overline{\varphi(a)}$ を満たすとき，**$*$ 線型**であるという．

補題 11.5　$*$ 環 $\mathscr{A}$ 上の線型汎関数 φ が $*$ 線型であるための必要十分条件は $\mathscr{A}$ のすべての自己共役元に対して φ が実数値を取ることである．

11.1.3. C^* 環の定義　バナッハ $*$ 環の中でヒルベルト空間上の作用素の特徴を最もよく反映しているものが次で定義される C^* 環である．

定義 11.6　バナッハ $*$ 環 $\mathscr{A}$ においてすべての元 a に対し

(11.1)
$$\|a^*a\| = \|a\|^2$$

を満たすとき，$\mathscr{A}$ を C^* 環と呼ぶ．また，この等式を C^* 等式と呼ぶ．

定義に関していくつか注意を述べる．上の定義では $\mathscr{A}$ に $\|a^*\| = \|a\|$ は仮定しないが結果として導かれる．実際，C^* 等式から $\|a\|^2 = \|a^*a\| \le \|a^*\|\|a\|$. 従って，もし $a \ne 0$ ならば，$\|a\| \le \|a^*\|$ を得る．よって，$a^* \ne 0$ であるから，今の不等式から $\|a^*\| \le \|a^{**}\| = \|a\|$ となって $\|a\| = \|a^*\|$. また，C^* 等式は $\|aa^*\| = \|a\|^2$ でもよい．さらに，次もわかる．

補題 11.7 バナッハ $*$ 環 $\mathscr{A}$ が $\|a\|^2 \le \|a^*a\|$ を満たせば，$\mathscr{A}$ は C^* 環である．

証明 仮定より $\|a\|^2 \le \|a^*a\| \le \|a^*\|\|a\|$ であるから，上と同様に $\|a^*\| = \|a\|$ が得られ，$\|a\|^2 \le \|a^*a\| \le \|a\|^2$ となって C^* 等式が成り立つ． □

11.2. 基本性質

11.2.1. C^* 環の単位元と近似単位元 非単位 C^* 環 $\mathscr{A}$ に単位元を添加する問題を考える．$\mathscr{A}$ に 1 を添加した環 $\widetilde{\mathscr{A}} = \mathbb{C} \oplus \mathscr{A}$ は $(\alpha, a)^* = (\bar{\alpha}, a^*)$ によって一意に $*$ 環となる．さらに次がわかるがこれは自明ではない．

定理 11.8 $\mathscr{A}$ を非単位 C^* 環とし，$\widetilde{\mathscr{A}}$ を $\mathscr{A}$ に 1 を添加した $*$ 環とする．このとき，$\mathscr{A}$ のノルムは $\widetilde{\mathscr{A}}$ を C^* 環とするようなノルムに一意に拡張できる．

証明は少し技術が必要なので，ここでは述べない．§9.1.4 で与えた単純なノルムは通用しない．C^* 環の場合，実は環の中に単位元の代わりになり，ある意味でそれ以上の働きをする近似単位元が存在する．$\mathscr{A}$ の元の有向点族 $\{e_\lambda, \lambda \in \Lambda, \le\}$ $((\Lambda, \le)$ は有向集合) で任意の $a \in \mathscr{A}$ に対し $\lim_\lambda e_\lambda a = a$ を満たすものを $\mathscr{A}$ の左近似単位元と呼ぶ．右近似単位元および両側近似単位元も同様に定義される．

11.2.2. ノルムの一意性 $*$ 環を C^* 環にするようなノルムは高々一つしかないという著しい結果がある．これを示そう．

定理 11.9 C^* 環 $\mathscr{A}$ の任意の正規元 a に対し次が成り立つ：

$$(11.2) \qquad r(a) = \|a\|.$$

特に，任意の $a \in \mathscr{A}$ に対して $r(a^*a) = \|a^*a\|$ が成り立つ．

証明 仮定により $a^*a = aa^*$ であるから C^* 等式より $n = 1, 2, \ldots$ に対して

$$\|a^{2^n}\|^2 = \|(a^{2^n})^* a^{2^n}\| = \|(a^*)^{2^n} a^{2^n}\| = \|(a^*a)^{2^n}\|$$

を得る. a^*a は自己共役であるから, その冪（べき）も同様で C^* 等式を繰り返し使えば

$$\|a^{2^n}\|^2 = \|(a^*a)^{2^n}\| = \|(a^*a)^{2^{n-1}}(a^*a)^{2^{n-1}}\| = \|(a^*a)^{2^{n-1}}\|^2$$
$$= \|(a^*a)^{2^{n-2}}\|^{2^2} = \cdots = \|a^*a\|^{2^n} = \|a\|^{2^{n+1}}$$

が得られる. これからブーリン・ゲルファント公式 (168 頁参照) により

$$\|a\| = \lim_{n\to\infty} \|a^{2^n}\|^{2^{-n}} = r(a).$$

後半は a^*a が自己共役であることから明らかである. $\qquad\square$

注意 11.10 上の証明の極限の部分については, $\|a^n\|/\|a\|^n$ が単調減少であること (演習問題 9.2) を利用すれば, $\|a^n\| = \|a\|^n$ $(n = 1, 2, \dots)$ を得る.

定理 11.11 ＊バナッハ環 $\mathscr{A}$ から C^* 環 $\mathscr{B}$ への ＊準同型は縮小写像である.

証明 準同型を π とし, 任意に $a \in \mathscr{A}$ を取る. このとき, $\pi(a^*a)$ は C^* 環 $\mathscr{B}$ の自己共役元であるから, 定理 11.9 により $\|\pi(a^*a)\| = r(\pi(a^*a))$ が成り立つ. 定理 9.23 で見たように準同型によりスペクトル半径は縮小するから.

$$\|\pi(a)\|^2 = \|\pi(a)^*\pi(a)\| = \|\pi(a^*a)\| = r(\pi(a^*a))$$
$$\leq r(a^*a) \leq \|a^*a\| \leq \|a^*\|\|a\| = \|a\|^2$$

が得られるから, $\|\pi(a)\| \leq \|a\|$ が成り立つ. これが示すべきことであった. $\quad\square$

系 1 C^* 環 $\mathscr{A}$ から C^* 環 $\mathscr{B}$ への ＊準同型 π がさらに全単射ならば π は等長である.

証明 π およびその逆写像 π^{-1} がともに縮小写像になるからである. $\qquad\square$

系 2 ＊環を C^* 環にするノルムは (もしあれば) 唯一つである.

証明 C^* 環にするノルムが二つあったとしてそれらを与えた C^* 環を $\mathscr{A}, \mathscr{B}$ として前の系を使えばよい. $\qquad\square$

11.2.3. 自己共役元のスペクトル $\mathscr{A}$ を C^* 環とする. $a \in \mathscr{A}$ のスペクトルの定義はバナッハ環一般と同様である. すなわち, $\mathscr{A}$ が単位元を持つ場合は, $\lambda e - a$ が可逆でないような $\lambda \in \mathbb{C}$ の全体を a の**スペクトル**と呼んで $\sigma(a)$ と書く. また, $\sigma(a)$ の $\mathbb{C}$ での補集合を a の**レゾルベント集合**と呼ぶ. 記号は $\rho(a)$

である. $\mathscr{A}$ が非単位環の場合は, $\mathscr{A}$ に 1 を添加した環 $\widetilde{\mathscr{A}}$ の中でのスペクトル
を a のスペクトルと呼んで $\sigma'(a)$ と書く. これは $\lambda - a$ が $\widetilde{\mathscr{A}}$ で可逆でないよ
うな $\lambda \in \mathbb{C}$ の全体である. また, $\rho'(a) = \mathbb{C} \setminus \sigma'(a)$ とおいて, a のレゾルベ
ント集合と呼ぶ. さらに, 記号 $\sigma'(x)$ と $\rho'(x)$ をすべての $x \in \widetilde{\mathscr{A}}$ に対しても
同じ意味で使うことにする. 簡単な注意を一つ述べておく.

補題 11.12 $a \in \mathscr{A}$ に対し, $\lambda \in \sigma(a)$ と $\bar{\lambda} \in \sigma(a^*)$ は同等である.

さて, C^* 環の特殊な元のスペクトルを調べよう. まず, $\mathscr{A}$ は単位元を持つ
とする. もし $a \in \mathscr{A}$ が可逆ならば, $0 \in \rho(a)$ であるから, $\sigma(a) \subset \mathbb{C} \setminus \{0\}$ で
あって, $\sigma(a^{-1})$ は $\sigma(a)$ の元の逆数の全体に等しい. これは一般の環について
正しいが, 特に次がわかる.

定理 11.13 u を単位 C^* 環 $\mathscr{A}$ のユニタリー元とすれば, $\sigma(u)$ は絶対値 1 の
複素数よりなる.

証明 仮定により $u^*u = uu^* = e$ であるから, $u^{-1} = u^*$. 従って, $\|u^*u\| = \|e\| = 1$ と C^* 等式より $\|u\| = \|u^{-1}\| = 1$ を得る. そこで, $\lambda \in \sigma(u)$ とする
と, まず $|\lambda| \leq \|u\| - 1$ が成り立つ. ところが, 上の注意により $\lambda \neq 0$ かつ
$\lambda^{-1} \in \sigma(u^{-1})$ であるから, $|\lambda^{-1}| \leq \|u^{-1}\| = 1$ も成り立つ. 故に, $|\lambda| = 1$. $\square$

次が我々の目標である. もちろん, $\mathscr{A}$ は非単位的でよい.

定理 11.14 h を C^* 環 $\mathscr{A}$ の自己共役元とすれば, $\sigma(h)$ は実数よりなる.

証明 必要ならば単位元 1 を添加し $\exp(ih)$ を次の冪級数で定義する:

$$\exp(ih) = 1 + ih + \frac{1}{2!}(ih)^2 + \cdots + \frac{1}{n!}(ih)^n + \cdots.$$

この右辺は絶対収束であるから, 和の順序によらず $\mathscr{A}$ の元を一意に決定する
(第 9 章 §9.2.1 参照). 対合 $a \mapsto a^*$ は等長作用素であるから, 上の定義から

$$\begin{aligned}
(\exp(ih))^* &= \lim_{n \to \infty} \left(1 + ih + \frac{1}{2!}(ih)^2 + \cdots + \frac{1}{n!}(ih)^n\right)^* \\
&= 1 + (-i)h + \frac{1}{2!}(-i)^2h^2 + \cdots \\
&= \exp(-ih).
\end{aligned}$$

これは $\exp(ih)$ がユニタリーであることを示している. 従って, 定理 11.13 により $\sigma(\exp(ih)) \subset \mathbb{T}$ がわかる. 一方, 冪級数の項別計算により

$$\exp(i\lambda) - \exp(ih) = (\lambda - h)F(\lambda, h)$$

と因数分解すれば, 任意の $\lambda \in \sigma(h)$ に対して $\exp(i\lambda) \in \sigma(\exp(ih))$ が得られる. よって, $|\exp(i\lambda)| = 1$ となるから, λ は実数でなければならない. $\qquad\square$

この結果, 自己共役元についてはスペクトルの正負が定義できる. すなわち, $a \in \mathscr{A}$ が自己共役で $\sigma'(a) \subset [0, +\infty)$ を満たすとき, a を正であるといい, $a \geq 0$ と書く. $\mathscr{A}$ が単位的ならばこれは $\sigma(a) \subset [0, +\infty)$ と同等である. 次は, $*$ 準同型の一つの特徴を示すものである.

定理 11.15 $\pi \colon \mathscr{A} \to \mathscr{B}$ を C^* 環の $*$ 準同型とするとき, $a \in \mathscr{A}$ が正ならば $\pi(a) \in \mathscr{B}$ も同様である.

証明 $a \in \mathscr{A}$ が正であるとする. 従って, $a^* = a$ かつ $\sigma'(a) \subset [0, +\infty)$ が成り立つ. π は $*$ 準同型であるから, まず $\pi(a) = \pi(a^*) = \pi(a)^*$ より $\pi(a)$ は自己共役であることがわかる. また, 第 9 章 §9.3.4 の考察により $\sigma'(\pi(a)) \subseteq \sigma'(a)$ であるから, $\sigma'(\pi(a)) \subset [0, +\infty)$ もわかる. 故に, $\pi(a)$ は正である. $\qquad\square$

11.2.4. C^* 環の指標 次はアレンスの定理として知られるものである.

定理 11.16 (アレンス) $\mathscr{A}$ を C^* 環とする. 任意の $a \in \mathscr{A}$ と $\phi \in \Delta(\mathscr{A})$ に対して, $\phi(a^*) = \overline{\phi(a)}$ が成り立つ. すなわち, ϕ は $*$ 線型である.

証明 $\mathscr{A}$ は単位的であるとして証明する. ϕ を $\mathscr{A}$ の指標とし, $\phi(a) = \lambda$ とおくと, $\lambda \in \sigma(a)$ が成り立つ. 実際, $\phi(\lambda e - a) = 0$ より $\lambda e - a$ は可逆ではないからである.

さて, $b = \frac{1}{2}(a + a^*)$, $c = \frac{1}{2i}(a - a^*)$ とおくと, これらは自己共役であるから, 定理 11.14 により $\sigma(b)$ と $\sigma(c)$ は実数よりなる. 従って, 上の注意により $\beta = \phi(b)$ および $\gamma = \phi(c)$ は実数である. b, c の定義に戻れば,

$$2\beta = 2\phi(b) = \phi(a) + \phi(a^*), \quad 2i\gamma = 2i\phi(c) = \phi(a) - \phi(a^*)$$

となって, $\phi(a) = \beta + i\gamma$ と $\phi(a^*) = \beta - i\gamma$ を得るから, $\phi(a^*) = \overline{\phi(a)}$. $\mathscr{A}$ が非単位的なときは単位元 1 を添加して考えれば同様である. $\qquad\square$

系 C^* 環 $\mathscr{A}$ のゲルファント変換は $\mathscr{A}$ から $C(\mathfrak{M}(\mathscr{A}))$ への $*$ 準同型である.

証明 定理 10.19 によりゲルファント変換 Γ は $\mathscr{A}$ から $C(\mathfrak{M}(\mathscr{A}))$ の中への準同型である. 従って, Γ が $*$ 写像であることを示せばよいが, これは任意の $\phi \in \Delta(\mathscr{A})$ が $*$ 線型であること同値である. $\qquad\square$

11.2.5. スペクトルの永続性の精密化 バナッハ環におけるスペクトルの永続性は 第 10 章 §10.4.3 で一般論を述べたが, C^* 環では精密な結果が成り立つ.

補題 11.17 $\mathscr{A}$ を単位 C^* 環, $\mathscr{B}$ を $\mathscr{A}$ の単位元を共有する C^* 部分環とする. このとき, $b \in \mathscr{B}$ が $\mathscr{A}$ で可逆ならば $\mathscr{B}$ でも可逆である.

証明 $b \in \mathscr{B}$ は $\mathscr{A}$ で可逆であるとすると, b^* も $\mathscr{A}$ で可逆であるから, b^*b および bb^* も $\mathscr{A}$ で可逆である. b^*b は自己共役であるから, 定理 11.14 により $\sigma(b^*b)$ および $\sigma_{\mathscr{B}}(b^*b)$ は実軸上の閉集合である. 従って, 自身の境界と一致するから, スペクトルの永続性 (定理 10.26) により, $\sigma_{\mathscr{B}}(b^*b) = \partial\sigma_{\mathscr{B}}(b^*b) \subseteq \sigma(b^*b)$. 故に, $\sigma_{\mathscr{B}}(b^*b) = \sigma(b^*b)$ を得る. b^*b は $\mathscr{A}$ で可逆であるから, $\sigma(b^*b)$ は 0 を含まない. 従って, $\sigma_{\mathscr{B}}(b^*b)$ も同様である. これは b^*b が $\mathscr{B}$ で可逆であることを示すから, b は $\mathscr{B}$ で左逆元を持つ. b^*b の代わりに bb^* を考えれば, b が $\mathscr{B}$ の中で右逆元を持つことがわかる. 故に, b は $\mathscr{B}$ で可逆である. $\qquad\square$

系 (スペクトルの永続性) 上と同様の仮定の下で, 任意の $b \in \mathscr{B}$ に対して $\sigma_{\mathscr{B}}(b) = \sigma(b)$ が成り立つ.

証明 $b \in \mathscr{B}$ に対して $\sigma(b) \subseteq \sigma_{\mathscr{B}}(b)$ は一般に成り立つから, この逆の包含関係 $\sigma_{\mathscr{B}}(b) \subseteq \sigma(b)$ を示せばよい. そのため, 対偶を考えて, $\lambda \in \rho(b)$ とすれば, $\lambda e - b$ は $\mathscr{A}$ で可逆であるから, 上の補題により $\mathscr{B}$ でも可逆である. 従って, $\lambda \in \rho_{\mathscr{B}}(b)$ が成り立つ. これが示すべきことであった. $\qquad\square$

11.2.6. 可換 C^* 環のゲルファント表現 可換 C^* 環のゲルファント変換を調べよう. そのため, ノルムの計算から始める.

定理 11.18 可換 C^* 環 $\mathscr{A}$ の任意の元 a に対して $r(a) = \|a\|$ が成り立つ.

証明 任意に $a \in \mathscr{A}$ を取る. $\mathscr{A}$ は可換であるから, $a^*a = aa^*$ が成り立つ. すなわち, a は正規であるから, 定理 11.9 により $r(a) = \|a\|$ が得られる. $\qquad\square$

さて，第 10 章 §10.4 の理論を応用するため以下では $\mathscr{A}$ を可換な C^* 環と仮定し，$\mathscr{A}$ のゲルファント変換を Γ または $\Gamma_{\mathscr{A}}$ と書く．

補題 11.19 $\mathscr{A}$ を可換な単位 C^* 環とするとき，$\mathscr{A}$ のゲルファント変換 Γ は $\mathscr{A}$ から $C(\mathfrak{M}(\mathscr{A}))$ の稠密な部分環へのノルムを増やさない $*$ 準同型である．

証明 定理 11.11 により Γ はノルムを増やさないバナッハ環の準同型である．さらに，定理 11.16 の系により Γ は $*$ 準同型である．従って，$\widehat{\mathscr{A}}$ は $C(\mathfrak{M}(\mathscr{A}))$ の部分環で，恒等的に 1 の元を含み，$\mathfrak{M}(\mathscr{A})$ の点を分離し，かつ複素共役を取る操作で閉じている．故に，ストーン・ワイエルシュトラスの定理により $C(\mathfrak{M}(\mathscr{A}))$ の中で稠密である． $\square$

我々は可換な C^* 環を特徴付けるゲルファント・ナイマルクの基本定理を証明できる段階に到達した．これは本章の主要定理の一つである．

定理 11.20 (ゲルファント・ナイマルク) $\mathscr{A}$ を可換な単位 C^* 環とすると，$\mathscr{A}$ の極大イデアル空間 $\mathfrak{M}(\mathscr{A})$ はコンパクトであり，$\mathscr{A}$ のゲルファント変換 Γ は $\mathscr{A}$ から $\mathfrak{M}(\mathscr{A})$ 上の複素数値連続関数全体の C^* 環 $C(\mathfrak{M}(\mathscr{A}))$ の上への等長 $*$ 同型である．

証明 定理 11.18 により任意の $a \in \mathscr{A}$ に対し $\|\hat{a}\|_{\infty} = r(a) = \|a\|$ が成り立つから，ゲルファント変換は等長同型である．従って，$\widehat{\mathscr{A}}$ は完備で従って $C(\mathfrak{M}(\mathscr{A}))$ と一致する． $\square$

11.2.7. 非単位可換 C^* 環の構造 最後に可換な非単位環の場合を考察する．$\mathscr{A}$ を可換な非単位 C^* 環で 0 以外の元を含むとする．定理 11.8 により 1 を添加した C^* 環 $\widetilde{\mathscr{A}}$ を構成する．$\widetilde{\mathscr{A}}$ は可換な単位 C^* 環であるから，上のゲルファント・ナイマルクの定理により $\mathfrak{M}(\widetilde{\mathscr{A}})$ はコンパクト・ハウスドルフ空間であり，ゲルファント変換は $*$ 同型対応 $\widetilde{\mathscr{A}} \cong C(\mathfrak{M}(\widetilde{\mathscr{A}}))$ を与える．この同型写像から $\mathscr{A}$ の部分の対応を読み取ることは簡単である．これを説明しよう．我々は $\widetilde{\mathscr{A}}$ の極大イデアルを一般に $\widetilde{\mathscr{M}}$ と書く．$\mathscr{A}$ 自身は $\widetilde{\mathscr{A}}$ の極大イデアルの一つであるから，これを $\widetilde{\mathscr{M}}_{\infty}$ と書く．

補題 11.21 $\widetilde{\mathscr{M}} \neq \widetilde{\mathscr{M}}_{\infty}$ ならば，$\mathscr{M} = \mathscr{A} \cap \widetilde{\mathscr{M}}$ は $\mathscr{A}$ の極大イデアルで $\mathscr{A}/\mathscr{M} \cong \mathbb{C}$ を満たす．

証明 $\tilde{\mathcal{M}} \neq \tilde{\mathcal{M}}_\infty$ を仮定する. 極大イデアル $\tilde{\mathcal{M}}$ は異なる極大イデアル $\tilde{\mathcal{M}}_\infty$ $(= \mathcal{A})$ を全部含むことはないから, $\mathcal{A}$ は $\tilde{\mathcal{M}}$ に含まれない元を持つ. 従って, $\mathcal{M} = \tilde{\mathcal{M}} \cap \mathcal{A}$ は $\mathcal{A}$ の自明でないイデアルで,

$$\mathcal{A}/\mathcal{M} = \mathcal{A}/(\tilde{\mathcal{M}} \cap \mathcal{A}) \cong (\mathcal{A} + \tilde{\mathcal{M}})/\tilde{\mathcal{M}}$$

が成り立つが, $\{0\} \subsetneq (\mathcal{A} + \tilde{\mathcal{M}})/\tilde{\mathcal{M}} \subseteq \tilde{\mathcal{A}}/\tilde{\mathcal{M}} \cong \mathbb{C}$ より $(\mathcal{A} + \tilde{\mathcal{M}})/\tilde{\mathcal{M}} \cong \mathbb{C}$ がわかる. 故に, $\mathcal{A}/\mathcal{M} \cong \mathbb{C}$. $\qquad \square$

このようなイデアル $\mathcal{M}$ に対しては $\mathcal{A}/\mathcal{M}$ を $\mathbb{C}$ と同一視すれば商写像 $\phi\colon \mathcal{A} \to \mathcal{A}/\mathcal{M}$ を $\mathcal{A}$ の指標と見なすことができる. 今, $u \in \mathcal{A}$ を $\phi(u) = 1$ を満たすように選べば, すべての $a \in \mathcal{A}$ に対して $au - a \in \mathcal{M}$ が成り立つ. 実際, $\phi(au - a) = \phi(a)\phi(u) - \phi(a) = 0$ となるからである.

$\mathcal{A}$ の自明でないイデアル $\mathcal{I}$ について, すべての $x \in \mathcal{A}$ に対して $xu - x \in \mathcal{I}$ を満たす元 $u \in \mathcal{A}$ が存在するとき, $\mathcal{I}$ を正則なイデアルと呼び, u を $\mathcal{I}$ を法とする $\mathcal{A}$ の単位元と呼ぶ. 我々は

$$\mathfrak{M}(\mathcal{A}) = \mathfrak{M}(\tilde{\mathcal{A}}) \setminus \{\tilde{\mathcal{M}}_\infty\}$$

と定義し, $\mathcal{A}$ の**極大イデアル空間**と呼ぶ.

補題 11.22 $\tilde{\mathcal{M}}_\infty$ は $\mathfrak{M}(\tilde{\mathcal{A}})$ の孤立点ではない.

証明 $\tilde{\mathcal{M}}_\infty$ が孤立点であると仮定すると, $\mathfrak{M}(\mathcal{A})$ はコンパクトとなるから,

$$\mathcal{A} = \tilde{\mathcal{M}}_\infty = \{x \in C(\mathfrak{M}(\tilde{\mathcal{A}})) \mid \hat{x}(\tilde{\mathcal{M}}_\infty) = 0\} \cong C(\mathfrak{M}(\mathcal{A}))$$

が成り立つ. これは $\mathcal{A}$ が単位元を含むことを示すから矛盾である. $\qquad \square$

この結果により, $\mathfrak{M}(\mathcal{A})$ はコンパクトではない局所コンパクト空間である. $\mathfrak{M}(\tilde{\mathcal{A}})$ は $\mathfrak{M}(\mathcal{A})$ の 1 点コンパクト化であって, 追加される点 $\tilde{\mathcal{M}}_\infty$ はイデアルとして $\mathcal{A}$ と一致するから, すべての $x \in \mathcal{A}$ のゲルファント変換 $\hat{x}$ は $\tilde{\mathcal{M}}_\infty$ で消滅する. 従って次を得る. これも可換 C^* 環の基本定理である.

定理 11.23 (ゲルファント・ナイマルク) $\mathcal{A}$ を可換な非単位 C^* 環とする. このとき, $\mathcal{A}$ の極大イデアル空間 $\mathfrak{M}(\mathcal{A})$ はコンパクトではない局所コンパクト空間であり, $\mathcal{A}$ のゲルファント変換 Γ は $\mathcal{A}$ から $\mathfrak{M}(\mathcal{A})$ 上の無限遠で 0 となる複素数値連続関数全体の C^* 環 $C_0(\mathfrak{M}(\mathcal{A}))$ の上への等長 $*$ 同型である.

11.3. 正規元の関数法とスペクトル写像定理

作用素をそのスペクトル上の関数に代入して新たな作用素を作り出す関数法については第 10 章 §10.4.2 で説明した. ここでは, ヒルベルト空間上の正規作用素への応用を見込んだ C^* 環に対する関数法とスペクトル写像定理を説明する.

11.3.1. 連続関数法 $\mathscr{A}$ を単位 C^* 環とする. $\mathscr{A}$ の任意の元 a に対し, e と a を含む $\mathscr{A}$ の最小の閉 $*$ 部分環を $C^*(a)$ と表す. C^* 環におけるスペクトルの永続性 (補題 11.17 の系) により, a のスペクトル $\sigma(a)$ は $C^*(a)$ の元としてのスペクトルと同じものである. 特に $C^*(a)$ が可換な場合, すなわち a が正規の場合は特に簡明である. これを調べてみよう.

$\mathscr{A}$ の零でない正規元を一つ取って固定し a とおく. 定義により $aa^* = a^*a$ であるから, $C^*(a)$ は可換な単位 C^* 環である. 我々はその極大イデアル空間を $\mathfrak{M}(a)$, 指標空間を $\Delta(a)$ と書く. このときは, ゲルファント・ナイマルクの定理 (定理 11.20) により $C^*(a)$ は $\mathfrak{M}(a)$ 上の連続関数の C^* 環 $C(\mathfrak{M}(a))$ とゲルファント変換 (Γ_a と書く) により等長 $*$ 同型となる. すなわち,

$$\Gamma_a: \quad C^*(a) \cong C(\mathfrak{M}(a)).$$

この事実をもっと具体的に書いてみよう. 定理 10.15 で見たように極大イデアル空間 $\mathfrak{M}(a)$ と指標空間 $\Delta(a)$ は $\mathscr{M} \to \phi_{\mathscr{M}}$ または $\phi \to \mathscr{M}_\phi$ により位相同型であるから, $C(\mathfrak{M}(a))$ の代わりに $C(\Delta(a))$ としても全く同じである. さらに, $\mathfrak{M}(a)$ と $\Delta(a)$ は a のスペクトル $\sigma(a)$ で置き換えることができる.

補題 11.24 対応 $\widehat{a}: \mathfrak{M}(a) \to \sigma(a)$ は位相写像である.

証明 定理 10.22 により $\sigma(a)$ はゲルファント変換 $\widehat{a}$ の値域に等しい. また, $\widehat{a}: \mathfrak{M}(a) \to \sigma(a)$ は一対一である. 実際, $\mathscr{M}_1, \mathscr{M}_2 \in \mathfrak{M}(a)$ が $\widehat{a}(\mathscr{M}_1) = \widehat{a}(\mathscr{M}_2)$ を満たすならば, アレンスの定理 (定理 11.16) により

$$\widehat{a^*}(\mathscr{M}_1) = \overline{\widehat{a}(\mathscr{M}_1)} = \overline{\widehat{a}(\mathscr{M}_2)} = \widehat{a^*}(\mathscr{M}_2)$$

も成り立つから, すべての $x \in C^*(a)$ に対して $\widehat{x}(\mathscr{M}_1) = \widehat{x}(\mathscr{M}_2)$ がわかる. よって, $\mathscr{M}_1 = \mathscr{M}_2$ を得る. さらに, $\mathfrak{M}(a)$ はコンパクトであるから, 対応 $\widehat{a}: \mathfrak{M}(a) \to \sigma(a)$ は位相写像である. $\qquad \square$

11.3 正規元の関数法とスペクトル写像定理 197

定理 11.25 (正規元の連続関数法) $\mathscr{A}$ を単位 C^* 環, $a \in \mathscr{A}$ を零でない正規元, $S = \sigma(a)$ を a のスペクトル, $C(S)$ を S 上の複素数値連続関数全体のなす C^* 環とする. このとき, $C(S)$ から $\mathscr{A}$ の中への $*$ 準同型 Φ_a で $\Phi_a(1) = e$ および $\Phi_a(\mathrm{id}) = a$ を満たすものが唯一つ存在する. ただし, id は S 上の恒等関数 $z \mapsto z$ である. 具体的には, 次が成り立つ:

(a) Φ_a は $C(S)$ から $C^*(a)$ への等長 $*$ 同型写像である. すなわち, $f(a) = \Phi_a(f)$ とおくとき, $f, g \in C(S)$ および $\alpha \in \mathbb{C}$ に対して次を満たす:

(a1) $(f + g)(a) = f(a) + g(a), (\alpha f)(a) = \alpha \cdot f(a),$

(a2) $(fg)(a) = f(a)g(a),$

(a3) $\bar{f}(a) = f(a)^*,$

(a4) $\|f(a)\| = \|f\|_{\sigma(a)} = \max\{\, |f(s)| \mid s \in S \,\}$. 特に, $f \geq 0$ ならば $f(a) \geq 0$ が成り立つ.

(b) 任意の $f \in C(S)$ に対して $\sigma(f(a)) = f(\sigma(a))$.

証明 補題 11.24 により $\widehat{a}$ は $\mathfrak{M}(a)$ から $S = \sigma(a)$ への位相写像であるから, 合成作用素 $C_{\widehat{a}} \colon f \mapsto f \circ \widehat{a}$ は $C(S)$ から $C(\mathfrak{M}(a))$ への等長 $*$ 同型である. ゲルファント変換 $\Gamma_a \colon C^*(a) \xrightarrow{\cdot} C(\mathfrak{M}(a))$ は等長 $*$ 同型であるから, その逆も同様である. 従って, 合成写像 $\Gamma_a^{-1} \circ C_{\widehat{a}}$ は $C(S)$ から $C^*(a)$ への等長 $*$ 同型である. これを Φ_a と書くと, Φ_a は定理の条件を満たす.

実際, $f(a) = \Phi_a(f)$ $(f \in C(S))$ とおくとき, (a) の各条件が成り立つことは明らかである. 今, $x = f(a)$ とおけば, $\widehat{x} = \Gamma_a \circ \Phi_a(f) = C_{\widehat{a}}(f) = f \circ \widehat{a}$ が成り立つ. 従って, もし $f \equiv 1$ ならば, $\widehat{x} \equiv 1$ であるから, $x = e$ を得る. また, $f(z) = \mathrm{id}(z) = z$ ならば, $\widehat{x} = \mathrm{id} \circ \widehat{a} = \widehat{a}$ となるから, $x = a$ がわかる. 次に, (b) については, $x = f(a)$ のスペクトルはゲルファント変換の値域に等しいから, 次のように計算できる:

$$\sigma(x) = \{\, \widehat{x}(\mathscr{M}) \mid \mathscr{M} \in \mathfrak{M}(a) \,\} = \{\, f(\widehat{a}(\mathscr{M})) \mid \mathscr{M} \in \mathfrak{M}(a) \,\} = f(\sigma(a)).$$

最後に Φ_a の一意性を示そう. そのために, 複素平面 $\mathbb{C}$ 上の変数を z とし, z と $\bar{z}$ の複素係数多項式の全体を $\mathscr{P}^2[z]$ と書く. 従って, $p \in \mathscr{P}^2[z]$ は

$$(11.3) \qquad p(z) = \sum_{j,k=0}^{n} \alpha_{jk} z^j \bar{z}^k \qquad (n \geq 0, \ \alpha_{jk} \text{ は複素定数})$$

の形に表される. $\mathscr{P}^2[z]$ は関数の演算に関して $\mathbb{C}$ 上の多元環であり, $\bar{p}(z)$ を

$$\bar{p}(z) = \overline{p(z)} = \sum_{j,k=0}^{n} \bar{\alpha}_{jk} \bar{z}^j z^k$$

で定義するとき, $p \mapsto \bar{p}$ を対合として $*$ 環となる. 関数 z は $\sigma(a)$ の点を分離するから, 複素数形式のストーン・ワイエルシュトラスの定理 ([B3, 117 頁] 参照) により $\mathscr{P}^2[z]$ (の $\sigma(a)$ への制限) は $C(S)$ で稠密である. さて, $\widetilde{\Phi}$ を $C(S)$ から $\mathscr{A}$ の中への $*$ 準同型で $\widetilde{\Phi}(1) = e$ と $\widetilde{\Phi}(\mathrm{id}) = a$ を満たすものとすれば, 上で定義した $p \in \mathscr{P}^2[z]$ については

$$\widetilde{\Phi}(p) = \sum_{j,k=0}^{n} \alpha_{jk} a^j (a^*)^k \qquad (\text{ただし}, \ a^0 = (a^*)^0 = e).$$

が成り立つ. これは $\Phi_a(p)$ と一致する. このような p は $C(S)$ で稠密であるから, $\widetilde{\Phi}$ は Φ_a と一致する. $\square$

この定理は $C^*(a)$ の元は $f \in C(\sigma(a))$ に a を代入することで得られることを示している. これを正規元 a 関する**連続関数法**と呼ぶ. また, 命題 (b) はこれに関連するスペクトル写像定理である.

11.4. 正規作用素のスペクトル分解

有界な正規作用素のスペクトル分解定理について説明する.

11.4.1. 作用素環の C^* 性と正規作用素 H をヒルベルト空間とし $\mathscr{B}(H)$ を H 上の有界作用素の全体とすると, 定理 2.7 で示したことから $\mathscr{B}(H)$ は共役 $A \mapsto A^*$ を対合として C^* 環をなす. 従って, C^* 環の一般論を作用素の環 $\mathscr{B}(H)$ に当てはめることができる. 例えば, 定理 11.9 の系として次がわかる.

定理 11.26 $A \in \mathscr{B}(H)$ が正規ならば $\|A\| = r(A)$.

これは定理 3.18 として作用素の直接計算でも求められている. 正規作用素のスペクトルは二次元集合であるから, その上の測度の計算はやさしいとはいえない. 直接の計算に慣れるのは大切ではあるが, 抽象的な議論が本質を明らかにすることも珍しくはない. 以下では, C^* 環の知識を利用する例として正規作用素のスペクトル分解を説明する.

11.4 正規作用素のスペクトル分解 199

11.4.2. 正規作用素の連続関数法 §11.3 で述べた C^* 環の正規元に対する一般論はそのまま正規作用素に当てはまる. $A \in \mathcal{B}(H)$ を正規作用素とし, $S = \sigma(A)$ を A のスペクトルとする. A は C^* 環 $\mathcal{B}(H)$ の正規元であるから, 定理 11.25 は $\mathcal{A} = \mathcal{B}(H), a = A$ として成立する. これが次である.

定理 11.27 (正規作用素の連続関数法) $A \in \mathcal{B}(H)$ を零でない正規作用素, $S = \sigma(A)$ を A のスペクトル, $C^*(A)$ を A から生成された $\mathcal{B}(H)$ の単位 C^* 部分環とする. このとき, $C(S)$ から $\mathcal{B}(H)$ の中への $*$ 準同型 Φ_A で $\Phi_A(1) = I$ および $\Phi_A(\mathrm{id}) = A$ を満たすものが唯一つ存在する. ただし, id は S 上の恒等関数 $z \mapsto z$ である. 実際, Φ_A は $C(S)$ から $C^*(A)$ への等長 $*$ 同型で, $f \in C(S)$ に対し $f(A) = \Phi_A(f)$ と定義するとき, 次が成り立つ:

(a) $f, g \in C(S)$ および $\alpha \in \mathbb{C}$ に対して

  (a1) $(f + g)(A) = f(A) + g(A), (\alpha f)(A) = \alpha f(A)$,

  (a2) $(fg)(A) = f(A)g(A)$,

  (a3) $\bar{f}(A) = f(A)^*$.

(b) $\|f(A)\| = r(f(A)) = \max\{\, |f(z)| \mid z \in S \,\} = \|f\|_S$.

(c) $\sigma(f(A)) = f(\sigma(A))$. 特に, $f \geq 0$ ならば $f(A) \geq 0$ が成り立つ.

(d) λ が A の固有値ならば, $f(\lambda)$ は $f(A)$ の固有値である.

証明 固有値の問題だけを証明する. そのため, x を λ に対する固有ベクトルとする. $\lambda I - A$ は正規作用素であるから, 定理 2.14 により

$$\|(\bar{\lambda}I - A^*)x\| = \|(\lambda I - A)^* x\| = \|(\lambda I - A)x\| = 0$$

を得る. よって, $\bar{\lambda}$ は A^* の固有値で x がその固有ベクトルである. さらに, A と A^* は可換であるから, 任意の非負整数 j, k に対して $\lambda^j \bar{\lambda}^k$ は $A^j (A^*)^k$ の固有値で x がその固有ベクトルである. 従って, 任意の $p \in \mathscr{P}^2[z]$ に対して $p(\lambda)$ は $p(A)$ の固有値で x は対応する固有ベクトルである. 最後に, 任意の $f \in C(S)$ に対しては f に一様収束する多項式列 $\{p_n\} \subset \mathscr{P}^2[z]$ を取れば,

$$\|(f(\lambda)I - f(A))x\| = \lim_n \|(p_n(\lambda)I - p_n(A))x\| = 0$$

が成り立つから, $f(\lambda)$ は $f(A)$ の固有値である. $\qquad\square$

11.4.3. スペクトル分解定理　ヒルベルト空間上の正規作用素に対する掛け算作用素型のスペクトル分解定理は次の形に述べられる．定理の形式は自己共役作用素 (定理 6.4) やユニタリー作用素 (定理 6.25) とまったく同じである．

定理 11.28　すべての有界な正規作用素は掛け算作用素にユニタリー同値である．

　さて，H をヒルベルト空間とし，A をその上の有界な正規作用素とする．A のスペクトル $\sigma(A)$ は複素平面の空でないコンパクト部分集合である．これを S と書く．このとき，ある半有限な測度空間 (Ω, μ) 上の L^2 空間 $L^2(\Omega, \mu)$ から H への等長同型写像 V と Ω から S への可測な関数 ϕ が存在して

$$V^{-1}AVf = M_\phi f \qquad (f \in L^2(\Omega, \mu))$$

を満たす．ただし，M_ϕ は関数 ϕ による掛け算作用素である．これが定理の具体的な内容である．これは第 6 章で説明した自己共役作用素の場合 (§6.2) と同じ形であり，証明の原理も A のスペクトル上の連続関数法である．

11.4.4. 巡回部分空間への分解　有界な正規作用素 A に対する掛け算作用素型のスペクトル分解定理を考える．すでに見たように定理の形式は自己共役作用素やユニタリー作用素とまったく同じであり，証明の構成もほぼ同様である．我々は正規元の連続関数法 (定理 11.25) の証明で導入した関数の多元環 $\mathscr{P}^2[z]$ を利用する．すなわち $\mathscr{P}^2[z]$ の元 $p(z)$ は複素変数 z と $\bar{z}$ の多項式で

$$p(z) = \sum_{j,k=0}^{n} \alpha_{jk} z^j \bar{z}^k \qquad (n \geq 0, \, \alpha_{jk} \in \mathbb{C})$$

の形に表される．さて，我々は $p \in \mathscr{P}^2[z]$ に正規作用素 A を代入した結果 $p(A)$ を次で定義する：

$$p(A) = \sum_{j,k=0}^{n} \alpha_{jk} A^j (A^*)^k.$$

すなわち，z に A を代入し，$\bar{z}$ に A^* を代入したものである．A は正規作用素であるから $AA^* = A^*A$ を満たす．従って，代入した結果 $p(A)$ は普通に和，スカラー倍および積が計算できて，対応 $p \mapsto p(A)$ は $\mathscr{P}^2[z]$ から $\mathscr{B}(H)$ の中への $*$ 準同型となる．

定義 11.29 A を正規作用素とするとき，$v \in H$ が A の巡回ベクトルである とは $p(A)v$ $(p \in \mathscr{P}^2[z])$ の形のベクトルが H で稠密であることをいう．

$\mathscr{P}^2[z]$ は $C(\sigma(A))$ に中で稠密であるから，もし $v \in H$ が A の巡回ベクトル ならば，$f(A)v$ $(f \in C(\sigma(A)))$ の形のベクトルは H で稠密な部分空間を作る．

A の巡回ベクトルが存在しない場合には，自己共役作用素の場合と同様に H を巡回ベクトルを持つ A の約部分空間 H_k の直和に分解できる：

(a)　H_k は互いに直交する．

(b)　各 k に対し $AH_k \subseteq H_k$ かつ $A^*H_k \subseteq H_k$．

(c)　各 k に対し A の H_k への制限は巡回ベクトルを持つ正規作用素である． この結果，各 H_k 上でのスペクトル分解定理を総合して H 全体でのスペクト ル分解定理が得られるが，ここでは述べない．

11.4.5. 正規作用素の掛け算作用素表現　正規作用素 A に対する巡回ベクト ル v が存在するとして掛け算作用素型スペクトル分解定理を証明する．まず， A のスペクトル $\sigma(A)$ は複素平面の空でない有界閉集合であることに注意する．

さて，$x \in H$ を任意に固定し，$C(\sigma(A))$ 上の線型汎関数 $L(f)$ を

$$L(f) = (f(A)x \,|\, x) \qquad (f \in C(\sigma(A)))$$

で定義する．正規作用素の連続関数法 (定理 11.27) により次が成り立つ：

補題 11.30　汎関数 L は正である．すなわち，任意の $f \in C(\sigma(A))$ に対して $f \geq 0$ ならば $L(f) \geq 0$ が成り立つ．

証明は定理 5.10 の代わりに定理 11.27 を使えばよいだけである．この結果 によりリースの表現定理が適用できて $\sigma(A)$ 上の正のボレル測度 $\mu_{A,x}$ で

$$(11.4) \qquad L(f) = (f(A)x \,|\, x) = \int_{\sigma(A)} f(s)\, d\mu_{A,x}(s) \qquad (f \in C(S))$$

を満たすものが一意に存在する．$\mu_{A,x}$ を A の x におけるスペクトル測度と呼 ぶ．以下では，$\sigma(A)$ の代わりに S と書く．

スペクトル分解定理の証明を述べよう．そのため，$v \in H$ を A に対する巡 回ベクトルとし，$C(S)$ から H への写像 V を

$$Vf = f(A)v \qquad (f \in C(S))$$

で定義する. $f(A)$ は正規作用素で $(f(A))^* = \bar{f}(A)$ であるから,

$$\int_S |f|^2 \, d\mu_{A,v} = (\bar{f}(A)f(A)v \mid v) = ((f(A))^* f(A)v \mid v)$$
$$= \|f(A)v\|^2 = \|Vf\|^2$$

が成り立つ. すなわち, V は $L^2(\mu_{A,v}) \, (= L^2(S, \mu_{A,v}))$ の部分空間としての $C(S)$ から H の中への等長写像である. 今, $C(S)$ は $L^2(\mu_{A,v})$ で稠密であり, また $\{f(A)v \mid f \in C(S)\}$ は H の中で稠密であるから, 連続性により V は $L^2(\mu_{A,v})$ から H の上への等長同型に拡張される. S 上の関数 ϕ を

$$\phi(s) = s \qquad (s \in S).$$

で定義する. このときは, 任意の $f \in C(S)$ に対し

$$\widetilde{f}(s) = sf(s) = \phi(s)f(s)$$

とすると, 次が得られる:

$$V^{-1}AVf = V^{-1}Af(A)v = V^{-1}\widetilde{f}(A)v = V^{-1}V\widetilde{f} = \widetilde{f}.$$

すなわち, $V^{-1}AV$ は $C(S)$ 上では ϕ による掛け算作用素に一致する:

$$\text{(11.5)} \qquad\qquad V^{-1}AV = M_\phi.$$

この等式は稠密な部分空間上で成り立っているが, A および M_ϕ は連続であるから, 連続性による拡張でも等号は変わらない. 故に公式 (11.5) は $L^2(S, \mu)$ 上の等式として正しい. すなわち, A は $L^2(S, \mu_{A,v})$ 上の掛け算作用素 M_ϕ にユニタリー同値である. A が巡回ベクトルを持つ場合の定理 11.28 はこれで証明された.

11.4.6. 正規作用素のスペクトル測度 掛け算作用素型のスペクトル分解定理の証明に使った方法を利用して正規作用素 A のスペクトル測度を構成しよう. 方法は自己共役作用素やユニタリー作用素の場合とまったく同じである.

複素平面 $\mathbb{C}$ 上の有界なボレル関数の全体を $B(\mathbb{C})$ と書く. 任意の $f \in B(\mathbb{C})$ に対し作用素 $f(A)$ を

$$\text{(11.6)} \qquad (f(A)x \mid x) = \int_{\sigma(A)} f(s) \, d\mu_{A,x}(s) \qquad (x \in H)$$

で定義する．詳細は自己共役作用素の場合と同様であるから省略する．さて，$\mathfrak{B}(\mathbb{C})$ を複素平面 $\mathbb{C}$ のボレル部分集合の全体とする．任意の $\omega \in \mathfrak{B}(\mathbb{C})$ に対し H 上の作用素 $E(\omega)$ を

$$(11.7) \qquad (E(\omega)x \mid x) = \int \mathbb{1}_\omega(s) \, d\mu_{A,x}(s)$$

で定義する．このとき次がわかる．

定理 11.31 $E(\omega)$ $(\omega \in \mathfrak{B}(\mathbb{C}))$ は H 上の直交射影で次を満たす：

(a) $E(\emptyset) = 0$, $E(\mathbb{C}) = I$,

(b) $\{\omega_n \mid n \geq 1\} \subset \mathfrak{B}(\mathbb{C})$ が互いに素ならば，作用素の強収束の意味で

$$E\left(\bigcup_{n=1}^\infty \omega_n\right) = \sum_{n=1}^\infty E(\omega_n).$$

(c) $E(\sigma(A)) = I$. すなわち，E はコンパクトである．

この定理で構成した関数 E を A の**スペクトル測度**と呼ぶ．

注意 11.32 ボレル関数 $f \in B(\mathbb{C})$ への代入 $f(A)$ を掛け算作用素 M_ϕ ((6.9) 参照) によって定義するには $V^{-1}f(A)V = M_{f \circ \phi}$ とすればよい．また，A の直交射影値のスペクトル測度については $V^{-1}E(\omega)V = M_{\mathbb{1}_\omega \circ \phi}$ となる．これらについては自己共役作用素の場合の説明がそのまま当てはまる．

我々は自己共役作用素の場合と同様に古典的な次の結果を示すことができる．

定理 11.33 $\mathbb{C}$ 上の本質的に有界な複素数値ボレル可測関数 $f(z)$ に対して

$$(11.8) \qquad f(A) = \int f(z) \, dE(z)$$

が成り立つ．特に $f(z) = z$ として次が成り立つ：

$$(11.9) \qquad A = \int z \, dE(z).$$

演習問題

11.1 $\mathbb{Z}$ のフーリエ環 $\ell^1(\mathbb{Z})$ について次を証明せよ：

(1) すべての $f \in \ell^1(\mathbb{Z})$ に対し $f^*(n) = \overline{f(-n)}$ $(n \in \mathbb{Z})$ と定義すれば，$f \mapsto f^*$ は $\ell^1(\mathbb{Z})$ の対合で $\|f^*\| = \|f\|$ を満たすことを示せ．

(2) $\ell^1(\mathbb{Z})$ のすべての指標 ϕ は $*$ 準同型である. すなわち, すべての $\phi \in \Delta(\ell^1(\mathbb{Z}))$ に対して $\phi(f^*) = \overline{\phi(f)}$ $(f \in \ell^1(Z))$ が成り立つことを示せ.

11.2 対合 $*$ が $\|x\|^2 \le \|x^*x\|$ を満たすバナッハ環 $\mathscr{A}$ は C^* 環であることを示せ.

11.3 $C(S)$ をコンパクト・ハウスドルフ空間 S 上の複素数値連続関数全体のなすバナッハ環 (例 9.6) として次を証明せよ.

(1) $\mathscr{I}$ を $C(S)$ の任意の真イデアルとすれば, $\mathscr{I}$ のすべての元に共通する零点が存在する.

(2) $C(S)$ のイデアル $\mathscr{I}$ が極大であるための必要十分条件は $\mathscr{I}$ が S のある一点 x_0 で零となる関数の全体からなること, すなわち

$$\mathscr{M}_{x_0} = \{ f \in C(S) \mid f(x_0) = 0 \}$$

の形をしていることである.

(3) 任意の $x_0 \in S$ に対し, 極大イデアル $\mathscr{M}_{x_0}$ に対応する指標 ϕ_{x_0} は $\phi_{x_0}(f) = f(x_0)$ $(f \in C(X))$ に等しい.

11.4 $\mathscr{A} = C(S)$ は前問と同様として次を示せ:

(1) F を S の閉部分集合とすると,

$$\mathscr{I}_F = \{ f \in \mathscr{A} \mid f(x) = 0 \ (x \in F) \}$$

は $\mathscr{A}$ の閉イデアルである.

(2) $\mathscr{A}$ の任意の閉イデアル $\mathscr{I} \ne \mathscr{A}$ に対し $\mathscr{I}$ の元の共通の零点の全体を F とおけば, $F \ne \emptyset$ かつ $\mathscr{I} = \mathscr{I}_F$ が成り立つ.

11.5 C^* 環の自己共役元 $a \in \mathscr{A}$ について次は同値であることを示せ:

(a) a は正である.

(b) すべての正数 $t \ge \|a\|$ に対して $\|a - te\| \le t$.

(c) 正数 $t \ge \|a\|$ で $\|a - te\| \le t$ を満たすものが存在する.

11.6 Σ を $\mathbb{C}$ の任意の閉部分集合とし, Σ を台とする確率測度を μ について二乗可積分関数の作るヒルベルト空間を $L^2 = L^2(\mu)$ と書く. $\varphi(\lambda) = \lambda$ $(\lambda \in \Sigma)$ とおく.

(1) Σ を台とする確率測度 μ の実例を作れ.

(2) 掛け算作用素 T_φ を次で定義する:

$$T_\varphi f(\lambda) = \varphi(\lambda)f(\lambda) \quad (f \in \mathcal{D}(T_\varphi) = \{ f \in L^2 \mid \varphi(\lambda)f(\lambda) \in L^2 \}).$$

このとき, T_φ は L^2 上で稠密に定義された閉作用素であることを示せ.

(3) T_φ の共役は φ の複素共役 $\overline{\varphi(\lambda)}$ による掛け算作用素 $T_{\bar\varphi}$ に等しいことを示せ.

(4) T_φ は正規作用素で $\sigma(T_\varphi) = \Sigma$ であることを示せ.

付 録

A.1. リースの表現定理

リースの表現定理はリース・マルコフ・角谷の表現定理とも呼ばれる。これは連続関数のバナッハ空間の双対空間を特定するもので、関数解析の基本定理の一つである。ここでは $\mathbb{R}$ 上の関数に限って説明する。

A.1.1. リースの表現定理 S を数直線の有界閉集合とする。$C(S)$ を S 上の複素数値連続関数の全体に一様ノルム

$$\|f\| = \sup\{\,|f(t)| \mid t \in S\,\} \qquad (f \in C(S))$$

をつけたバナッハ空間とする。L を $C(S)$ の双対空間 $C(S)'$ の元とする。すなわち、$L\colon C(S) \to \mathbb{C}$ は

$$L(\alpha f + \beta g) = \alpha L(f) + \beta L(g) \qquad (f, g \in C(S),\, \alpha, \beta \in \mathbb{C}),$$
$$\|L\| = \sup\{\,|L(f)| \mid \|f\| \le 1\,\} < \infty$$

を満たすものとする。$C(S)$ 上の線型汎関数 L がすべての非負の $f \in C(S)$ に対して $L(f) \ge 0$ を満たすとき、L は正値であるという。正値の L は必ず有界である。リースの表現定理は正値線型汎関数の特徴を述べたものである。

定理 A.1 (リースの表現定理) $C(S)$ 上の任意の正値線型汎関数 L に対し S 上の正のボレル測度 μ で次を満たすものが唯一つ存在する:

$$L(f) = \int_S f(t)\,d\mu(t) \qquad (f \in C(S)).$$

この定理はスチルチェス積分の言葉でも言い表すことができる。以下これを説明する。

205

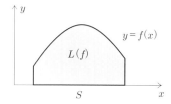

図 **A.1** リースの表現定理はスチルチェス積分の形で言い表せば次の通り：$C(S)$ 上の正値線型汎関数 L に対し, 正値関数 f に対する値 $L(f)$ がちょうどグラフ $y = f(x)$ の下の面積に等しくなるような S の長さの測り方がある.

A.1.2. 直線上のボレル測度 数直線 $\mathbb{R}$ 上のボレル集合を定義する.

定義 A.2 $\mathbb{R}$ の部分集合の族 $\mathfrak{B}$ は次の性質を満たすとする：
(B$_1$) $\mathfrak{B}$ はすべての開区間を含む.
(B$_2$) $A \in \mathfrak{B}$ ならば $\complement A \in \mathfrak{B}$, ただし $\complement A$ は A の補集合を表す.
(B$_3$) 任意の可算列 $A_1, A_2, \ldots \in \mathfrak{B}$ に対して $\cup_{k=1}^{\infty} A_k \in \mathfrak{B}$.
(B$_4$) $\mathfrak{B}$ は (B$_1$), (B$_2$), (B$_3$) を満たす $\mathbb{R}$ の部分集合の族の中で最小である.
上の条件で規定される集合族 $\mathfrak{B}$ を $\mathfrak{B}(\mathbb{R})$ と書き, $\mathfrak{B}(\mathbb{R})$ の元を $\mathbb{R}$ の**ボレル集合**と呼ぶ.

一般にある集合 X の部分集合の族 $\mathfrak{B}$ が条件 (B$_2$), (B$_3$) を満たすとき, X 上の σ 加法族という. 従って, $\mathfrak{B}(\mathbb{R})$ はすべての開集合を含む $\mathbb{R}$ 上の σ 加法族の中で最小のものである. さて, このボレル集合は数直線 $\mathbb{R}$ の部分集合の中で長さの測れるものという特徴を持っている. 我々は長さを測る物指を測度と呼ぶ.

定義 A.3 $\mathfrak{B}(\mathbb{R})$ 上で定義された広義実数値関数 μ で条件
(a) すべての $A \in \mathfrak{B}(\mathbb{R})$ に対して $0 \leq \mu(A) \leq +\infty$, $\mu(\emptyset) = 0$,
(b) 互いに素な可算列 $A_1, A_2, \ldots \in \mathfrak{B}(\mathbb{R})$ に対して
$$\mu\left(\bigcup_{k=1}^{\infty} A_k\right) = \sum_{k=1}^{\infty} \mu(A_k),$$
(c) $A \in \mathfrak{B}(\mathbb{R})$ が有界ならば $\mu(A) < \infty$
を満たすものを $\mathbb{R}$ 上の**ボレル測度** (正確には, 正のボレル測度) と呼ぶ.

このような測度 μ が $\mu(\mathbb{R}) < \infty$ を満たすとき, μ は有限であるという. 二つの測度 μ_1, μ_2 の少なくとも一つが有限ならば, $\mu(A) = \mu_1(A) - \mu_2(A)$ と定義することにより, 符号つき測度が定義される. さらに, 有限な測度の複素一次結合を作ることにより, 複素数を値とする測度が考えられる. 一方, 定義域を $\mathbb{R}$ の (ボレル) 部分集合 S に制限することにより S 上のボレル測度が定義される. 例えば, S を $\mathbb{R}$ の有界閉集合とするとき, S に含まれる $\mathbb{R}$ のボレル集合の全体を $\mathfrak{B}(S)$ と表す. ボレル測度の上の定義

で $\mathfrak{B}(\mathbb{R})$ を $\mathfrak{B}(S)$ で置き換えたものを S 上のボレル測度と呼ぶ. S 上の符号つき測度,複素測度も同様に定義される.

A.1.3. 線分の長さとボレル測度　上の抽象的な定義だけでは測度とはどんな物指なのか見当がつかないであろう. これを具体的に表す方法の一つは $\mathbb{R}$ 上の線分の長さを観察することである. 数直線上の区間 $[\alpha, \beta]$ の通常の長さは座標の差 $\beta - \alpha$ である. これは $\mathbb{R}$ 上の座標関数 $F(t) = t$ を使って

$$[\alpha, \beta] \text{ の長さ} = F(\beta) - F(\alpha) = \beta - \alpha$$

のように計算される. F として別の関数を使えば違った長さの測り方ができる. これがスチルチェス積分に出てくる考え方で, 上のボレル測度はこの見方で説明できる.

さて, F を $\mathbb{R}$ 上の一般の「座標関数」とする. 我々が必要な F の特徴は実数値関数であって線分の長さが負にならないことである. 式で書けば

$$\alpha < \beta \implies F(\alpha) \leq F(\beta).$$

これを単調非減少という. この場合は, すべての t において右側と左側の極限が存在する. このような関数の一意性を保証するため, $F(t)$ はどちらかの極限値に等しいとする. これが右または左側の連続性である. ここでは右側の連続性を要請する:

$$F(t) = F(t^+) = \lim_{\varepsilon \searrow 0} F(t + \varepsilon) \qquad (\forall\, t \in \mathbb{R}).$$

このとき, $\mathbb{R}$ 上の一般座標関数 $F(t)$ と $\mathbb{R}$ 上のボレル測度の関係は次で与えられる:

定理 A.4　μ が $\mathbb{R}$ 上のボレル測度ならば, $\mathbb{R}$ 上の右連続な単調非減少関数 $F(t)$ で任意の有限な α, β $(\alpha < \beta)$ に対して $\mu((\alpha, \beta]) = F(\beta) - F(\alpha)$ を満たすものが存在する. このような F は定数の差を別として一意である.

逆に, $F(t)$ $(t \in \mathbb{R})$ を $\mathbb{R}$ 上の右連続な単調非減少関数とするとき, 任意の有限区間 $(\alpha, \beta]$ に対して $\mu((\alpha, \beta]) = F(\beta) - F(\alpha)$ を満たす $\mathbb{R}$ 上のボレル測度 μ が一意に存在する. この μ を μ_F と表し, F に同伴する**ルベーグ・スチルチェス測度**と呼ぶ.

簡単に説明する. まず, ボレル測度 μ が与えられたとき,

$$F(t) = \begin{cases} \mu((0, t]) & (t > 0), \\ 0 & (t = 0), \\ -\mu((t, 0]) & (t < 0) \end{cases}$$

とおけば, F は求める性質

$$\mu((\alpha, \beta]) = F(\beta) - F(\alpha) \qquad (-\infty < \alpha < \beta < \infty)$$

を持つ．定数差を別としての一意性は明らかである．

逆に，単調非減少な F が与えられたときこれに同伴するルベーグ・スチルチェス測度を作るのは簡単ではないので，興味を持つ読者のために筋道だけを述べる．

(a)　$\mathbb{R}$ 上の半開区間 $(\alpha, \beta]$, $(-\infty, \beta]$, (α, ∞) の全体と $\emptyset$ からなる集合体 $\mathfrak{A}_1$ 上の前測度 μ_0 を $\mu_0((\alpha, \beta]) = F(\beta) - F(\alpha)$, $\mu_0((\alpha, \infty)) = F(\infty) - F(\alpha)$, $\mu_0((-\infty, \beta]) = F(\beta) - F(-\infty)$ および $\mu_0(\emptyset) = 0$ を条件として構成する．

(b)　前測度 μ_0 が構成できれば，これはカラテオドリの拡張定理によって $\mathfrak{B}(\mathbb{R})$ 上の測度に一意に拡張される．これが F に同伴するルベーグ・スチルチェス測度である．

なお，$\mathbb{R}$ 上のボレル測度は必ず正則であるから，開区間の測度 (長さ) がわかれば全体がわかるはずであるとはいえる (演習問題 1.7 参照)．

A.1.4. リースの表現定理の証明　リースの表現定理は [**B3**, 第 8 章] で実数値連続関数の空間の場合に詳しく説明した．ここでは複素数値関数とのつながりだけを述べる．

定理 A.1 の証明　$C_{\mathbb{R}}(S)$ を $C(S)$ の中の実数値関数の全体とする．これは実数をスカラーとするバナッハ空間である．L の $C_{\mathbb{R}}(S)$ への制限を L_0 と書く．L_0 は $C_{\mathbb{R}}(S)$ 上の正値の線型汎関数である．ところが，$C_{\mathbb{R}}(S)$ の元は正値関数の差として表されるから，L_0 は実数値である．実数値関数に対するリースの表現定理 ([**B3**, 定理 8.19]) により

$$L_0(f) = \int_S f(t) \, d\mu(t) \qquad (f \in C_{\mathbb{R}}(S))$$

を満たす正のボレル測度 μ が唯一つ存在する．任意の $f \in C(S)$ に対しては $f = f_1 + i f_2$ ($f_1, f_2 \in C_{\mathbb{R}}(S)$) と書くとき，次にようにして定理が証明される：

$$\begin{aligned}
L(f) = L(f_1 + i f_2) &= L(f_1) + i L(f_2) = L_0(f_1) + i L_0(f_2) \\
&= \int_S f_1(t) \, d\mu(t) + i \int_S f_2(t) \, d\mu(t) \\
&= \int_S f(t) \, d\mu(t).
\end{aligned}$$
□

$C(S)$ 上の一般の有界な線型汎関数 L に対しては定理 A.1 は次の形を取る．これもリースの表現定理である．

定理 A.5　$C(S)$ 上の任意の有界線型汎関数 L に対し S 上の複素ボレル測度 μ で次を満たすものが唯一つ存在する：

$$L(f) = \int_S f(t) \, d\mu(t) \qquad (f \in C(S)).$$

A.2. ベクトル値正則関数

バナッハ空間に値を取る正則関数の取り扱い方についてその基本を説明する．そのため，まずゲルファント・ペッティス積分について述べる．証明はここでは述べない．

A.2.1. 極集合 ベクトル空間 X と Y は双一次形式 $\langle\,,\,\rangle$ に関して双対系をなすとする（§1.2.6 参照）．$A \subseteq X$ が空でない部分集合のとき，すべての $x \in A$ に対して

$$\text{(A.1)} \qquad \qquad \operatorname{Re}\langle x, y\rangle \geq -1$$

を満たす $y \in Y$ 全体の集合を A の**極集合**と呼び A° と書く．また，$B \subseteq Y$ が空でないとき，B の極集合 B° をすべての $y \in B$ に対して (A.1) を満たす $x \in X$ 全体の集合と定義する．A または B が円型のとき（A が円型とは $\alpha \in \mathbb{K}$ が $|\alpha| \leq 1$ ならば $\alpha A \subseteq A$ を満たすこと），条件 (A.1) は次と同等である：

$$\text{(A.2)} \qquad \qquad |\langle x, y\rangle| \leq 1.$$

なお，条件 (A.1) の代わりに条件 (A.2) を使って定義した極集合を絶対極集合と呼ぶ．

補題 A.6 任意の空でない $A \subseteq X$ に対して A の極集合（絶対極集合）A° は Y の凸集合（絶対凸集合）でかつ弱位相 $\sigma(Y, X)$ について閉である．

定理 A.7（双極定理） 空でない $A \subset X$ に対し $A^{\circ\circ}$ は $A \cup \{0\}$ を含む X の最小の $\sigma(X, Y)$ 閉部分集合である．もし A が円型ならば，$A^{\circ\circ}$ は A を含む最小の $\sigma(X, Y)$ 閉絶対凸集合である．

A.2.2. ゲルファント・ペッティス積分 M を局所コンパクト空間とし，μ を M 上のラドン測度とする．M 上で定義されバナッハ空間 X に値を取る関数 f が**弱可積分**であるとは，すべての $x' \in X'$ に対して M 上の関数 $\xi \mapsto \langle f(\xi), x'\rangle$ が μ 可積分であることをいう．この条件が成り立つとき，積分

$$\int_M \langle f(\xi), x'\rangle \, d\mu(\xi)$$

は x' の一次形式として，X' 上の線型汎関数を表す．これを

$$I_f = \int_M f(\xi) \, d\mu(\xi)$$

と表し，f の**ゲルファント・ペッティス積分**と呼ぶ．左辺の I_f も右辺の積分も上の汎関数を表す単なる記号である．ここでは，X' 上の一般の（すなわち，連続性などを条件に入れない）線型汎関数を考えたが，X' 上のすべての線型汎関数のなすベクトル空間を X' の代数的双対空間と呼んで X'^* と書く．これについては次が成り立つ：

補題 A.8　X の元を X' 上の線型汎関数, すなわち $X \subseteq X'^*$, と見なすとき, 弱位相 $\sigma(X'^*, X')$ に関する X の閉包は全空間 X'^* に等しい. 換言すれば, X の弱位相 $\sigma(X, X')$ に関する完備化 $\widehat{X}_\sigma$ は X' 上のすべての線型汎関数の空間 X'^* に等しい.

これにより $I_f \in X'^* = \widehat{X}_\sigma$ がわかったが, さらに詳しく調べる.

補題 A.9　正測度 μ が有界ならば,

$$I_f = \int f(\xi)\, d\mu(\xi) \in \|\mu\|_1 \cdot K$$

が成り立つ. ただし, $\|\mu\|_1$ は μ のノルムであり, K は f の値域の $\widehat{X}_\sigma$ 内での弱閉凸包 (一般の有界な μ のときは, 弱閉絶対凸包) である (定理 A.7 参照).

さて, 我々の関心はいつ I_f が X に属するかであるが, バナッハ空間の特殊性は次のマズールの定理が成り立つことにある.

定理 A.10 (マズール)　X をバナッハ空間とする. X のコンパクト部分集合 A の閉凸包はコンパクトである. さらに, A の閉絶対凸包もコンパクトである ([**B9**, 416 頁]).

これと補題 A.9 より次が得られる.

補題 A.11　f はバナッハ空間 X に値を取りコンパクト台を持つ連続関数, μ は任意とすると, f は弱可積分であってそのゲルファント・ペッティス積分 I_f は X に属する.

A.2.3. ベクトル値正則関数　バナッハ空間に値を取る正則関数を定義しその基本性質を簡単に述べる. 以下で利用する積分はゲルファント・ペッティス積分である.

定義 A.12　X をバナッハ空間, $O \subset \mathbb{C}$ を開集合とし, $f \colon O \to X$ とする.

(a)　f が正則であるとは, すべての $x' \in X'$ に対して, 複素数値の関数 $z \mapsto \langle f(z), x' \rangle$ $(x' \in X')$ が O 上で正則であることをいう.

(b)　f が弱微分可能であるとは, すべての $x' \in X'$ に対して

$$\langle g(z), x' \rangle = \frac{d}{dz} \langle f(z), x' \rangle \qquad (z \in O)$$

を満たす $g \colon O \to X$ が存在することをいう.

(c)　f が微分可能であるとは, すべての $z \in O$ において

$$\lim_{w \to z} \frac{1}{w-z} \cdot (f(w) - f(z))$$

がノルム収束の意味で存在することをいう.

(d)　f が強正則であるとは, O の各点の近傍で f がノルム収束する X 係数の冪級数で表されることをいう.

A.2 ベクトル値正則関数 211

定理 A.13 f を複素平面の開集合 O 上で定義されバナッハ空間 X に値を取る関数とする. このとき次の三性質は同値である:

(a) $f(z)$ は O 上で正則である.

(b) $f(z)$ は弱連続であり, O 内の長さのある単純閉曲線 Γ でその内部も O に含まれるものに対し次が成り立つ:

$$(A.3) \qquad \int_\Gamma f(z)\,dz = 0.$$

(c) $f(z)$ は弱連続であり, O 内の長さのある単純閉曲線 Γ でその内部も O に含まれるものとすると Γ の内側のすべての点 z に対し次が成り立つ:

$$(A.4) \qquad f(z) = \frac{1}{2\pi i} \int_\Gamma \frac{f(\zeta)\,d\zeta}{\zeta - z}.$$

次に弱微分可能性等を考える. これらは X がバナッハ空間の場合には以上と同等であるが, 一般の局所凸空間の場合には追加の条件が必要になることを注意しておく.

定理 A.14 前定理の条件は次のそれぞれと同値である:

(d) $f(z)$ は O で弱微分可能である.

(e) $f(z)$ は無限回強微分可能であり, $z \in O$ に対して次が成り立つ:

$$(A.5) \qquad f^{(n)}(z) = \frac{n!}{2\pi i} \int_\Gamma \frac{f(\zeta)}{(\zeta - z)^{n+1}}\,d\zeta. \qquad (n = 0, 1, \dots)$$

(f) すべての $z \in O$ の周りで, テイラー展開

$$(A.6) \qquad f(z+h) = \sum_0^\infty a_n h^n \qquad (a_n = \frac{1}{n!} f^{(n)}(z))$$

が成り立つ. ここで, r を z から $\mathbb{C} \setminus O$ までの距離より小さい任意の正数とするとき, 右辺の級数は $|h| \leq r$ に対して一様に収束する. 逆に, f が O の各点 z の周りで十分小さい h に対して上のような展開が弱収束するならば, f は O で正則である.

出典のグロタンディク [**13**] には局所凸空間に値を取る関数に対する詳細な議論があるが, ここでは値をバナッハ空間に限定した.

略解とヒント

第 1 章　演習問題　(18 頁)

1.1　距離の 3 性質を検証する．三角不等式の証明には，$f(t) = \dfrac{t}{1+t}$ $(t > 0)$ とおいて，$f(t)$ が単調増加でありかつ $f(t_1 + t_2) \leq f(t_1) + f(t_2)$ を満たすことを利用する．

1.2　ノルムの 3 条件を検証すればよい．

1.3　(1)　図を描いてみよ．

(2)　$f(t) = e^t$ に (1) を適用すればよい．

(3)　(2) で $s = p \log a$, $t = q \log b$ とおけばよい．

(4)　各 i について (3) を適用して加えれば，$\sum_{i=1}^{n} a_i b_i \leq \dfrac{1}{p} \sum_{i=1}^{n} a_i^p + \dfrac{1}{q} \sum_{i=1}^{n} b_i^q$ を得るから，a_i, b_i をそれぞれ a_i/c, b_i/d $(c, d$ は一定数$)$ として右辺を変形してみよ．

1.4　$x + y = 0$ ならば自明であるから $x + y \neq 0$ を仮定する．$x = (\alpha_1, \ldots, \alpha_n)$, $y = (\beta_1, \ldots, \beta_n)$ とするとき

$$\|x + y\|_p^p = \sum_{i=1}^{n} |\alpha_i + \beta_i|^p \leq \sum_{i=1}^{n} (|\alpha_i| + |\beta_i|) |\alpha_i + \beta_i|^{p-1}$$
$$= \sum_{i=1}^{n} |\alpha_i| |\alpha_i + \beta_i|^{p-1} + \sum_{i=1}^{n} |\beta_i| |\alpha_i + \beta_i|^{p-1}$$

と変形してそれぞれにヘルダーの不等式を適用すればよい．

1.5　$\|x\|_p$ の定義から $x = (\alpha_1, \ldots, \alpha_n)$ として

$$\|x\|_\infty^p \leq \|x\|_p^p = \|x\|_\infty^p \sum_{i=1}^{n} \frac{|\alpha_i|^p}{\|x\|_\infty^p} \leq n \|x\|_\infty^p$$

と変形してから，p 乗根を取って $p \to \infty$ とすればよい．

略解とヒント

1.6 ヒルベルト空間の正規直交基底の性質を復習すればわかる.

1.7 $\mu > 0$ として証明すれば十分である. Σ によりボレル集合 $A \subset X$ で

$$\mu(A) = \sup\{\,\mu(F) \mid A \supset F \text{ は閉集合}\,\} = \inf\{\,\mu(G) \mid A \subset G \text{ は開集合}\,\}$$

を満たすものの全体とする. もし A が閉集合ならば $A = \cap_{n=1}^{\infty} G_n$ を満たす開集合の単調減少列 G_n が存在するから, Σ はすべての閉集合を含む. Σ は補集合を取る演算で閉じているから Σ はすべての開集合を含む. また Σ は可算個の合併について閉じているから, Σ はすべてのボレル集合を含む. 故に, すべてのボレル測度は正則である.

第 2 章　演習問題　(29 頁)

2.1 (1) $x \mapsto \langle x, y' \rangle$ は線型であるから T も同様. ノルムは定義に従って計算する.

(2) $T'x' = \langle y, x' \rangle y'$ $(x' \in X')$.

2.2 (1) 線型であることは定義に従って計算すればよい.

(2) $\mathcal{R}(S) = \{\, x = (\alpha_n) \in \ell^1(\mathbb{N}) \mid \alpha_1 = 0 \,\}$, $\mathcal{N}(S) = \{0\}$, $\|S\| = 1$.

(3) $S'(y) = (\beta_2, \beta_3, \dots)$ $(y = (\beta_1, \beta_2, \dots) \in \ell^{\infty}(\mathbb{N}))$.

2.3 T は後方移動作用素 $S: x(n) \mapsto x(n+1)$ と有界数列 m による掛け算作用素の合成であるから有界線型作用素である. T' は m による掛け算作用素と移動作用素の合成.

2.4 一様有界性の原理を用いて $\{\|A_n\|\}$ は有界であることを示せ.

2.5 (a) $\implies$ (b) は簡単. (b) $\implies$ (a) は $(P+Q)^2 = P+Q$ から $PQ = -QP$ がわかる. ところが, $QP = QP^2 = (QP)P = (-PQ)P = -P(QP) = -P(-PQ) = P^2Q = PQ$. 故に, $PQ = QP = 0$.

2.6 (a) を仮定すると, 任意の $x \in H$ に対し $Px \in PH \subseteq QH$ より $QPx = Px$ などから $P = QP = PQ$ がわかる. すなわち, (b) が成り立つ. (b) ならば P と $Q - P$ は互いに直交する射影であるから, $(Px \mid x) \leq (Qx \mid x)$ は簡単な計算である. よって, (c) が成り立つ. 最後に (c) を仮定すると, 任意の $x \in PH$ に対して $\|x\|^2 = (Px \mid x) \leq (Qx \mid x) = \|Qx\|^2$ より $Qx = x$ となって (a) を得る.

2.7 (1) 形式的な計算である.

(2) $|\phi(x,y)| = |(Tx \mid y)| \leq \|Tx\|\|y\| \leq \|T\|\|x\|\|y\|$ より $\|T\|$ は求める性質を持つ K の一つである. さらに $\|T\|$ はこのような任意の数 K よりも大きくない.

2.8 有界な双一次形式 $\phi(x,y)$ に対して $\phi(x,y) = (Tx \mid y)$ を満たす作用素 T が存在することは定理 2.16 で示した. 残りは対称性を作用素 T で表現してみればわかる.

2.9 (1) $\|T_n x - Tx\| \leq \|T_n - T\|\|x\|$ からわかる.

(2)　$|\langle T_n x,\, x'\rangle - \langle Tx,\, x'\rangle| \leq \|T_n x - Tx\|\|x'\|$ $(x \in X,\, x' \in X')$ よりわかる.

2.10　数列を使って T_n 等を具体的に書いてみればわかる.

第 3 章　演習問題　(45 頁)

3.1　簡単なので省略する.

3.2　m は有界であるから, その値域の閉包 $\overline{m(\mathbb{N})}$ は有界閉集合である. もし $\lambda \notin \overline{m(\mathbb{N})}$ ならば $\lambda \in \rho(T)$ である. もし $m(\mathbb{N})$ が閉集合ならば $\sigma(T) = \sigma_p(T) = m(\mathbb{N})$. また, $m(\mathbb{N})$ が閉集合でなければ, $\sigma_p(T) = m(\mathbb{N})$, $\sigma_r(T) = \overline{m(\mathbb{N})} \setminus m(\mathbb{N})$. 実際, $\lambda \in \overline{m(\mathbb{N})} \setminus m(\mathbb{N})$ ならば $\overline{\mathcal{R}(\lambda I - T)}$ は $(1, 1, \dots)$ を含まない. どちらの場合でも $\sigma(T) = \overline{m(\mathbb{N})}$ かつ $\sigma_c(T) = \emptyset$.

3.3　$\rho(T) = \mathbb{C} \setminus \overline{m(\mathbb{N})}$, $\sigma_p(T) = m(\mathbb{N})$ であることは問題 3.2 と同様である. $m(\mathbb{N})$ が閉集合でない場合は, $\sigma_c(T) = \overline{m(\mathbb{N})} \setminus m(\mathbb{N})$ かつ $\sigma_r(T) = \emptyset$.

3.4　(1)　この場合は $I - ST$ と $I - TS$ の逆作用素はノイマン級数で表されるから, 問題の等式は簡単な計算でわかる.

　　(2)　この場合はノイマン級数は使えないが, (1) の等式の左辺は仮定により存在するからそれと $I - ST$ を掛けてみればよい.

　　(3)　これは (2) の性質を言い換えただけである.

3.5　$\ell^2(\mathbb{N})$ の元の具体的な表示を使って S^*S と SS^* を表してみればわかる.

3.6　(1)　$(S - \lambda I)x = 0$, $x = (\alpha_1, \alpha_2, \dots)$, として計算すれば $x = 0$ となるから.

　　(2)　(1) により $S - \lambda I$ は一対一であるから, $\lambda \in \sigma_r(S)$ であるためには $\mathcal{R}(S - \lambda I)$ と直交する零でないベクトルがあることが必要十分である. この計算をすればよい.

　　(3)　$\|S\| = 1$ であるから, S のスペクトルは閉単位円板に含まれる. さらに, スペクトル $\sigma(S)$ は閉集合であることと (1), (2) から $\sigma_c(S) = \{|\lambda| = 1\}$ がでる.

3.7　(1)　S は可逆で等長であるからユニタリー作用素である.

　　(2)　この場合も $\sigma_p(S) = \emptyset$. 次に任意に $\lambda \in \mathbb{T}$ を取る. まず, $(S - \lambda I)x = e_1$ $(x = (\xi_n))$ を解いてみれば, $S - \lambda I$ が全射ではないことがわかる. さらに, $\mathcal{R}(S - \lambda I)$ に直交する零でないベクトルがあれば $\bar{\lambda} \in \sigma_p(S^*)$ となって最初の注意に矛盾する.

第 4 章　演習問題　(63 頁)

4.1　A が相対コンパクト, すなわち $\bar{A}$ はコンパクトであるとすると, 任意の $\varepsilon > 0$ に対して $\bar{A} \subset \bigcup B(x_i; \varepsilon/2)$ を満たす有限個の点 $x_i \in \bar{A}$ が存在する. A は $\bar{A}$ で周密であるから x_i に近い $y_i \in A$ を選んで $A \subset \bigcup B(y_i; \varepsilon)$ とできる. 故に A は前コンパ

略解とヒント 215

クトである. 逆はもし X が完備ならば $\bar{A}$ は完備でかつ前コンパクトであることがわかる. よって $\bar{A}$ はコンパクトである ([**B2**, 演習問題 37.3] 参照).

4.2 (1) $T: X \to Y$ が有界でないならば, $n = 1, 2, \ldots$ に対し X の単位ベクトル x_n で $\|Tx_n\| \geq n$ となるものが存在する. これから T がコンパクトでないことを導け.

(2) $S, T \subset \mathcal{K}(X, Y)$ とする. $\{x_n\}$ を X の有界点列とするとき, $\{Sx_{n_i}\}$ と $\{Tx_{n_i}\}$ が同時に収束するような部分列 $\{x_{n_i}\}$ を作れば $\{(S+T)x_{n_i}\}_{i=1}^{\infty}$ は収束列となる. また, $S \in \mathcal{K}(X, Y)$ と $\alpha \in \mathbb{C}$ については, 同じ記号で $\{\alpha Sx_{n_i}\}$ は収束列である.

(3) これも定理 4.5 の応用である.

4.3 T がコンパクトならば $m(n) \to 0$ $(n \to \infty)$ であることは T による $\ell^1(\mathbb{N})$ の標準基底 $\{e_n\}$ の像 $\{Te_n\}$ が収束する部分列を含むことからわかる. 実際, $\{Te_{n_k}\}_{k=1}^{\infty}$ を収束部分列とすれば, これはコーシー列であるから, $\|Te_{n_k} - Te_{n_l}\| \to 0$ $(k, l \to \infty)$ となり, $|m(n_k)| \to 0$ を得ることに注意すればよい. 逆に $m(n) \to 0$ $(n \to \infty)$ が成り立つときは T は有限階作用素の極限になるからコンパクトである.

4.4 $n = 1, 2, \ldots$ に対して $T_n(x) = (0, \alpha_1/2, \ldots, \alpha_{n-1}/n, 0, 0, \ldots)$ と定義すれば, T_n は有限階で T はそのノルム極限であるから T はコンパクトである. もし λ が固有値で, $x = (\alpha_n)$ をその固有ベクトルとすれば, $\lambda\alpha_1 = 0, \lambda\alpha_n = \alpha_{n-1}/n$ $(n \geq 2)$ より計算して $x = 0$ となるから, 矛盾である.

4.5 (1) 計算すれば $Kf(s) = \int_0^1 \min\{s, t\} f(t)\, dt$ で, K は正の自己共役である.

(2) 0 でないスペクトルは正の固有値である. λ を 0 でない固有値とし, f をその固有関数とする. $F = Kf$ とおくと, $F'(x) = \int_x^1 f(s)\, ds$ より F は連続微分可能. $F = Kf = \lambda f$ より, F' はもう一度微分できて $F'' = -f$. これを繰り返せばよい.

(3) 上と同様な記号を使えば, $F'' = -f = -\lambda^{-1}F$. さらに, $F(0) = 0, F'(1) = 0$ がわかる. 後は微分方程式の境界値問題となる: $\lambda = (n + 1/2)^{-2}\pi^{-2}$ $(n = 0, 1\ldots)$.

4.6 (1) $f \in L^2$ が $Vf(s) = \int_0^s f(t)\, dt \equiv 0$ $(\forall s)$ を満たすならば $f \equiv 0$ であることを示せばよい.

(2) $f \in C([0, 1])$ ならば, $g(s) = Vf(s) = \int_0^s f(t)\, dt$ は $[0, 1]$ 上で 1 回連続微分可能で $g(0) = 0$ を満たすものの全体であることは微分積分法の基本定理からわかる. このような g は L^2 で稠密であることに注意すればよい.

(3) $Vf(s) = \int_0^s f(t)\, dt$ から帰納的な計算で $V^n f(s) = \int_0^s f(t)\frac{(s-t)^{n-1}}{(n-1)!}\, dt$ を得る. 従って, $\|V^n\| \leq 1/(n-1)!$ がわかるから, ブーリン・ゲルファントの公式により

$$r(V) = \lim_{n \to \infty} \|V^n\|^{1/n} \leq \lim_{n \to \infty} 1/((n-1)!)^{1/n} = 0$$

のように計算する．最後の等号は対数を取って算術平均の極限計算になおせば簡単．

第5章 演習問題 （76頁）

5.1 定義に従って計算すればよい．または，$0 \notin \sigma(A)$ より $f(z) = z^{-1}$ は $\sigma(A)$ の近傍で正則であるからリース・ゲルファント・ダンフォードの関数法が適用できる．

5.2 (1) $s \in \mathscr{P}_{\|T\|}$ の収束半径を R とすると，$R > \|T\|$ であるから，

$$\sum_{n \geq N} \|\alpha_n T^n\| \leq \sum_{n \geq N} |\alpha_n| \|T\|^n \leq \sum_{n \geq N} |\alpha_n| R_1^n \left(\frac{\|T\|}{R_1}\right)^n \leq \sum_{n \geq N} \left(\frac{\|T\|}{R_1}\right)^n < \infty$$

を得るから，$\sum_n \alpha_n T^n$ はノルム収束する．

(2) 多項式では準同型は成り立っているから，ノルム極限を取ってみればよい．

5.3 リース・ゲルファント・ダンフォードの関数法は正則関数法の条件を満たす．逆に，$\Phi \colon \mathscr{H}(T) \to \mathscr{B}(X)$ を任意の正則関数法とする．定義 5.3 の条件 (2) によりすべての多項式 $p(z)$ に対し $p(T)$ は通常の代入と同じである．次に，$f(z)$ を $\mathscr{H}(T)$ に含まれる有理関数とすると，その ($\mathscr{H}(T)$ の元としての) 定義域 $D = \mathscr{D}(f)$ は $f(z)$ の極を含まない．今，$f(z) = p(z)/q(z)$ を互いに素な多項式の商として表せば，$q(z)$ は D で 0 にならないから $q(T)$ は可逆である．定義 5.3 の条件 (1) により $q(T)f(T) = p(T)$ となるから，$f(T) = p(T)q(T)^{-1}$．この表示は $p(z)/q(z) = p_1(z)/q_1(z)$ を満たす同様な多項式 p_1, q_1 に対しても $p(T)q_1(T) = p_1(T)q(T)$ より $p(T)q(T)^{-1} = p_1(T)q_1(T)^{-1}$ となって，$f(T)$ が一意であることがわかる．すなわち，有理関数 $f(z)$ に対して正則関数法で得られる作用素 $f(T)$ は多項式への代入で得られる作用素の商である．最後に，一般の $f \in \mathscr{H}(T)$ を考える．正則関数 $f(z)$ にルンゲの定理 ([**B16**, Theorem 13.9] 参照) により $\mathscr{D}(f)$ の外に極を持つ有理関数の列 $\{r_n(z)\}$ が存在して r_n は f に広義一様に収束することがわかる．正則関数法の条件 (3) により $r_n(T)$ は $f(T)$ にノルム収束する．よって，作用素 $f(T)$ は正則関数法の具体的な構成法とは無関係に定まる．

5.4 (a) $\Longrightarrow$ (b) については，P を $(\ker(W))^{\perp}$ 上への直交射影とすると，任意の $x \in H$ に対し $\|Wx\|^2 = \|WPx\|^2 = \|Px\|^2$ より $(W^*Wx \,|\, x) = (Px \,|\, x)$ が成り立つから．

5.5 W^*W と WW^* はそれぞれ W の始空間および終空間への直交射影であるが，W の定義を考えれば (1) と (2) がわかる．(3) は $W^*T = W^*W|T| = |T|$ と計算する．

第6章 演習問題 （112頁）

6.1 (1) M が T で不変ならば，任意の $x \in H$ に対して $TPx \in M$ より $PTPx = TPx$ となるから $TP = PTP$．逆は簡単なので省略する．

(2) M が T を約するときは，M は T および T^* について不変であるから，$TP = PTP$ かつ $T^*P = PT^*P$．第二式の共役を取れば $PT = PTP$．故に $TP = PT$．

6.2 自己共役作用素のスペクトル判定法 (定理 6.24) を利用すれば簡単である．

6.3 (1) ω_1 と ω_2 が互いに素ならば $E(\omega_1) + E(\omega_2) = E(\omega_1 \cup \omega_2)$ は直交射影であるから，$E(\omega_1)E(\omega_2) = 0$ が成り立つ．これについては演習問題 2.5 を参照せよ．

(2) $\omega_1 = (\omega_1 \setminus \omega_2) \cup (\omega_1 \cap \omega_2)$ などと分解してみよ．

6.4 K への直交射影を P とし，A のスペクトル測度を $E(\omega)$ とする．このときは $PE(\omega)$ は $A|_K$ のスペクトル測度であるから，任意の $x \in K$ に対して

$$(f(A)x \,|\, x) = (f(A)Px \,|\, Px) = \int f(\lambda)\,d\|E(\lambda)Px\|^2 = (f(A|_K)x \,|\, x)$$

が成り立つことからわかる．

6.5 任意の $x \in H$ に対して $\frac{1}{n}\sum_{k=0}^{n-1} U^k x$ の極限を計算する．必要ならば x を含む U に対して二重不変な閉部分空間を H と書くことにより，H は U の巡回ベクトル v を持つと仮定できる．このときは，H に §6.4.4 の記号を適用すれば $S = \sigma(U) \subset \mathbb{T}$ 上の正の正則ボレル測度 μ が一意に存在して，$V : f \mapsto f(U)v$ $(f \in C(\mathbb{T}))$ は $L^2(\mu)$ から H への等長同型写像を引き起こし，さらに $V^{-1}UVf = T_\phi f$ $(f \in L^2(\mu))$ を満たす．ただし，$\phi(e^{it}) = e^{it}$ とする．今，$V^{-1}x = g$ とすれば，極限計算の問題は $h_n = \frac{1}{n}\sum_{k=0}^{n-1} T_\phi^k g$ の $L^2(\mu)$ での収束問題に帰着する．実際計算すると，$|h_n(e^{it})| \le |g(e^{it})|$ であり，

$$h_n(e^{it}) = \frac{1}{n}\sum_{k=0}^{n-1} T_\phi^k g(e^{it}) = \frac{1}{n}\sum_{k=0}^{n-1} e^{ikt} g(e^{it}) = \begin{cases} g(1) & (e^{it} = 1), \\ \dfrac{1}{n} \cdot \dfrac{1 - e^{int}}{1 - e^{it}} g(e^{it}) & (e^{it} \neq 1) \end{cases}$$

が成り立つ．従って，ルベーグ積分の有界収束定理により h_n は $L^2(\mu)$ で $\chi(e^{it})g(e^{it})$ に収束する．ただし，

$$\chi(e^{it}) = \begin{cases} 1 & (e^{it} = 1), \\ 0 & (e^{it} \neq 1) \end{cases}$$

とする．今，$f \in L^2(\mu)$ に対して $T_\phi f = f$ ならば，$e^{it}f(e^{it}) = f(e^{it})$ より $f(e^{it}) = 0$ $(e^{it} \neq 1)$ がわかるから，χ は $L^2(\mu)$ の U 不変な元からなる部分空間への射影を与える．H へ戻れば，$\frac{1}{n}\sum_{k=0}^{n-1} U^k x$ は Px にノルム収束することが示された．なお，$P \neq 0$ と $1 \in \sigma_p(U)$ は同値で，この場合は U のスペクトル族 E_ζ $(\zeta \in \mathbb{T})$ が $\zeta = 1$ で跳びを持つこと，すなわち $\mu(\{1\}) > 0$ であることとも同値である．

6.6 (1) T は可積分関数との畳込みの形式であることを利用した計算をすればよい．

(2) 任意の $n = 1, 2, \ldots$ に対し, $|s-t| \geq 1/n$ に対しては $K_n(s,t) = K(s,t)$ とし他では 0 と定義した截端核 $K_n(s,t)$ を使って $T_n f = \int K_n(s,t)f(t)\,dt$ と定義すれば, T_n はコンパクトで $\|T - T_n\| \to 0$ が得られる.

(3) 定理 6.38 の証明の第 1 段の論法を利用せよ.

第 7 章　演習問題　(134 頁)

7.1 (1) 真部分空間の基底ベクトルに直交するベクトルを作ってみよ.

(2) ワイエルシュトラスの近似定理を応用すればよい.

(3) ノルムの定義に従って計算すればよい.

7.2 $\mathcal{N}(T)$ が部分空間であることは簡単な計算でわかる. $\mathcal{N}(T)$ が閉であることは T のグラフが閉集合であることを利用する.

7.3 まず $(B^{-1})^* = (B^*)^{-1}$ を示す. AB については B^* が単射であることに注意すれば $\mathcal{D}(AB) = B^{-1}(\mathcal{D}(A))$ は稠密であることがわかる. 従って, $(AB)^*$ が定義される. 計算で $(AB)^* \supseteq B^*A^*$ を得る. 次に, $A = (AB)B^{-1}$ と書いて今の結果を使えば, $A^* \supseteq (B^*)^{-1}(AB)^*$ を得るから, B^* を左から掛けて $B^*A^* \supseteq (AB)^*$. 故に $(AB)^* = B^*A^*$. BA については $\mathcal{D}(BA) = \mathcal{D}(A)$ に注意した同様の計算である.

7.4 T が本質的に自己共役ならば, $\overline{T}^* = \overline{T}$. T のグラフは T のグラフの閉包であるから, 両者の共役は一致する. 従って, $T^* \subseteq \overline{T}^* = \overline{T} = T^{**}$ がわかるから, もちろん T^* は対称である. 逆に, T と T^* が対称ならば. $T \subseteq T^* \subseteq T^{**} = \overline{T}$ となって $\overline{T} = T^* = T^{**}$ が得られる. よって, $\overline{T}^* = T^{**} = \overline{T}$. すなわち, $\overline{T}$ は自己共役である.

7.5 まず $n = 2, 3, \ldots$ に対して帰納的に $A^n T \subseteq T A^n$ が成り立つことがわかる. 従って, 任意の多項式に対して $p(A)T \subseteq Tp(A)$ が成り立つ. 次に, $f \in C(\sigma(A))$ に対して多項式の列 $\{p_n\}$ で $\sigma(A)$ 上で一様に f に収束するものを取ると, $\|f(A) - p_n(A)\| \leq \|f - p_n\|_{\sigma(A)} \to 0 \ (n \to \infty)$. 従って, 任意の $x \in \mathcal{D}(T)$ に対して $p_n(A)Tx = Tp_n(A)x$ $(n = 1, 2, \ldots)$ を得る. この左辺については $p_n(A)Tx \to f(A)Tx$. また, 右辺については, $p_n(A) \to f(A)x$ かつ $Tp_n(A) = p_n(A)Tx \to f(A)Tx$. T は閉作用素であるから, $f(A)x \in \mathcal{D}(T)$ かつ $Tf(A)x = f(A)Tx$ が成り立つ. 故に $f(A)T \subseteq Tf(A)$.

7.6 (1) 微分積分法の基本定理を当てはめてみればわかる.

(2) $C([0,1])$ は $L^2([0,1])$ で稠密であるから, V_0 は L^2 連続性によって $L^2([0,1])$ 上の有界作用素に拡張される. それが V であるから, $\boldsymbol{G}(V) = \overline{\boldsymbol{G}(V_0)}$ が成り立つ. 練習問題 4.6 で示したように V は単射で $\mathcal{R}(V)$ は稠密であるから, 逆写像 V^{-1} は稠密

に定義された閉作用素である. $G(D_0) = U(G(V_0)) \subset U(G(V)) = G(V^{-1})$ である
から, D_0 は可閉であり, その閉包は V^{-1} に等しい.

(3) $D = V^{-1}$ であるから, $\mathcal{D}(D) = \mathcal{R}(V) = \{\, f \mid f = Vg, g \in L^2([0,1]) \,\}$ が成
り立つ. 従って, $f \in \mathcal{D}(D)$ は $g \in L^2([0,1])$ によって $f(s) = \int_0^s g(t)\,dt$ と表される
ものの全体である. これを言い換えればよい.

(4) $DV = I$ より 0 は $\sigma(D)$ に含まれない. もし $\lambda \neq 0$ ならば $(\lambda I - D)V = \lambda V - I = -\lambda(\lambda^{-1}I - V)$ であるから, $\sigma(V) = \{0\}$ (練習問題 4.6 参照) に注意すれ
ば右辺は可逆である. よって, $\lambda \notin \sigma(D)$. 故に $\sigma(D) = \emptyset$.

第 8 章　演習問題 (156 頁)

8.1 (a) を仮定すると, すべての k に対して $SH_k \subseteq H_k$ より $SP_k = P_kSP_k$. 直交分
解の定義から, $H_k^\perp$ は $\{\, H_j \mid j \neq k \,\}$ の直和となるから, $I - P_k = \sum_{j \neq k} P_j$. 従って,
$S(I - P_k) = \sum_{j \neq k} SP_j = \sum_{j \neq k} P_jSP_j$. これから $P_kS(I - P_k) = 0$ となり $H_k^\perp$ は
S で不変である. 故に, $SP_k = P_kSP_k = P_kS$. 他は省略する.

8.2 $x \in \mathcal{D}(A)$ ならば $P_kx \in H_k \subseteq \mathcal{D}(A)$ であるから $P_k\mathcal{D}(A) \subseteq \mathcal{D}(A)$. $P_kAx = P_kA\sum_i P_ix = P_k\sum_i AP_ix = \sum_i P_kAP_ix = P_kAP_kx = AP_kx$. 故に $P_kA \subseteq AP_k$.

8.3 (1) $(I - P)\mathcal{D}(A) \subseteq \mathcal{D}(A) - P\mathcal{D}(A) \subseteq \mathcal{D}(A) - \mathcal{D}(A) = \mathcal{D}(A)$.

(2) 任意の $x \in \mathcal{D}(A)$ に対して, $x = Px + (I - P)x$ と分解すればよい.

8.4 (8.7) の右辺で x との内積を作ってから極限を取ればよい. 逆は $\mathcal{D}(\Phi(f))$ が稠密
なことを利用せよ.

8.5 $\mu \in \rho(A)$ ならば $f(\lambda) = (\mu - \lambda)^{-1}$ は $\sigma(A)$ 上では有界であることを利用する.

第 9 章　演習問題 (171 頁)

9.1 (1) $\ell^1(\mathbb{Z})$ のノルムの定義 $\|f\| = \sum_n |f(n)|$ から $|f(n)| \leq \|f\|$ であるから,

$$\sum_n |h(n)| \leq \sum_n |f(n)g(k-n)| \leq \|f\| \sum_n |g(k-n)| = \|f\|\|g\| < \infty.$$

(2) 次のように計算すればよい:

$$\|f * g\| \leq \sum_k \sum_n |f(n)g(k-n)| = \sum_n |f(n)| \sum_k |g(k-n)| = \|f\|\|g\|.$$

(3) 単純な計算問題であるから省略する.

9.2 $m < n$ ならば $\|a^n\| = \|a^m a^{n-m}\| \leq \|a^m\|\|a\|^{n-m}$ であるから, $\|a^n\|/\|a\|^n \leq \|a^m\|/\|a\|^m$ が成り立つ.

9.3 バナッハ環の公理から L_a が $\mathscr{A}$ 上の線型写像であることは明らかである. また, $\|L_a x\| = \|ax\| \leq \|a\| \|x\|$ から L_a は有界で $\|L_a\| \leq \|a\|$ が成り立つ.

9.4 $e - ab \in GL(\mathscr{A})$ とし上の等式の右辺を c とおくと, $(e - ba)c = e = c(e - ba)$ が簡単な計算でわかるから求める結果が得られる. なお, 練習問題 3.4 も参照せよ.

9.5 a は可逆であるから, スペクトル $\sigma(a)$ は 0 を含まない. 今, $\lambda \in \sigma(a)$ とすれば, $\lambda e - a$ は可逆ではない. 従って, これに可逆な元 $\lambda^{-1}a^{-1}$ を掛けた $a^{-1} - \lambda^{-1}e$ も可逆ではない. 従って, $\lambda^{-1} \in \sigma(a^{-1})$ が成り立つ. a と a^{-1} を交換して考えれば, $\mu \in \sigma(a^{-1})$ ならば $\mu^{-1} \in \sigma(a)$ がわかる. よって, 求める結果が得られる.

第 10 章 演習問題 (185 頁)

10.1 ゲルファント変換 $\widehat{a}$ についてはすべての $a \in \mathscr{A}$ に対して $\|\widehat{a^2}\| = \|\widehat{a}\|^2$ であるから $\|a^2\| = \|a\|^2$ は必要である. 逆に $\|a^2\| = \|a\|^2$ がすべての $a \in \mathscr{A}$ に対して成り立つときは, すべての $n = 1, 2, \ldots$ に対して $\|a^{2^n}\| = \|a\|^{2^n}$ となってブーリン・ゲルファント公式により $r(a) = \|a\|$ となって $\|\widehat{a}\| = \|a\|$ がわかる.

10.2 (i, j) 成分だけが 1 で他の成分が全部 0 の行列を E_{ij} と書いて, 行列単位という. このとき, $E_{ij}E_{kl} = \delta_{jk}E_{il}$ (δ_{jk} はクロネッカーのデルタ記号で, $j = k$ ならば 1, $j \neq k$ ならば 0) を利用し, $\{0\}$ でないイデアルはすべての行列単位を含むことを示せ.

10.3 (1) $\|f_\zeta\| = \sum_n |\zeta^n f(n)| = \sum |f(n)| = \|f\| < \infty$ から $f_\zeta \in \ell^1(\mathbb{Z})$. ϕ_ζ が線型汎関数であることは簡単にわかる. 積については次のように計算すればよい.

$$\phi_\zeta(f * g) = \sum_n \zeta^n(f * g)(n) = \sum_n \left(\sum_k \zeta^k f(k) \zeta^{n-k} g(n-k) \right)$$
$$= \sum_k \zeta^k f(k) \left(\sum_n \zeta^{n-k} g(n-k) \right) = \phi_\zeta(f) \phi_\zeta(g).$$

(2) $u, v \in \ell^1(\mathbb{Z})$ を $u(n) = \delta_{n,1}$, $v(n) = \delta_{n,-1}$ ($\delta_{j,k}$ はクロネッカーのデルタ) と定義すると, $u * v = e$ ($e(n) = \delta_{n,0}$ は単位元) となるから, u, v は互いに逆で, $\|u^n\| = \|v^n\| = 1$ を満たす. さて, $\phi \in \Delta(\ell^1(\mathbb{Z}))$ とすると, $\phi(u)\phi(v) = \phi(e) = 1$ であるから, $n \geq 1$ に対して $|\phi(u)|^n = |\phi(u^n)| \leq \|u^n\| = 1$ および $|\phi(u)|^{-n} = |\phi(v)|^n \leq \|v^n\| = 1$ が得られる. 従って, $|\phi(u)| = 1$. 故に, $\phi(u) = \zeta$ とおけば

$$\phi(f) = \sum_n \phi(f(n)u^n) = \sum_n \zeta^n f(n) = \phi_\zeta(f).$$

略解とヒント　　221

(3) $\zeta \mapsto \phi = \phi_\zeta$ が $\mathbb{T}$ から $\Delta(\ell^1(\mathbb{Z}))$ の上への一対一対応であることは構成から明らかである．これが位相同型であることはそれぞれの位相が $\zeta \mapsto \widehat{f}(\zeta)$ および $\phi_\zeta \mapsto \phi_\zeta(f)$ $(= \widehat{f}(\zeta))$ を連続にする位相であるから，位相同型である．

第 11 章　演習問題　(203 頁)

11.1 (1) 定義に従って計算すればよい．

(2) $\ell^1(\mathbb{Z})$ の指標は ϕ_ζ $(\zeta \in \mathbb{T})$ の形であるから，これについて計算する．実際，

$$\phi_\zeta(f^*) = \sum_n \zeta^n f^*(n) = \sum_n \zeta^n \overline{f(-n)} = \sum_n \overline{\zeta^{-n} f(-n)} = \overline{\phi_\zeta(f)}.$$

11.2 まず，$x \neq 0$ とすれば，$\|x\|^2 \leq \|x^*x\| \leq \|x\|\|x^*\|$ より $\|x\| \leq \|x^*\|$ を得る．従って，$x^* \neq 0$ であるから，$\|x^*\| \leq \|x^{**}\| = \|x\|$ となり，$\|x\| = \|x^*\|$ が成り立つ．すなわち，$\mathscr{A}$ は $*$ バナッハ環である．さらに，任意の $x \in \mathscr{A}$ に対して $\|x\|^2 \leq \|x^*x\| \leq \|x\|\|x^*\| = \|x\|^2$ となるから，C^* 等式 $\|x^*x\| = \|x\|^2$ が成り立つ．

11.3 (1) 共通の零点がないと仮定すると，すべての $y \in S$ に対して $f_y \in \mathscr{I}$ が存在して y のある開近傍 U_y で $f_y(x) \neq 0$ を満たす．$\{U_y\}_{y \in S}$ はコンパクト空間 S の開被覆であるから，$S = \bigcup_{k=1}^n U_{y_k}$ を満たす有限個の点 $\{y_k\}_{k=1}^n$ が存在する．ここで

$$g - \sum_{k=1}^n f_{y_k} \overline{f_{y_k}} = \sum_{k=1}^n |f_{y_k}|^2$$

とおく．$\mathscr{I}$ はイデアルであるから $g \in \mathscr{I}$ である．また，各 U_{y_k} 上で $g \geq |f_{y_k}|^2 > 0$ であるから，S 全体で $g \neq 0$ がわかる．従って，$g^{-1} \in C(S)$ であるから，$1 = gg^{-1} \in \mathscr{I}$ となり，$\mathscr{I} = C(S)$ を得る．これは $\mathscr{I}$ が真イデアルということに反する．

(2) 任意の $x_0 \in S$ に対し $\mathscr{M}_{x_0}$ が $C(S)$ のイデアルであることは簡単に検証される．さらに，これが極大であることを示すために，$\mathscr{M}_{x_0} \subseteq \mathscr{I}$ を満たす任意の真イデアル $\mathscr{I}$ を取る．(1) により $\mathscr{I}$ の元は共通の零点 x_1 を持つが，これは x_0 に等しい．もし $x_0 \neq x_1$ ならば，ウリソンの補題により $f \in C(S)$ で $f(x_0) = 0, f(x_1) = 1$ となるものが存在するから，$\mathscr{M}_{x_0}$ は $\mathscr{I}$ に含まれないことになって矛盾である．よって，$\mathscr{I} \subseteq \mathscr{M}_{x_0}$ となって，$\mathscr{I} = \mathscr{M}_{x_0}$ が成り立つ．

(3) 任意の $f \in C(S)$ に対し $\phi_{x_0}(f)$ は同型 $C(S)/\mathscr{M}_{x_0} \cong \mathbb{C}$ で $f + \mathscr{M}_{x_0}$ に対応する複素数であるから，$f + \mathscr{M}_{x_0} = \phi_{x_0}(f) + \mathscr{M}_{x_0}$ を満たす．従って，$f - \phi_{x_0}(f) \in \mathscr{M}_{x_0}$ となるから，$f(x_0) - \phi_{x_0}(f) = 0$. すなわち $\phi_{x_0}(f) = f(x_0)$.

11.4 (1) これは簡単なので省略．

(2) $F \neq \emptyset$ は問題 11.3 (1) で示した. $\mathscr{I} \subseteq \mathscr{I}_F$ は明らかである. 逆を示すため, $f \in \mathscr{I}_F$ $(f \neq 0)$ とする. 任意の正数 ε に対し $U = \{x \in S \mid |f(x)| < \varepsilon\}$ とおくと U は F を含む開集合である. ε が十分小さければ $K = S \setminus U \neq \emptyset$ が成り立つ. $K \cap F = \emptyset$ であるから, 各 $y \in K$ に対し $f(y) \neq 0$ を満たす $f \in \mathscr{I}$ がある. このような f を一つ取って f_y とし, f_y が 0 にならないような y の開近傍を U_y とすると, $\{U_y\}_{y \in K}$ は K の開被覆であるから, 有限個の $y_1, \ldots, y_n \in K$ が存在して $K \subseteq \bigcup_{k=1}^{n} U_{y_k}$. 従って, $g = \sum_{k=1}^{n} f_{y_k} \overline{f_{y_k}} = \sum_{k=1}^{n} |f_{y_k}|^2$ とおけば, $f_{y_k} \in \mathscr{I}$ より $g \in \mathscr{I}$ がわかる. ここで, $m \in \mathbb{N}$ に対して $e_m = g(1/m + g)^{-1}$ とおくと, $e_m \in \mathscr{I}$ と $0 \leq e_m \leq 1$ が成り立つ. 今, $f_m = f e_m$ とおく. まず, $\mathscr{I}$ はイデアルであるから $f_m \in \mathscr{I}$. 次に, K 上では $0 \leq 1 - e_m = m^{-1}(m^{-1} + g)^{-1} \leq m^{-1}(\min_K g)^{-1}$. よって, $x \in K$ ならば

$$|f(x) - f_m(x)| = |f(x)|(1 - e_m(x)) \leq \|f\| \cdot m^{-1}(\min_K g)^{-1}$$

となるから, m が十分に大きくなれば右辺は ε より小さくなる. また, U 上では $|f(x)| < \varepsilon$ であったから, $|f - f_m| = |f|(1 - e_m) < \varepsilon$ がすべての m に対して成り立つ. よって, m が十分大きければ, $\|f - f_m\| < \varepsilon$ が得られる. ε は任意であったから, f は $\mathscr{I}$ の元の極限として表される. ところが, $\mathscr{I}$ は閉であるから $f \in \mathscr{I}$ となる. 故に $\mathscr{I}_F \subseteq \mathscr{I}$.

11.5 $\mathscr{A}$ は単位元 e を持つとすると, a と e から生成された C^* 部分環 $C^*(a)$ は可換であるからゲルファント・ナイマルクの定理 (定理 11.20) により $*$ 同型 $C^*(a) \cong C(\sigma(a))$ が成り立つ. 従って, 問題は連続関数に関する問題に転換することができる.

11.6 (1) 例えば Σ に含まれる稠密な可算点列を $\{t_n\}_{n \in \mathbb{N}}$ として, $\mu = \sum_{n \in \mathbb{N}} c_n \delta_{t_n}$, $c_n > 0, \sum_n c_n = 1$ とおけばよい. Σ が円板などの図形ならばルベーグ測度でよいが, 面積が 0 の場合などでは間に合わない.

(2) $(f_n, \varphi \cdot f_n) \in \boldsymbol{G}(T_\varphi)$ が $L^2 \oplus_2 L^2$ で収束するとして, その極限を (f, g) とすれば, 必要ならば部分列に移って $f_n(z) \to f(z)$ (a.e. $[\mu]$) および $\varphi(z) f_n(z) \to g(z)$ (a.e. $[\mu]$) がわかるから, $g(z) = \varphi(z) f(z)$ (a.e. $[\mu]$) となって $g = T_\varphi f$ が得られる. 従って, T_φ は閉作用素である. T_φ が稠密に定義されていることは, 有界な台を持つ $f \in L^2$ がすべて $\mathcal{D}(T_\varphi)$ に含まれていることから明らかである.

(3) $T_{\bar\varphi}$ が T_φ と同じ定義域を持つ閉作用素であることは, (2) と同様にしてわかる. 今, $f, g \in \mathcal{D}(T_\varphi)$ とすれば, $g \in L^2$ かつ $|\varphi f| \in L^2$ であるから, $\varphi f \bar{g} \in L^1$ となる. 従って次の計算から $T_\varphi^* = T_{\bar\varphi}$ がわかる: $(T_\varphi f \mid g) = \int \varphi(z) f(z) \overline{g(z)} \, d\mu(z) = (f \mid T_{\bar\varphi} g)$.

(4) T_φ が正規であることは TT^* と T^*T がどちらも $|\varphi|^2$ による掛け算作用素であることを確かめればわかる. スペクトルについては例 3.26 の計算と同様である.

文献案内

第 1 章　この章の記述で証明を省いたものについては，§1.2.4 と §1.2.6 を除いて [**B3**] に詳しい説明がある．位相空間については基本の定義以外は簡単に済ませたので，必要があれば荷見 [**B2**] 等を参照されたい．なお，定理 1.29 はリース [**26**] による．

第 2 章　線型作用素の基本性質 (一様有界性の原理，開写像定理，ハーン・バナッハの定理，その他) の詳細については荷見 [**B3**] 等を参照されたい．定理 2.16 はリース・ナジー [**B15**, 202 頁] から引用したが，フリードリックス [**8**, Satz 5] はリース ([**25**]) を引用してこの結果を証明している．さらに，リース [**26**] はフリードリックスの結果は自身の定理 1.29 の系であると述べている．

第 3 章　スペクトルとレゾルベントはヒルベルト [**16**] による命名である．スペクトルの存在 (定埋 3.8) はヒルベルト空間の作用素についてはリウヴィルの定理を使った証明も込めてすでにストーン [**B17**, 149 頁] にある．スペクトル半径に関するブーリン・ゲルファント公式 (定理 3.10) はブーリン [**3**] とゲルファント [**12**] による．なお，ブーリンの論文 [**3**] はブーリン全集 [**B7**] に収められている．なお，定理 3.8 の証明に使った作用素に値をとる正則関数の理論については付録を参照されたい．

第 4 章　コンパクト作用素の研究は 20 世紀初頭における関数解析学の発祥並びに発展形成の歴史に重なる．1900 年頃フレドホルムは ϕ を未知関数とする積分方程式 $\phi(x) - \lambda \int_0^1 K(x, y)\phi(y)\, dy = \psi(x)$ $(0 \leq x \leq 1)$ を連立一次方程式の極限の場合と考え，無限次元の行列式を介していわゆる「交代定理」を確立した ([**6, 7**])．フレドホルムのこの研究はホルムグレンによってヒルベルトのセミナーで報告され，それに大きな刺激を受けたヒルベルトは 1904 年から 1906 年に積分方程式研究の連作 6 編を発表し関数解析学の歴史に幕が開いた (全貌は [**B10**])．シュミット，フレッシェ，ルベーグと続

き，F. リース [**24**] がこれらを現代の関数解析学に集大成した．現在コンパクト作用素のリース理論と呼ばれるものである．しかし，共役方程式を含むフレドホルム理論全体の抽象化にはハーン・バナッハの定理による双対の概念が必要で，シャウダー [**28**] を待たねばならなかった．この一連の流れについてはスティーン [**29**] が参考になる．なお，コンパクト作用素が有限階作用素で近似できること (定理 4.10) は積分方程式を有限階の連立方程式の極限として解くというフレドホルムの方法論からの当然の帰結であるが，一般のバナッハ空間ではこれを否定するエンフロの反例 ([**5**]) がある．なお，定理 4.22 の証明はクレス [**B12**, 33 頁] より引用した．

第 5 章　作用素 T のレゾルベント $R(\lambda; T)$ は λ について正則であるから，留数計算など複素関数論の様々な手法が作用素論に応用できることはリースが 1913 年の著書 [**B14**] で指摘している．バナッハ空間上の作用素について正則関数法 (定理 5.4 の内容) を詳細に論じたのはダンフォード [**4**] である．それでバナッハ空間上の作用素に関する正則関数法をリース・ダンフォード関数法と呼ぶこともある．しかし，ダンフォードより少し早くゲルファントは有名な論文 [**12**] においてバナッハ環の場合に正則関数法を証明している．そのためダンフォード・シュワルツ [**B9**] では定理 5.4 をゲルファントによるとし，スペクトル写像定理他のみを自身の発見としている．この事情により定理 5.4 には三者の名前を添えることにした．なお，§5.2.4 についてはリース・ナジーの教科書 [**B15**] を参考にした．

第 6 章　掛け算作用素型のスペクトル分解定理についてはハルモスの解説 [**15**] がわかりやすい．この結果はかなり以前から実質的には知られていたが，測度論が関わると見られて敬遠される傾向もある．本章ではハルモスにならって基本的な事柄だけを説明した．本章の記述にはアタール [**2**]，ハーゼ [**14**] などを参考にした．

第 7 章　フォン・ノイマンの定理 (定理 7.29) は [**31**] による．また，非有界自己共役作用素 A とユニタリー作用素 U の相互変換を与えるケーリー変換 $A \leftrightarrow U = (A - iI)(A + iI)^{-1}$ も同氏 [**30**] による．近年はケーリー変換の他に非有界自己共役作用素 A と有界自己共役作用素 S の相互変換として有界変換 $A \leftrightarrow S = A(I + A^2)^{-1/2}$ がウォロノヴィッツ [**33**] によって考案されている．

第 8 章　非有界自己共役作用素のスペクトル分解のリース・ロルチ理論はリース・ロルチ [**27**] によるが，リース・ナジー [**B15**] の記述も参考にした．

第 9 章　抽象的な概念としてのバナッハ環は南雲 [**21**] の "lineare metrische Ringe" と吉田 [**34**] の "complete metric ring" に始まるとされるが，スペクトル定理を含む位

相代数的な組織化は 1939 年のゲルファントの学位論文によるもので, [**11**] で予告され [**12**] で公刊された. また, 各論的な研究としては, ブーリンがゲルファントの予告より 1 年早い 1938 年に [**3**] において準解析的でない重みに関して可積分な関数のフーリエ変換が作る環の枠組みでバナッハ環論を展開しスペクトル半径の公式 (本書のブーリン・ゲルファント公式) も証明している (マリアヴァン [**17**]). 本書でバナッハ環と呼ぶ対象をゲルファントは "normierte Ringe" (ドイツ語, 英語では "normed ring" に相当する) と呼んだ. 以後, ロシヤ学派はゲルファントの "normed ring" を踏襲している. 一方, バナッハ環 (Banach algebra) が最初に現れたのはアンブローズ [**1**] である. また, リッカート [**22**] とヒレ [**B11**] には "normed ring" の代りに "Banach algebra" を使ったのはツォルンの示唆によると述べている. いずれにしても, 第 9, 10 章の主な結果はこの画期的なゲルファント論文 [**12**] からの引用である. スペクトルの存在定理 (定理 9.19) もゲルファントによるが証明の原型はストーンの本 [**B17**, 149 頁] にある. 補題 9.22 の証明はリッカート [**B13**, 10 頁] より引用した. リッカート [**23**] はスペクトル半径の公式またはブーリン・ゲルファント公式 (定理 9.20) はスペクトルの存在を含んでいると見て, スペクトルの存在を含める証明を提案している. 定理 9.20 の証明にはリッカート [**B13**, 28 頁以下] を参考にした.

第 10 章 可換バナッハ環に関するゲルファント理論の基本とされるゲルファント・マズールの定理 (定理 10.10) についてのマズールの原論文は [**20**] で, 少し違った形で [**19**] にも発表したが, 証明は公表しなかった. ゲルファントの論文には最初の証明はマズールであるが彼の証明は我々のとは違うとだけ書いてある. マズール自身の証明はマズールの弟子のジェラスコの本 ([**B19**], 英訳は [**B20**]) にある (マゼ [**18**]). 定理 10.23 はゲルファント理論を有名にした応用例で, 元のウィーナーの補題はウィーナーの論文 [**32**] にある. 定理 10.25 はゲルファント [**12**] によりリース・ゲルファント・ダンフォードの関数法に関して最初に公表された結果である.

第 11 章 C^* 環の概念はゲルファント・ナイマルク [**10**] で導入された. 正確には §11.1.3 の定義 11.6 に公理「すべての $x \in \mathscr{A}$ に対して $e + x^*x$ は可逆」を追加したものである. ゲルファント・ナイマルクはすべてのこの形の環 $\mathscr{A}$ に対しヒルベルト空間 H が存在して $\mathscr{A}$ は $\mathscr{B}(H)$ の閉部分環と * 等長同型であることを証明した. 彼等はこの追加の公理は不要であると予想したが解決はできず, ゲルファント・ナイマルクの問題として残った. これを本質的に解決したのが深宮 [**9**] である. 本書では入口しか述べることができなかったが, 広大な分野が広がっており本邦の関数解析学の得意分野の一つであることを注意しておきたい.

参考文献一覧

[B1] 長宗雄, **ヒルベルト空間上の有界線形作用素**, 2017. 神奈川大学講義録.

[B2] 荷見守助, **集合と位相**, 内田老鶴圃, 東京, 1995.

[B3] ――――, **関数解析入門―バナッハ空間とヒルベルト空間**, 内田老鶴圃, 東京, 1995.

[B4] 荷見守助, 下村勝孝, **線型代数入門**, 内田老鶴圃, 東京, 2002.

[B5] 日合文雄, 柳研二郎, **ヒルベルト空間と線型作用素**, 牧野書店, 東京, 1995.

[B6] 宮島静雄, **関数解析**, 横浜図書, 横浜, 2005.

[B7] A. Beurling, *The Collected Works of Arne Beurling. Harmonic Analysis* (L. Carleson, P. Malliavin, J. Neuberger, J. Wermer, eds.), Contemporary Math., vol. 2, Birkhäuser, Boston, 1989.

[B8] J. Dixmier, *C*-Algebras*, North Holland, Amsterdam, 1977.

[B9] N. Dunford, J. T. Schwartz, *Linear Operators, Part I*, Interscience, New York, 1957.

[B10] D. Hilbert, *Grundzüge einer allgemeinen Theorie der linearen Integralgleichungen*, B.G. Teubner, Leibzig, 1912.

[B11] E. Hille, *Functional Analysis and Semi-Groups*, Amer. Math. Soc., New York, 1948.

[B12] R. Kress, *Linear Integral Equations*, Springer, New York, 1999.

[B13] C. E. Rickart, *General Theory of Banach Algebras*, Van Nostrand, New York, 1960.

[B14] F. Riesz, *Les Systèmes d'Équations Linéaires à une Infinité d'Inconnues*, Gauthier-Villars, Paris, 1913.

[B15] F. Riesz, B. Sz.-Nagy, *Functional Analysis. Transl. from the 2nd French ed. by Leo F. Boron*, Ungar Publ. Co., 1955.

[B16] W. Rudin, *Real and Complex Analysis*, Third, McGraw-Hill, New York, 1987.

[B17] M. H. Stone, *Linear Transformations in Hilbert Space and their Applications to Analysis*, Colloquium Publications, vol. 15, Amer. Math. Soc., New York, 1932.

[B18] K. Yosida, *Functional Analysis*, 6th ed., Springer, Berlin, 1980.

[B19] W. Zelazko, *Algebry Banacha*, Panstwowe Wydawnictwo Naukowe, 1968.

[B20] ———, *Banach Algebras*, Elsevier, 1973.

[1] W. Ambrose, *Structure theorems for a special class of Banach algebras*, Trans. Amer. Math. Soc. **57** (1945), no. 3, 364–386.

[2] S. Attal, *Lecture 1: Operator and Spectral Theory* (2018), http://math. univ-lyon1.fr/~attal/Op_and_Spect.pdf.

[3] A. Beurling, *Sur les intégrales de Fourier absolument convergentes et leur application à une transformation fonctionelle*, Nineth Scandinavian Math. Congress, Helsingfors, 1938, pp.345–366.

[4] N. Dunford, *Spectral theory I, Convergence to projections*, Trans. Amer. Math. Soc. **54** (1943), no. 2, 185–217.

[5] P. Enflo, *A counterexample to the approximation problem in Banach spaces*, Acta Math. **130** (1973), 309–317.

[6] I. Fredholm, *Sur une nouvelle méthode pour la résolution du problème de Dirichlet*, Öfver. Vet. Akad. Förhand, Stockholm **57** (1900), 39–46.

[7] ———, *Sur une classe d'équations fonctionnelles*, Acta Math. **27** (1903), 365–390.

[8] K. Friedrichs, *Spektraltheorie halbbeschränkter Operatoren und Anwendung auf die Spektralzerlegung von Differentialoperatoren*, Math. Ann. **109** (1934), 465–468.

[9] M. Fukamiya (深宮政範), *On a theorem of Gelfand and Neumark and the B*-algebra*, Kumamoto J. Sci. Ser. A. **1** (1952), no. 1, 17–22.

[10] I. Gelfand, M. Neumark, *On the imbedding of normed rings into the ring of operators in Hilbert space.*, Mat. Sb., Nov. Ser. **12** (1943), 197–213.

[11] I. M. Gelfand, *On normed rings*, Dokl. Akad. Nauk SSSR **23** (1939), 430–432.

[12] ———, *Normierte Ringe*, Rec. Math. [Mat. Sbornik] N. S. **9 (51)** (1941), 3–24.

[13] A. Grothendieck, *Sur certains espaces de fonctions holomorphes. I*, J. Reine Angew. Math. **192** (1953), 35–64 (French).

[14] M. Haase, *Lectures on Functional Calculus—21st International Internet Seminar* (2018).

[15] P. R. Halmos, *What does the spectral theorem say?*, Amer. Math. Monthly **70** (1963), no. 3, 241–247.

[16] D. Hilbert, *Grundzüge einer allgemeinen Theorie der linearen Integralgleichungen. (Vierte Mitteilung)*, Göttingen Nachrichten **1906** (1906), 157–228.

[17] P. Malliavin, *Arne Beurling—a visionary mathematician*, Jubileumsskrift Arne Beurling 100 år, U.U.D.M. Report **2007:34** (2007), 9–14.

[18] P. Mazet, *La preuve originale de S. Mazur pour son théorème sur les algebres normées*, Gaz. Math. **111** (2007), 5–11.

[19] S. Mazur, *Sur les anneaux linéaires*, C. R. Acad. Sci. Paris **207** (1938), 1025–1027.

[20] ———, *Sur les anneaux linéaires*, Ann. Soc. Polon. Math. (1938), 112.

[21] M. Nagumo (南雲道夫), *Einige analytische Untersuchungen in linearen metrischen Ringen*, Japan. J. Math **13** (1936), 61–80.

[22] C. E. Rickart, *Banach algebras with an adjoint operation*, Ann. of Math. (2) **47** (1946), 528–550.

[23] ———, *An elementary proof of a fundamental theorem in the theory of Banach algberas*, Michigan Math. J. **5** (1958), no. 1, 75–78.

[24] F. Riesz, *Über lineare Funktionalgleichungen*, Acta Math. **41** (1918), 71–98.

[25] ———, *Über die linearen Transformationen*, Acta Litt. ac Sci. Sectio Math. Szeged **5** (1930), no. 3, 19–54.

[26] ———, *Zur theorie des Hilbertschen Raumes*, Acta Sci. Math. (Szeged) **7** (1934), 34–38.

[27] F. Riesz, E. R. Lorch, *The integral representation of unbounded self-adjoint transformations in Hilbert space*, Trans. Amer. Math. Soc. **39** (1936), no. 2, 331–340.

[28] J. Schauder, *Über lineare, vollstetige Funktionaloperationen*, Studia Math. **2** (1930), 183–196.

[29] L. A. Steen, *Highlights in the history of spectral theory*, Amer. Math. Monthly **80** (1973), no. 4, 359–381.

[30] J. von Neumann, *Allgemeine Eigenwerttheorie Hermitescher Funktionaloperatoren*, Math. Ann. **102** (1929), 49–131.

[31] J. von Neumann, *Über adjungierte Funktionaloperatoren*, Ann. of Math. (2) **33** (1932), 294–310.

[32] N. Wiener, *Tauberian theorems*, Ann. of Math. (2) **33** (1932), 1–100.

[33] S. L. Woronowicz, *Unbounded elements affiliated with C^*-algebras and noncompact quantum groups*, Comm. Math. Phys. **136** (1991), no. 2, 399–432.

[34] K. Yosida (吉田耕作), *On the group embedded in the metrical complete ring*, Japan. J. Math **13** (1936), 459–472.

記号索引

$\mathscr{A}$　159

$\widehat{\mathscr{A}}$　180

$\widetilde{\mathscr{A}}$　163

$\widehat{a}, \widehat{a}(\mathscr{M})$　180

$A(\mathbb{D})$　161

$A(\mathbb{T})$　186

$\mathscr{B}(X)$　21

$\mathscr{B}(X, Y)$　21

$\mathscr{B}_h(H)$　72

$B(S)$　91

B_X　48

$B(x; \varepsilon)$　48

$C([0, 1])$　10

$C_0(S)$　161

$C_{\mathbb{R}}([0, 1])$　11

$C_{\mathbb{R}}(S)$　11, 72, 81

$C(S)$　10, 72, 161

$\mathbb{C}$（複素数体）　3

$\mathbb{C}[t]$　71

$\mathbb{C}[z]$　65

$\partial\sigma(T)$　38

$\Delta(\mathscr{A})$　174

$\mathscr{D}(T)$　20, 114

$\mathbb{D}$（単位開円板）　161

$\bar{\mathbb{D}}$　161

$\|f\|_S$　11

$\Gamma, \Gamma_{\mathscr{A}}$　180

$GL(\mathscr{A})$　165

$GL(X)$　32

$\boldsymbol{G}(T)$　115

$\mathscr{H}(T)$　68

$\mathscr{I}$　160

J_X　16

$\lim$　22

$\ell^1(\mathbb{Z})$　162

$\ell^p(\mathbb{N})$　11

$\ell^p(\mathbb{Z})$　12

$L^1([0, 1])$　162

$L^1(\mathbb{R})$　162

$L^2(\Omega)$　52

$L^\infty([0,1])$, $L^\infty([0,1],dt)$　11
$L^p([0,1])$, $L^p([0,1],dt)$　11

$\mu_{A,x}$　86
$\mathfrak{M}(\mathscr{A})$　179
$\mathscr{M}_\phi$　178

$\mathbb{N}(T)$　20, 114
$\mathbb{N}$ (自然数の集合)　11

$\phi_{\mathscr{M}}$　178

$\mathbb{Q}$ (有理数体)　7

$\rho(a)$　166, 190
$\rho'(a)$　191
$\rho(T)$　34
$\mathfrak{R}(T)$　20, 114
$r(a)$　168
$r(T)$　36
$R(\lambda;a)$　166
$R(\lambda;T)$　34
$\mathbb{R}$ (実数体)　3

$\mathbb{R}[t]$　71

$\sigma(T)$　34
$\sigma(a)$　166, 190
$\sigma_c(T)$　37
$\sigma'(a)$　191
$\sigma_p(T)$　37
$\sigma_r(T)$　37
$\sigma_{ap}(T)$　38
s-lim　22

T^*　23, 118
T^{-1}　32
$\mathbb{T}$ (単位円周)　43

U　116

V　116

w-lim　22

$\mathbb{Z}$ (整数環)　12

事項索引

あ 行

位相　topology
　　弱 —　weak —, 16
　　汎弱 —　weak-* —, 16
一様収束　uniform convergence, 22
一般冪零　generalized nilpotent, 63
イデアル　ideal, 160
　　極大 —　maximal —, 160
　　自明な —　trivial —, 160
　　真 —　proper —, 160
　　左 —　left —, 160
　　閉 —　closed —, 160
　　右 —　right —, 160
　　両側 —　two-sided —, 160
　　零 —　zero —, 160
移動作用素　shift operator, 29, 30
　　後方 —　backward —, 29, 30
円板環　disk algebra, 161

か 行

可換性の性質　commutativity property, 136
可逆　invertible, 32
　　左 —　left —, 32

右 —　right —, 32
核　kernel, null space, 20, 114
拡大　extension, 114
掛け算作用素　multiplication operator, 82
掛け算作用素型　multiplication operator form, 83
関数法　functional calculus, 64
　　正則 —　holomorphic —, 68
　　ボレル —　Borel —, 89, 153
　　リース・ゲルファント・ダンフォードの — 　Riesz-Gelfand-Dunford —, 69
　　連続 —　continuous —, 73, 198
完備　complete, 7
既約　irreducible, 173
　　位相的 —　topologically —, 173
　　狭義の —　strictly —, 173
逆元　inverse, 32
　　左 —　left —, 32
　　右 —　right —, 32
強収束　strong convergence, 22
共役　adjoint, 23
　　— 元　— element, 188

共役空間　conjugate space, 13
極化恒等式　polarization identiry, 9
極集合　polar set, 209
極大イデアル　maximal ideal
　　— 空間　— space, 179, 195
極分解　polar decomposition, 76
空間　space
　　距離 —　metric —, 4
　　内積 —　inner product —, 3
　　ノルム —　normed —, 4
　　バナッハ —　Banach —, 7
　　ヒルベルト —　Hilbert —, 7
ケーリー変換　Cayley transform, 129,
　　131, 144
ゲルファント　Gelfand
　　— 表現　— representation, 180
　　— 変換　— transform, 180
ゲルファント・ペッティス積分
　　　　Gelfand-Pettis integral, 209
コーシー列　Cauchy sequence, 7
合成積　convolution, 162
恒等作用素　identity operator, 21
固有値　eigenvalue, 38
　　近似 —　approximate —, 38
固有ベクトル　eigenvector, 38
コンパクト　compact
　　— 作用素　— operator, 48

さ 行

作用素　operator
　　移動 —　shift —, 29, 46
　　可閉 —　closable —, 116
　　共役 —　adjoint —, 118
　　コンパクト —　compact —, 48
　　自己共役 —　self-adjoint —, 24, 124
　　準正規 —　hyponormal —, 41

正 —　positive —, 124
正規 —　normal —, 25, 128
跡族 —　trace class —, 108
積分 —　integral —, 51
線型 —　linear —, 19, 114
双対 —　dual —, 22
対称 —　symmetric —, 123
非有界 —　unbounded —, 113
部分等長 —　partial isometry, 76, 152
閉 —　closed —, 116
有界 —　bounded —, 19
有限階 —　— of finite rank, 49
ユニタリー —　unitary —, 25, 43
C^* 環　C^*-algebra, 188
C^* 等式　C^*-identity, 188
始空間　initial space, 76
自己共役　self-adjoint, 188
　　本質的 —　essentially —, 125
下に有界　bounded below, 20
指標　character, 174
　　— 空間　— space, 174
弱可積分　weakly integrable, 209
弱収束　weak convergence, 22
終空間　final space, 76
巡回ベクトル　cyclic vector, 84, 103
準同型　homomorphism
　　* —　*- —, 188
準同型 (写像)　homomorphism, 160
剰余環　residue class algebra, 176
ジョルダン細胞　Jordan block, 67
芯　core, 128
* 環　*-algebra, 187
　　ノルム —　normed —, 188
　　バナッハ —　Banach —, 188
* ノルム環　*-normed algebra, 188

事項索引　　　　　　　　　　　　　　233

＊バナッハ環　*-Banach algebra, 188
スペクトル　spectral
　　— 表示　— representation, 80
　　— 分解　— resolution, 80
スペクトル　spectrum, 34, 119, 166, 190
　　圧縮 —　compression —, 37
　　— の永続性　permanence of —, 183
　　近似点 —　approximate point —, 38,
　　　122
　　剰余 —　residual —, 37, 122
　　点 —　point —, 37, 122
　　— 半径　spectral radius, 36, 168
　　連続 —　continuous —, 37, 122
スペクトル積分　spectral integral, 142
スペクトル族　spectral family, 93
スペクトル測度 (x に対応する)　spectral
　　measure, 86
スペクトル測度　spectral measure, 92, 203
　　コンパクト —　compact —, 93
正, 正値　positive, 26, 192
正規　normal, 188
跡　trace, 107, 109
跡族　trace class, 108
絶対収束　absolutely convergent, 163
絶対値 (作用素)　absolute value, 151
絶対値　absolute value, 75
線型作用素　linear operator, 19, 114
　　有界 —　bounded —, 19
線型汎関数　linear functional
　　乗法的 —　multiplicative —, 174
前コンパクト　precompact, 48
全有界　totally bounded, 48
双線型汎関数　bilinear functional, 28
相対コンパクト　relatively compact, 47
双対　dual, 22

双対空間　dual space, 13
　　二重 —　double —, 15
双対系　dual pair, 16
測度　measure
　　ルベーグ・スチルチェス —
　　　Lebesgue-Stieltjes —, 207

た　行

台　support, 93
対角化可能　diagonalizable, 66
対合　involution, 24, 187
多元環　algebra, 160
多元体　division algebra, 176
畳込み　convolution, 162
単位の分解　resolution of the identity, 93
値域　range, image, 20, 114
稠密　dense, 114
　　— に定義　densely defined, 114
直和　direct sum, 6
直交　orthogonal, 9
直交射影　orthogonal projection, 17
直交分解　orthogonal decomposition, 135
直交補空間　orthocomplement, 17
定義域　domain, 20, 114
定理　theorem
　　アスコリ・アルツェラ —
　　　Ascoli-Arzela —, 53
　　アレンスの —　Arens —, 192
　　ゲルファントの —　Gelfand —, 168
　　ゲルファント・ナイマルクの —
　　　Gelfand-Naimark —, 194, 195
　　ゲルファント・マズールの —
　　　Gelfand-Mazur —, 176
　　シャウダーの —　Schauder —, 52
　　ハーン・バナッハの —　Hahn-Banach
　　　—, 13

バナッハ・アラオグルの —
　　Banach-Alaoglu —, 17
リースの — Riesz —, 54, 82
リース・ロルチの — Riesz-Lorch —,
　　136
添加 (単位元 1 の) adjunction (of an
　　identity), 163
同型 isomorphism
　　* — *- —, 188
トレース trace, 107
トレース族 trace class, 108

な 行

内積 inner product, 14
二重不変 doubly invariant, 103
ノイマン級数 Neumann series, 32, 165
ノルム norm, 4
　　一様 — uniform —, 10, 11, 161
　　グラフ — graph —, 117
　　上限 — supremum —, 10
　　跡 — trace —, 108
　　トレース — trace —, 108
　　ヒルベルト・シュミット —
　　　　Hilbert-Schmidt —, 108
ノルム環 normed algebra, normed ring,
　　159
ノルム収束 norm convergence, 22

は 行

バナッハ環 Banach algebra, 22, 159
　　可換 — commutative —, 159
　　単位 — unital —, 159
バナッハ * 環 Banach *-algebra, 162
反射的 reflexive, 16
半有限 semi-finite, 83
非有界 unbounded

下に — — below, 20
表現 representation, 172
　　完全 complete —, 173
　　忠実 faithful —, 173
標準基底 standard basis, 12
標準対応 canonical map, 16
ヒルベルト・シュミット作用素
　　　　Hilbert-Schmidt operator, 108
フーリエ環 Fourier algebra, 162, 186
フーリエ変換 Fourier transform, 186
ブーリン・ゲルファント公式
　　　　Beurling-Gelfand formula, 36,
　　168
複素準同型 complex homomorphism, 174
不足指数 deficiency index, 131
不等式 inequality
　　ヘルダーの — Hölder —, 18
　　ミンコフスキーの — Minkowski —,
　　18
部分空間 subspace, 5
　　不変 — invariant —, 83
　　約 — reducing —, 83
不変 invariant, 83
　　— 部分空間 — subspace, 83
平均エルゴード定理 mean ergodic
　　theorem, 112
閉包 (作用素の) closure, 116
平方根 square root, 75
ボレル集合 Borel set, 206
ボレル測度 Borel measure, 206
本質的値域 essential range, 87
本質的有界 essentially bounded, 11, 87,
　　161

や 行

約する reduce, 83, 136, 156

事項索引　235

有界　bounded, 13, 19
　下に —　— below, 20
ユニタリー　unitary, 188

ら 行

リース数　Riesz number, 54
リースの表現定理　Riesz representation
　theorem, 82
リースの補題　Riesz lemma, 54

リース・ロルチの補題　Riesz-Lorch
　Lemma, 136
零作用素　zero operator, 19
レイリー商　Rayleigh quotient, 43, 79
レゾルベント　resolvent, 34, 119, 166
　— 作用素　— operator, 34
　— 集合　— set, 34, 119, 166, 190
　— 方程式　— equation, 35, 167
連続 (作用素の)　continuous, 19

著者略歴

荷見　守助　（はすみ　もりすけ）

1955 年	茨城大学文理学部理学科卒業
	茨城大学文理学部助手，講師，
	カリフォルニア大学バークレー校数学科講師，
	茨城大学理学部助教授，教授を経て
現　在	茨城大学名誉教授（Ph.D., 理学博士）

長　宗雄　（ちょう　むねお）

1972 年	新潟大学教育学部中学校教育科数学科卒業
1974 年	新潟大学大学院理学研究科修士課程数学専攻修了
	長岡女子高等学校講師，
	弘前大学理学部助手，
	上越教育大学学校教育部助教授を経て
現　在	神奈川大学理学部数理・物理学科教授（理学博士）

瀬戸　道生　（せと　みちお）

1998 年	富山大学理学部数学科卒業
2000 年	東北大学大学院理学研究科博士課程前期数学専攻修了
2003 年	東北大学大学院理学研究科博士課程後期数学専攻修了
	北海道大学理学部 COE ポスドク研究員，
	神奈川大学工学部特別助手，
	島根大学総合理工学部講師，准教授を経て
現　在	防衛大学校総合教育学群准教授（博士（理学））

2018 年 11 月 30 日　第 1 版発行

著者の了解に
より検印を省
略いたします

著　者 © 荷　見　守　助
　　　　　長　　　宗　　　雄
　　　　　瀬　戸　道　生

関数解析入門
線型作用素のスペクトル

発 行 者　内　田　　　学
印 刷 者　馬　場　信　幸

発行所　株式会社 **内田老鶴圃** は　〒112-0012 東京都文京区大塚 3 丁目 34 番 3 号
電話 03(3945)6781（代）・FAX 03(3945)6782
http://www.rokakuho.co.jp/
印刷・製本/三美印刷 K.K.

Published by UCHIDA ROKAKUHO PUBLISHING CO., LTD.
3-34-3 Otsuka, Bunkyo-ku, Tokyo 112-0012, Japan

ISBN 978-4-7536-0089-2 C3041　　U. R. No. 643-1

数 学 関 連 書 籍

関数解析入門 バナッハ空間とヒルベルト空間
荷見守助 著 A5・192 頁・本体 2500 円

解析入門 微分積分の基礎を学ぶ
荷見守助 編著／岡 裕和・榊原暢久・中井英一 著
A5・216 頁・本体 2100 円

現代解析の基礎 直観と論理
荷見守助・堀内利郎 著 A5・302 頁・本体 2800 円

現代解析の基礎演習
荷見守助 著 A5・324 頁・本体 3200 円

集合と位相
荷見守助 著 A5・160 頁・本体 2300 円

線型代数入門
荷見守助・下村勝孝 著 A5・228 頁・本体 2200 円

リーマン面上のハーディ族
荷見守助 著 A5・436 頁・本体 5300 円

統計入門 はじめての人のための
荷見守助・三澤 進 共著 A5・200 頁・本体 1900 円

数理統計学 基礎から学ぶデータ解析
鈴木 武・山田作太郎 著 A5・416 頁・本体 3800 円

理工系のための微分積分 I・II
鈴木 武・山田義雄・柴田良弘・田中和永 共著
I：A5・260 頁・本体 2800 円／II：A5・284 頁・本体 2800 円

理工系のための微分積分 問題と解説 I・II
鈴木 武・山田義雄・柴田良弘・田中和永 共著
I：B5・104 頁・本体 1600 円／II：B5・96 頁・本体 1600 円

関数解析の基礎 ∞次元の微積分
堀内利郎・下村勝孝 共著 A5・296 頁・本体 3800 円

複素解析の基礎 iのある微分積分学
堀内利郎・下村勝孝 共著 A5・256 頁・本体 3300 円

平面代数曲線のはなし
今野一宏 著 A5・184 頁・本体 2600 円

代数方程式のはなし
今野一宏 著 A5・156 頁・本体 2300 円

代数曲線束の地誌学
今野一宏 著 A5・284 頁・本体 4800 円

線型代数の基礎
上野喜三雄 著 A5・296 頁・本体 3200 円

明解 線形代数 行列の標準形，固有空間の理解に向けて
郡 敏昭 著 A5・176 頁・本体 2600 円

確率概念の近傍 ベイズ統計学の基礎をなす確率概念
園 信太郎 著 A5・116 頁・本体 2500 円

微分積分学 改訂新編 第 1 巻
藤原松三郎 著／浦川 肇・髙木 泉・藤原毅夫 編著
A5・660 頁・本体 7500 円

微分積分学 改訂新編 第 2 巻
藤原松三郎 著／浦川 肇・髙木 泉・藤原毅夫 編著
A5・640 頁・本体 7500 円

ルベーグ積分論
柴田良弘 著 A5・392 頁・本体 4700 円

双曲平面上の幾何学
土橋宏康 著 A5・124 頁・本体 2500 円

統計学 データから現実をさぐる
池田貞雄・松井 敬・冨田幸弘・馬場善久 共著
A5・304 頁・本体 2500 円

統計データ解析
小野瀬 宏 著 A5・144 頁・本体 2200 円

数理論理学 使い方と考え方：超準解析の入口まで
江田勝哉 著 A5・168 頁・本体 2900 円

微分積分 上・下
入江昭二・垣田高夫・杉山昌平・宮寺 功 共著
上：A5・224 頁・本体 1700 円／下：A5・216 頁・本体 1700 円

複素関数論
入江昭二・垣田高夫 共著 A5・236 頁・本体 2700 円

常微分方程式
入江昭二・垣田高夫 共著 A5・224 頁・本体 2300 円

フーリエの方法
入江昭二・垣田高夫 共著 A5・112 頁・本体 1800 円

ルベーグ積分入門
洲之内治男 著 A5・272 頁・本体 3000 円

計算力をつける微分積分
神永正博・藤田育嗣 著 A5・172 頁・本体 2000 円

計算力をつける微分積分 問題集
神永正博・藤田育嗣 著 A5・112 頁・本体 1200 円

計算力をつける微分方程式
藤田育嗣・間田 潤 著 A5・144 頁・本体 2000 円

計算力をつける線形代数
神永正博・石川賢太 著 A5・160 頁・本体 2000 円

計算力をつける応用数学
魚橋慶子・梅津 実 著 A5・224 頁・本体 2800 円

計算力をつける応用数学 問題集
魚橋慶子・梅津 実 著 A5・140 頁・本体 1900 円

解析学入門
福井常孝・上村外茂男・入江昭二・宮寺功・前原昭二・境正一郎 著
A5・416 頁・本体 2800 円

表示価格は税別の本体価格です．　　　　　　http://www.rokakuho.co.jp/